中等职业学校教育创新推荐教材
新型职业农民中职教育推荐教材

电子技术基础

蔡永超　主编

中国农业大学出版社
·北京·

内 容 简 介

本教材共分8大模块内含17个项目。模块一　晶体管的应用模块;模块二　三极管、场效应管的应用;模块三　常用的放大电路与应用;模块四　稳压电源电路与正弦振荡电路的应用;模块五　认知数字电路与基本逻辑门电路;模块六　时序逻辑电路的设计和连接;模块七　时序逻辑电路的设计和连接;模块八　认知常用的数字集成电路。

每个项目在【项目描述】中基本由实例引入,再确定学习目标,后分解为数个学习性工作任务,共42个。每个工作任务由任务目标、任务准备、任务实施、任务评价、任务巩固构成,有的工作任务中还添加了任务拓展、任务评价参考样式作为附录放在书后,供教师教学时使用。

图书在版编目(CIP)数据

电子技术基础/蔡永超主编.—北京:中国农业大学出版社,2015.12
ISBN 978-7-5655-1440-1

Ⅰ.①电…　Ⅱ.①蔡…　Ⅲ.①电子技术-基本知识　Ⅳ.①TN

中国版本图书馆CIP数据核字(2015)第269359号

书　　名　电子技术基础
作　　者　蔡永超　主编

策划编辑　张　蕊　张　玉　　**责任编辑**　张　玉
封面设计　郑　川　　**责任校对**　王晓凤
出版发行　中国农业大学出版社
社　　址　北京市海淀区圆明园西路2号　　**邮政编码**　100193
电　　话　发行部 010-62818525,8625　　读者服务部 010-62732336
　　　　编辑部 010-62732617,2618　　出　版　部 010-62733440
网　　址　http://www.cau.edu.cn/caup　　**E-mail**　cbsszs @ cau.edu.cn
经　　销　新华书店
印　　刷　北京俊林印刷有限公司
版　　次　2016年3月第1版　　2016年3月第1次印刷
规　　格　787×1 092　　16开本　　21印张　　384千字
定　　价　40.00元

中等职业学校教育及新型职业农民
中职教育教材编审委员会名单

编写人员

主　编　蔡永超　河南省南阳农业职业学院

副主编　周金香　河北省科技工程学校

参　编　卢美久　河北省科技工程学校
　　　　王新超　河南省南阳农业职业学院
　　　　李桢桢　河南省南阳农业职业学院
　　　　鲍宜帆　河南省南阳农业职业学院
　　　　李晓磊　河北省科技工程学校

编写说明

积极开展与创新中等职业学校教育与新型职业农民中职教育，提高现代农业与社会主义新农村建设一线中等应用型职业人才及新型职业农民的综合素质、专业能力，是发展现代农业和建设社会主义新农村的重要举措。为贯彻落实中央的战略部署及全国职业教育工作会议精神，特根据《教育部关于"十二五"职业教育教材建设的若干意见》《中等职业学校新型职业农民培养方案（试行）》和《中等职业学校专业教学标准（试行）》等文件精神，紧紧围绕培养生产、服务、管理第一线需要的中等应用型职业人才及新型职业农民，并遵循中等农业职业教育与新型职业农民中职教育的基本特点和规律，基于"模块教学、项目引领、任务驱动"和"讲练结合、理实一体"的教育理念，以职业活动为导向，以职业技能为核心，按照职业资格标准和岗位任职所需的知识、能力、素质的要求，编写了《电子技术基础》中职教育教材。

《电子技术基础》是农业工程类专业核心课教材之一。该教材在教学内容的选取上，理论知识以"必需、够用"为原则，实践上做到将电子技术的基本原理与生产生活中的实际应用相结合，注重实践技能的培养，注意反映电子技术领域的新知识、新技术、新工艺和新材料，增强解决实际问题的能力。该教材构思新颖，内容丰富，结构合理，以行动导向的教学模式为依据，以学习性工作任务实施为主线，体现了"做中学，做中教"的教学模式，物化了本门课程历年来相关职业院校教育教学改革中所取得的成果，并统筹兼顾中等农业职业教育及新型职业农民中职教育的学习特点。

本教材根据项目驱动式教学的需要，以引导学生主动学习为目的，进行体例架构设计，以适应中等农业职业教育和新型职业农民中职教育创新和改革的需要。该教材重点介绍晶体管的应用、三极管和场效应管的应用、常用的放大电路与应用、稳压电源电路与正弦振荡电路的应用、认知数字电路与基本逻辑门电路、组合逻辑电路的设计和连接、时序逻辑电路的设计和连接和认知常用的数字集成电路。

本教材内容深入浅出、通俗易懂，具有很强的针对性和实用性，是中等职业教育及新型职业农民中职教育的专用教材，也可作为现代青年农场主的培育教材、还可作为相关专业人员作为参考用书使用。

本教材由河南省南阳农业职业学院蔡永超担任主编，河北省科技工程学校周金香担任副主编，参编有河北省科技工程学校卢美久、李晓磊，河南省南阳农业职业学院鲍宜帆、王新超、李桢桢。河北省科技工程学校副校长、高级讲师智刚毅、农业部科技教育司王青立和原农业部农民科技教育培训中心陈肖安等同志对教材内容进行了最终审定，在此一并表示感谢。

其中带“ * ”号的表示选修内容，是一些教学要求较高的内容。因 Proteus 软件不支持斜体，下标等文本格式，不符合出版业或日常书写习惯。但为使读者更易于理解，本书中部分插图保持了原始仿真图，特提醒读者注意。

由于编者水平有限，加之时间仓促，教材中存在着不完善和错误之处，衷心希望广大读者及时发现并提出，更希望广大读者对教材编写质量提出宝贵意见，以便修订和完善，进一步提高教材质量。

编 者

2015 年 6 月

目　录

模块四 稳压电源电路与正弦振荡电路的应用

模块五 认知数字电路与基本逻辑门电路

模块六 组合逻辑电路的设计和连接

模块七 时序逻辑电路的设计和连接

模块八 认知常用的数字集成电路

模块一　晶体管的应用

项目一　认知二极管

项目二　简单二极管直流稳压电路的应用

项目一　认知二极管

【项目描述】

二极管是电子线路中最基本的晶体管元器件，也是电子电器中应用最为广泛的元器件之一。

本项目分为二极管的检测和二极管整流电路调试2个工作任务。

通过本项目学习掌握二极管的结构、类型及工作原理，理解二极管的单向导电性，学会对二极管的应用电路分析。通过实物认识常用二极管，熟练使用万用表测定二极管的极性和质量好坏。通过引导学生测量元件、电路，让学生体验学习过程的快乐，保持学习电子线路课程的热情，培养认真严谨、善于思考、理论联系实际的素养。

任务1　二极管的检测

【任务目标】

1. 理解PN结的形成过程和其单向导电性的原理。
2. 认识不同二极管的外观及其作用。

【任务准备】

一、资料准备

不同型号的各种二极管若干；万用表、学生电源，不同颜色的导线若干；电脑和仿真软件；二极管测量记录表等。

二、知识准备

(一)半导体的基本知识

1. 本征半导体及其特性

在我们日常接触的物质中，一类是电阻率很小，容易导电的金属，如金、银、铜、锡等，这类物质叫做导体；另一类是电阻率很大，几乎不能导电的物质，如橡胶、陶瓷、玻璃等，这类物质叫绝缘体。但是在自然界里面，还有一些物质，它们的导电本领即电阻率，处在导体和绝缘体之间，这种物质我们叫它为半导体。我们把纯净的半导体称为本征半导体，目前用来制造晶体管的材料主要有锗、硅等。

本征半导体中载流子有两种：一种是带负电的自由电子，另一种是带正电的空穴，它们数目相等，但总数不多，远远低于金属导体中载流子的数量，所以本征半导体的导电性能比导体差而比绝缘体好。可见在本征半导体中，电子和空穴是同时参与导电的，这是本征半导体导电的重要特征。

由于半导体是电子和空穴同时参与导电，所以本征半导体具有以下特性：

(1)热敏性。所谓热敏性就是半导体的导电能力随着温度的升高而迅速增加；

(2)光敏性。半导体的导电能力随光照的变化有显著改变的特性叫做光敏性；

(3)掺杂性。所谓掺杂性就是半导体的导电能力因掺入适量杂质而发生很大的变化。

2. 杂质半导体及其种类

在本征半导体中，人为地掺入少量其他元素(称杂质)，可以使半导体的导电性能发生显著的变化。利用这一特性，可以制成各种性能不同的半导体器件，这样使得它的用途大大增加。掺入杂质的本征半导体叫杂质半导体。根据掺入杂质性质的不同，可分为两种：N型半导体和P型半导体。

(1)N型半导体。是在纯净半导体中掺入微量的五价元素(如磷元素)制成的，其中含有数量较多的带负电的自由电子，还有少量的带正电的粒子(称为空穴)。即在N型半导体中电子是多数载流子，空穴是少数载流子。又称为电子型半导体，如图1-1所示。

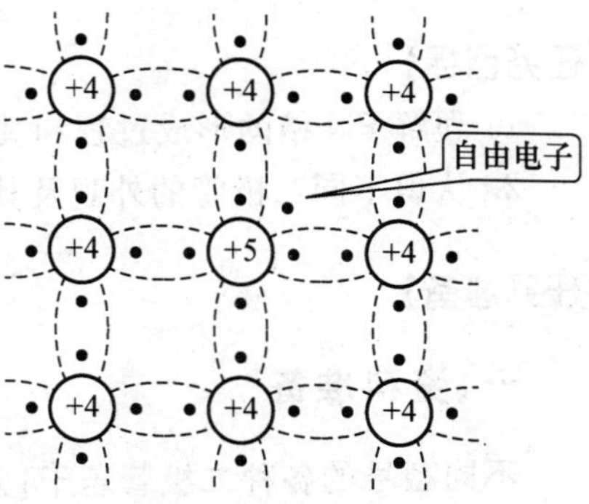

图1-1 N型半导体结构图

(2)P型半导体。是在纯净半导体中掺入微量的三价元素(如硼元素)制成的，其中含有数量较多的带正电的粒子(称为空穴)，还有少量的带负电的自由电子。即在 P 型半导体中空穴是多数载流子,自由电子是少数载流子。又称为空穴型半导体,如图 1-2 所示。

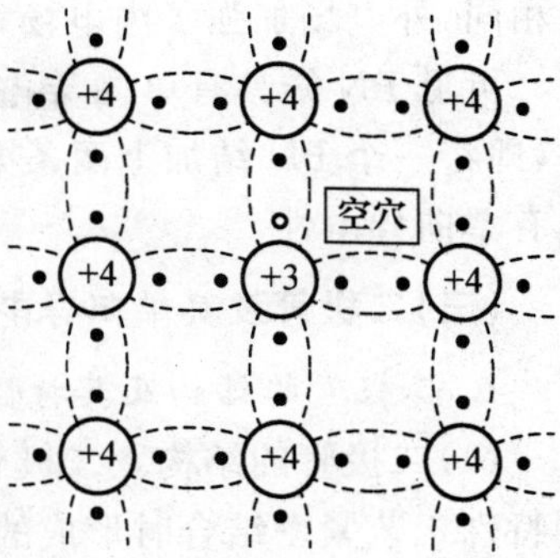

图 1-2　P 型半导体结构图

(二)PN 结及其单向导电性

1. PN 结的形成过程

当把一块 P 型半导体和一块 N 型半导体用特殊工艺紧密结合时,在二者的交界面上会形成一个具有特殊现象的薄层,这个薄层被称为 PN 结,同时也形成了一个从右至左的一个内电场。如图 1-3(a)所示。

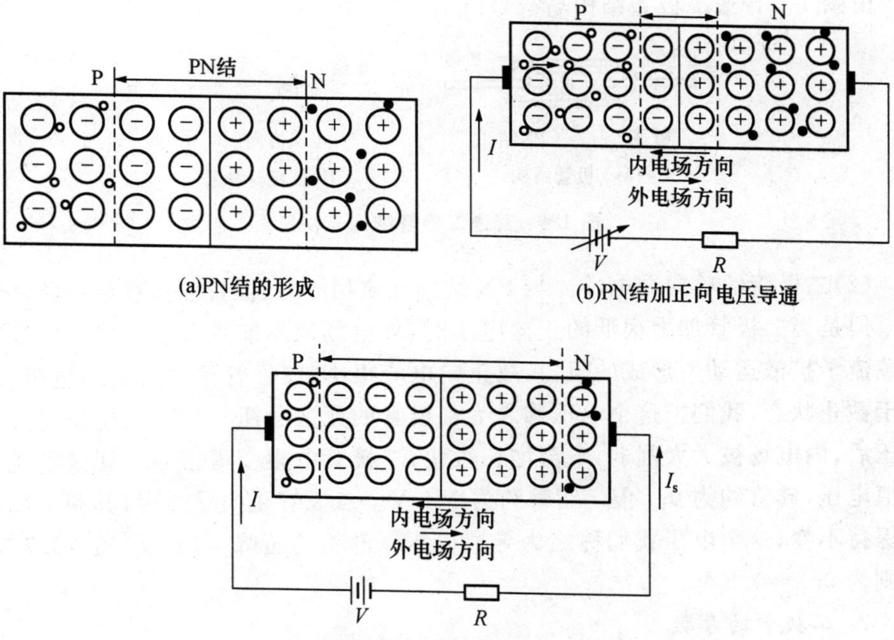

(a)PN结的形成　(b)PN结加正向电压导通　(c)PN结加反向电压截止

图 1-3　PN 结及其单向导电性

2. PN 结的单向导电性

(1)正向电压。当 PN 结加上正向电压时,图 1-3(b)所示,外电场与内电场方向相反,外电场削弱了内电场,使 PN 结变薄,PN 结导通。

(2)反向电压。当 PN 结加上反向电压时,图 1-3(c)所示,外电场与内电场方向相同，外电场加强了内电场，使 PN 结变厚，PN 结截止。

可见 PN 结具有单向导电的特性。二极管是由一个 PN 结构成的半导体器件，即将一个 PN 结加上两条电极引线做成管芯，并用管壳封装而成，所以二极管具有单向导电性。

(三)二极管及其单向导电性

1. 二极管的结构及其特性

(1)二极管的结构。二极管的结构就是把一块 P 型半导体和一块 N 型半导体用特殊工艺紧密结合时形成的 PN 结，在 PN 结的两端加上电极引线并用外壳封装起来，就构成了半导体二极管。由 P 型半导体引出的电极，叫做正极(或阳极)，用“+”表示，由 N 型半导体引出的电极，叫做负极(或阴极) 用“-”表示。

由图 1-4 普通二极管结构与符号所示。

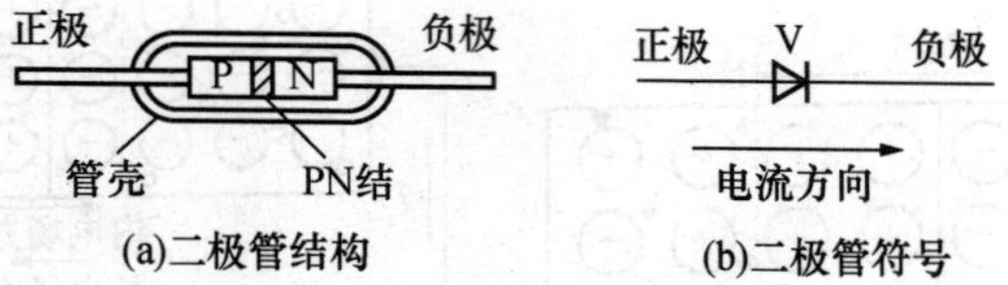

图 1-4 普通二极管结构与符号

(2)二极管的单向导电性。与 PN 结的性质相同，二极管也具有单向导电性。

但是当二极管加上很低的正向电压时，外电场还不能克服 PN 结内电场对多数载流子扩散运动所形成的阻力，故正向电流很小，二极管呈现很大的电阻，基本处于截止状态，我们把这个电压称之为二极管的死区电压。当正向电压超过死区电压后，内电场被大大削弱，电流增长很快，二极管电阻变得很小。死区电压又称阈值电压，硅管约为 0.5 V。锗管约为 0.1 V。二极管正向导通后，其两端电压基本保持不变，这个电压我们称之为导通电压。硅管的压降一般为 0.6～0.7 V，锗管则为 0.2～0.3 V。

2. 二极管的参数

(1)最大整流电流 I_F。二极管长期工作时允许通过的最大正向平均电流。

(2)最高反向工作电压 U_{RM}。二极管长期工作时允许施加的最大反向电压，U_{RM}通常取反向击穿电压的一半。

(3)最大反向电流 I_R。二极管加上最高反向工作电压时的反向电流，I_R越小，二极管的单向导电性能越好。

(4)最高工作频率 f_M。二极管正常工作时所通过电流的最大频率，如果通过二极管的电流超过此值，二极管将失去单向导电性。

3. 二极管的命名方法

二极管的命名由五个部分组成:第一部分表示主称,用数字表示器件的电极数目;第二部分表示使用的半导体材料与极性,用字母表示;第三部分表示管子的类别,用字母表示;第四部分表示器件序号,用数字表示;第五部分表示规格,用字母表示。如表 1-1 所示。

表 1-1　二极管的命名方法

第一部分		第二部分		第三部分		第四部分	第五部分
用数字表示器件的电极数		用字母表示器件的材料和极性		用字母表示器件的类型		用数字表示器件的序号	用字母表示规格号
序号	意义	符号	意义	符号	意义	意义	意义
2	二极管	A	N 型锗材料	P	普通管	反映了极限参数、直流参数和交流参数等的差别	反映了承受反射击穿程序。如规格号为 A、B、C、D。其中 A 承受的反射击穿电压最低,B 次之……
		B	P 型锗材料	V	微波管		
		C	N 型硅材料	W	稳压管		
		D	P 型硅材料	C	参量管		

如:2CW50 表示 N 型硅材料的稳压二极管。

4. 二极管的分类

(1)按内部结构不同二极管可分为点接触型和面接触型两类。它们的管芯结构如图 1-5 所示。

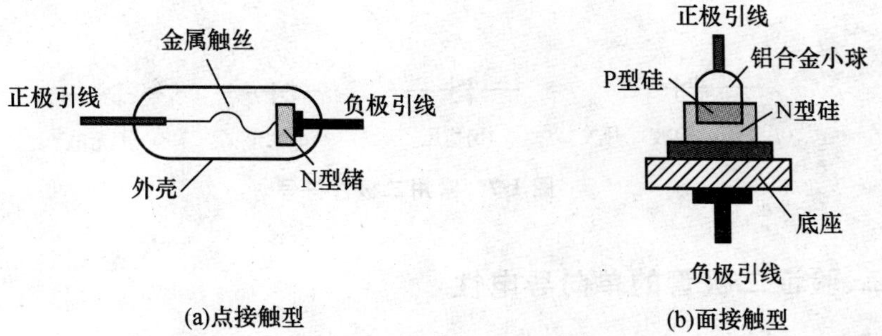

图 1-5　二极管内部结构图

(2)根据制作材料的不同,二极管可分为硅管和锗管。

(3)按用途可分为整流二极管、稳压二极管、发光二极管、光电二极管、检波二极管、开关二极管等。

【任务实施】

一、认识常用二极管外观及符号

图 1-6 为常用二极管的外观,图 1-7 为常用二极管的符号。

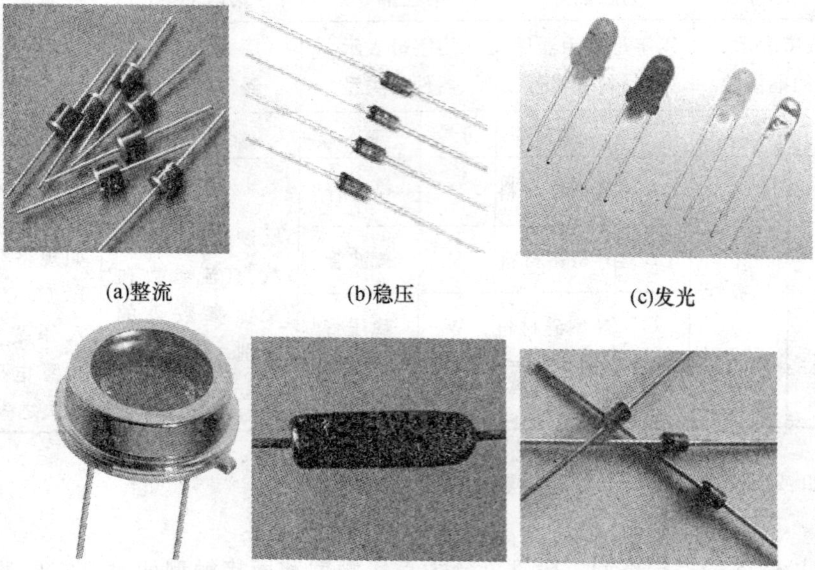

(a)整流 (b)稳压 (c)发光

(d)光电 (e)检波 (f)开关

图 1-6 常用二极管外观

(a)整流、检波、开关 (b)稳压 (c)发光 (d)光电

图 1-7 常用二极管符号

二、验证二极管的单向导电性

(一)连接电路

按图 1-8、图 1-9 分别连接基本的二极管电路,其中电源正极与二极管正极连接、负极与负极的连接方式称为正向连接方式,反之称为反向连接方式。

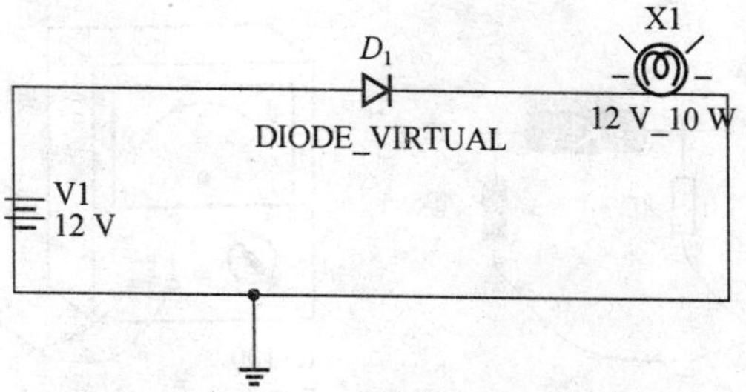

图 1-8　二极管正向连接

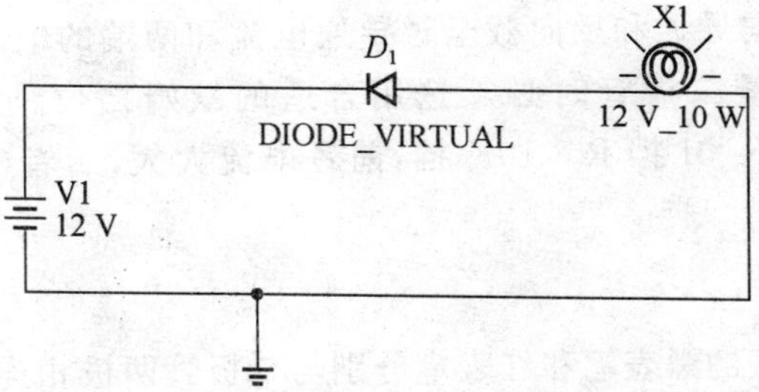

图 1-9　二极管反向连接

(二)分析电路

通过以上两种连接方式我们发现,正向连接方式电灯亮,而反向连接方式电灯不亮,可见由于二极管在电路中方向的不同,电路状态就不同。

由以上两种连接方式所表现的现象及与开关的对比,很容易发现:二极管在正向状态下导通,在反向状态下截止。我们把二极管的这种特性称为二极管的单向导电性,即正向导通,反向截止。

三、用万用表欧姆挡判别二极管的极性

(一)判断原理

由于二极管具有单向导电性,所以在用万用表欧姆挡测量二极管时,测量出正反向的阻值大小是不相同的,正向导通测量阻值小,反向截止测量阻值大。

那么用万用表测量二极管时,需要我们知道什么情况下是正向,什么情况下是反向。根据指针式万用表内部结构原理,万用表黑表笔接内电源的正极,红表笔接内电源的负极。所以,在万用表测量二极管时,黑表笔接二极管正极,红表笔接二极管负极的连接叫正向连接,反之称为反向连接。如图 1-10 所示。

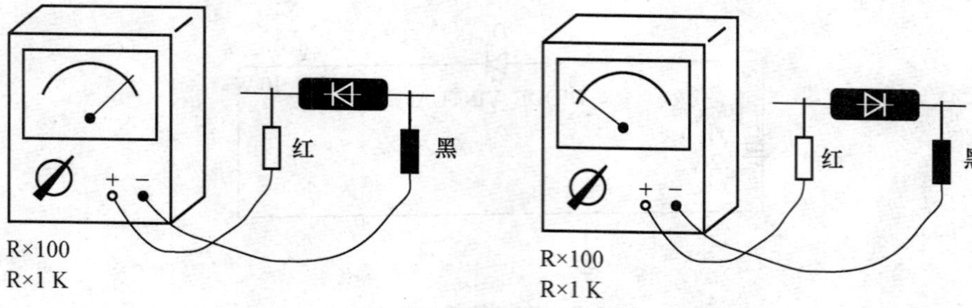

图 1-10 二极管测量图

由于二极管正向导通和反向截至对导通电流和两端的电压也有一定的要求，所以在用万用表测量二极管时必须选用合适的欧姆挡位。实际测量中最好选R×100 挡，不可用 R×1 挡 R×10K 挡，前者电流太大，后者电压太高，有可能对二极管造成损坏。

(二)判断过程

用指针式万用表的黑表笔和红表笔分别与二极管两极相连，如所图 1-10 所示。若两次测量阻值相差很大，说明该二极管性能良好，如图 1-10 所示。当测得电阻较小时，与黑表笔相接的极为二极管正极；测得电阻很大时，与红表笔相接的极为二极管正极。对于数字万用表，由于表内电池极性相反，数字表的红表笔为表内电池正极，实际测量中必须要注意。对于数字万用表，还可以用专门的二极管挡来测量，当二极管被正向偏置时，显示屏上将显示二极管的正向导通压降，单位是 mV。

二极管的 PN 结在工作时，由于外部和内部原因很容易损坏，产常见的损坏方式是击穿和断路。

在二极管极性的测量中，如果指针式万用表的黑表笔和红表笔分别与二极管两极相连的两次测量的阻值都很小，说明二极管已经击穿；如果两次测量的阻值都很大，说明二极管内部已经断路；两次测量的阻值相差不大，说明二极管失效。在这种情况下，二极管就不能使用了。

【任务拓展】

二极管的作用

1. 整流二极管

利用二极管的单向导电性可以把大小和方向都变化的正弦交流电变为单向脉动的直流电，图 1-11 所示。

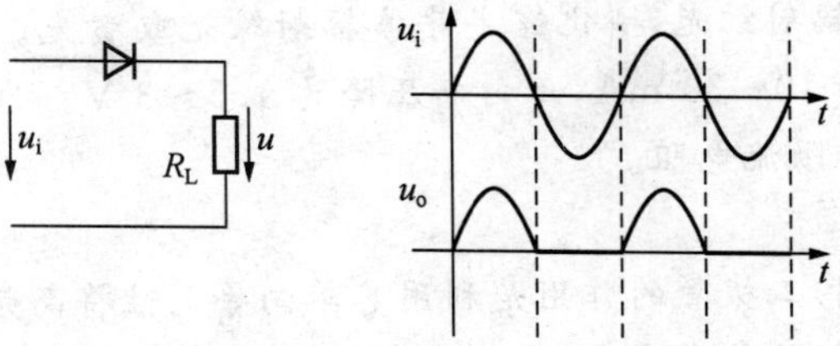

图 1-11　单相半波二极管整流电路

根据这个原理,还可以构成整流效果更好的单相全波、单相桥式等整流电路,单相桥式等整流电路将在任务三中具体讲解。

2. 稳压二极管

是用特殊工艺制造的面接触型硅半导体二极管,它既具有普通二极管的单向导电特性,又可工作于反向击穿状态。在反向电压较低时,稳压二极管截止;当反向电压达到一定数值时,反向电流突然增大,稳压二极管进入击穿区,此时即使反向电流在很大范围内变化时,稳压二极管两端的反向电压也能保持基本不变,实现稳压。其被反向击穿后,当外加电压减小或消失时,PN 结能自动恢复而不至于损坏。但若反向电流增大到一定数值后,稳压二极管则会被彻底击穿而损坏。稳压管主要用于电路的稳压环节和直流电源电路中。

稳压管的主要参数有:

(1)稳定电压 U_Z 是稳压管的反向击穿电压。

(2)稳定电流 I_Z 是稳压管的正常工作电流。

(3)最大电流 I_{ZM} 是允许流过稳压管的最大工作电流。

(4)最大耗散功率 P_{ZM} 是稳压管的最大功率损耗,其值为 P_{ZM}。

3. 光电二极管

光电二极管也是一种特殊二极管。它的特点是:在电路中它一般处于反向工作状态,当没有光照射时,其反向电阻很大,PN 结流过的反向电流很小;当光线照射在 PN 结上时就在 PN 结及其附近产生电子空穴对,电子和空穴在 PN 结的内电场作用下作定向运动,形成光电流。如果光的照度发生改变,电子空穴对的浓度也相应改变,光电流强度也随之改变。可见光电二极管能将光信号转变为电信号输出,可用来作为光控元件。

4. 发光二极管

发光二极管简写为 LED,其工作原理与光电二极管相反。由于它采用砷化镓、磷化镓等半导体材料制成,所以在通过正向电流时,由于电子与空穴的直接复合而发出光来。电路中多做为电源信号指示灯及 LED 显示屏。

砷化镓半导体辐射红光，磷化镓半导体辐射绿光或黄光。发光二极管正常工作时，当工作电流为10～30 mA，正向电压降为1.5～3 V。为了防止发光二极管烧坏，回路中必须加限流电阻。

5. 检波二极管

检波(也称解调)二极管的作用是利用其单向导电性将高频或中频无线电信号中的低频信号或音频信号取出来，广泛应用于半导体收音机、收录机、电视机及通信等设备的小信号电路中，其工作频率较高，处理信号幅度较弱。

6. 开关二极管

开关二极管的作用是利用其单向导电特性使其成为一个较理想的电子开关。开关二极管除能满足普通二极管和性能指标要求外，还具有良好的高频开关特性(反向恢复时间较短)，被广泛应用于家电电脑、电视机、通信设备、家用音响、影碟机、仪器仪表、控制电路及各类高频电路中。

【任务巩固】

1. 半导体与导体的区别是什么？
2. 如何得到P型和N型半导体？
3. PN结的特性是什么？
4. 二极管的参数有哪些？哪些参数越大越好？
5. 什么叫二极管的正向连接方式，什么叫反向连接方式？
6. 简述万用表测量二极管极性的过程。
7. 自行测量、判断5～10个二极管。

任务2 二极管整流电路调试

【任务目标】

1. 掌握桥式整流电路的组成及工作原理。
2. 熟练连接并测量整流电路的波形。

【任务准备】

一、资料准备

不同型号的整流二极管若干，降压变压器一个；万用表；示波器；学生电源；不同颜色的导线若干;电脑和仿真软件;整流电路测量记录表等。

二、知识准备

(一)单相半波整流电路

1. 单相半波整流电路的组成

单相半波整流电路如图 1-12 所示。T 为变压器,D 为整理二极管,u_1 输入的正弦交流电,u_2 变压器输出的正弦交流电,u_o 为整理后输出波形。

2. 单相半波整流电路的工作原理

整流主要是利用二极管的单向导电性,将交流电变换成单方向的脉动直流电。单相半波整流电路的工作波形如图 1-13 所示。

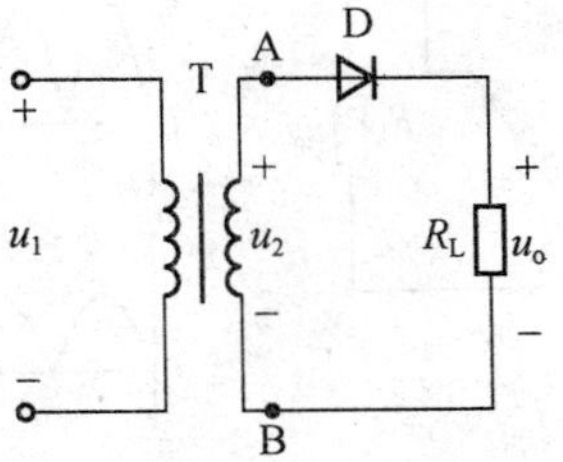

图 1-12 单相半波整流电路

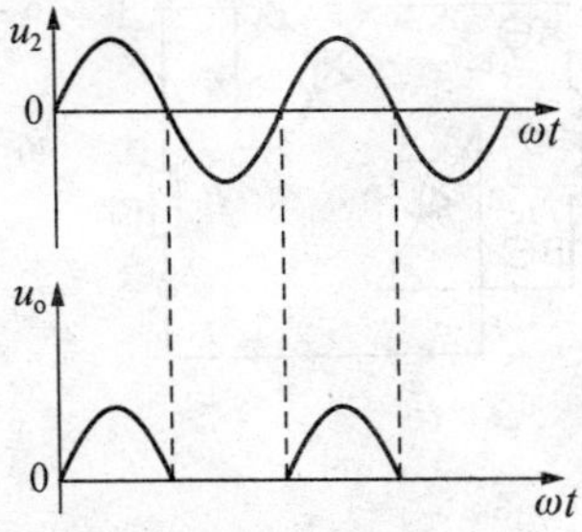

图 1-13 单相半波整流电路的工作波形

通过数学分析可得,负载上得到的单向脉动直流电压的平均值为:$Uo \approx 0.45U_2$。单相半波整流电路结构简单,但单相半波整流的缺点是只利用了电源的半个周期,整流电压的脉动大,输出电压的平均值小,效率低。为了克服这些缺点,通常采用全波整流电路,其中最常用的是单相桥式整流电路。

(二)单相桥式整流电路

1. 单相桥式整流电路的组成

桥式整流电路原理图及其简化电路如图 1-14 所示。

单项桥式整流电路,如图 1-14(a)所示。电路中采用了四个对称的二极管,结成电桥形式,故称为桥式整流电路。其中 T 为变压器,$D_1 \sim D_4$ 为整流桥的四个二极管桥臂,R_L 为整流电路的负载,u_i 输入的是正弦交流电。

2. 单相桥式整流电路的工作原理

由桥式整流电路电流通路可以看出,在 u_2 的正半周,D_1、D_3 导通,D_2、D_4 截

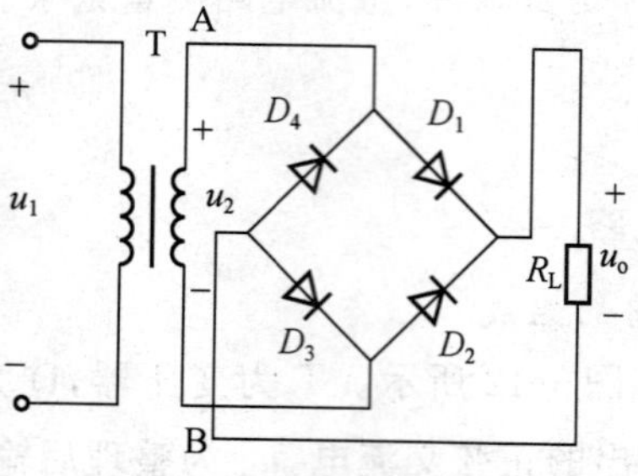

(a)桥式整流电路原理图

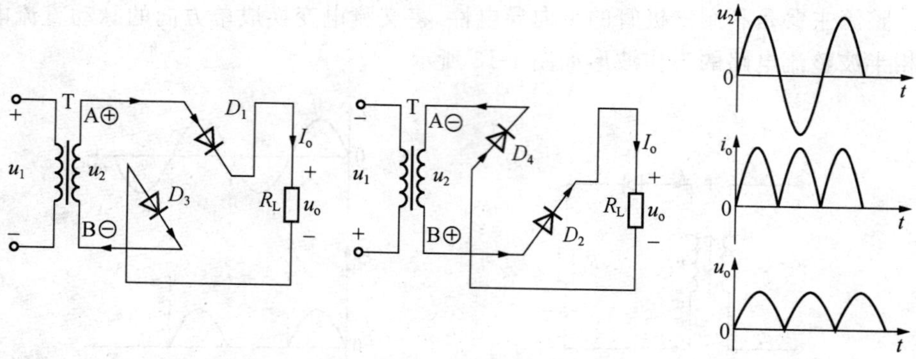

(b)桥式整流电路电流通路

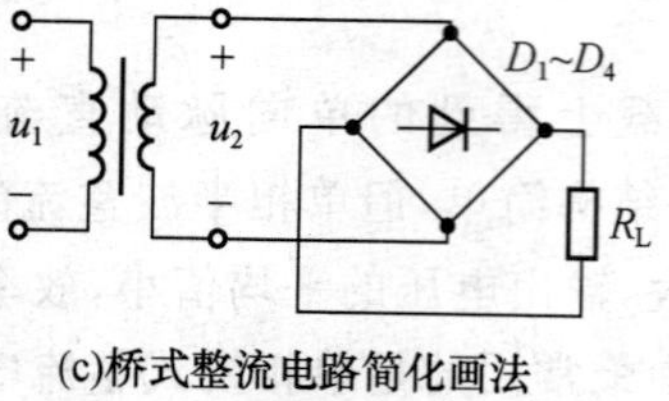

(c)桥式整流电路简化画法

图 1-14　桥式整流电路原理图及其简化电路

止，电流由变压器 T 次级上端经 $D_1 \to R_L \to D_3$ 回到变压器 T 次级下端，在负载 R_L 上得到一半波整流电压。在 u_2 的负半周，D_1、D_3 截止，D_2、D_4 导通，电流由 Tr 次级的下端经 $D_2 \to R_L \to D_4$ 回到变压器 T 次级上端，在负载 R_L 上得到另一半波整流电压，于是在负载 R_L 上就得到示波器 B 输出的全波波形。输出直流电压 $u_L=(2\times0.45)u_2=0.9u_2$，流过负载的平均电流 $I_L=u_L/R_L=0.9u_2/R_L$。

图 1-14(c)为桥式整流电路简化画法。

【任务实施】

一、连接二极管半波整流电路

按图 1-15 连接二极管半波整流电路，并测量其输入、输出波形。

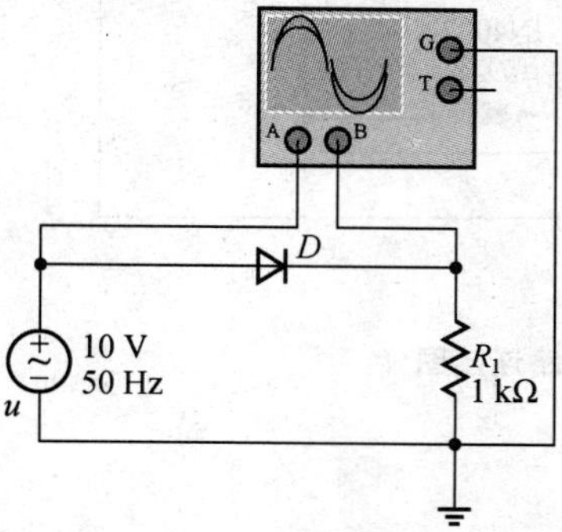

(a)二极管半波整流电路

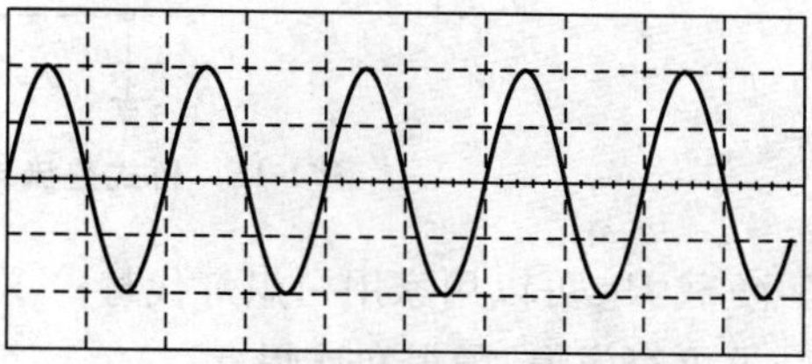

(b)二极管半波整流电路输入波形

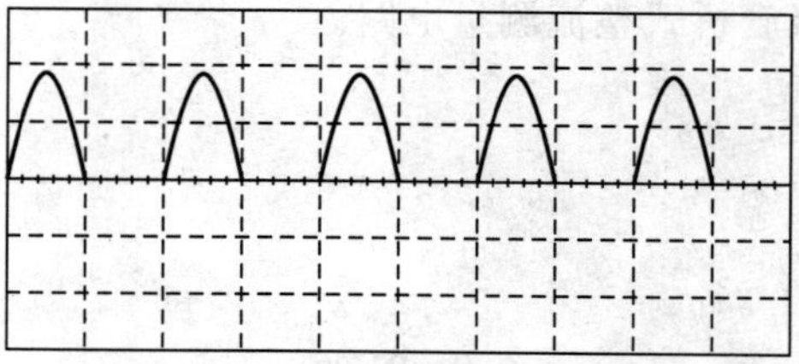

(c)二极管半波整流电路输出波形

图 1-15 二极管半波整流电路及输入、输出波形图

二、桥式整流电路

(一)连接桥式整流电路

按图 1-16 在老师的指导下连接二极管桥式整流电路，它是由电源变压器、四只整流二极管 D_1～D_4 和负载电阻 R_L 组成。四只整流二极管接成电桥形式，故称桥式整流。整流二极管可采用 IN4007，也可以使用实验室现有的型号或其他现成的桥式整流电路。

电路连接中注意：

(1)用电安全，特别是变压器初级绕组，用的是交流 220 V；

(2)按原理图进行连接，四个二极管方向不可接反；

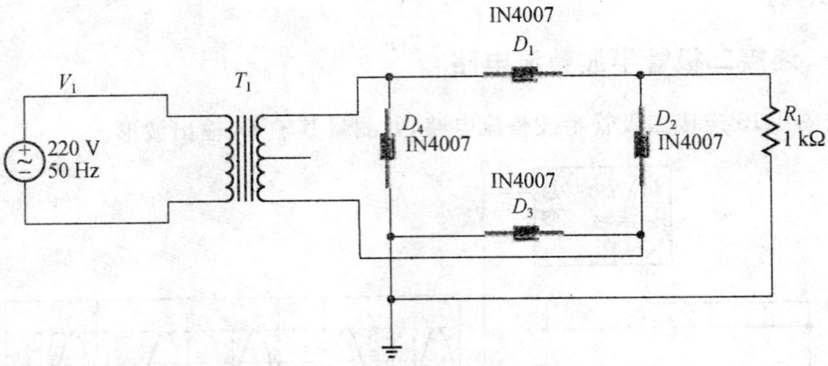

图 1-16　桥式整流电路连接图

(3)负载 R_L 可以用家用白炽灯代替；

(4)不可有虚焊、漏焊和连焊。

(二)测试桥式整流输入输出波形

按图 1-17 连接二极管桥式整流测量电路。

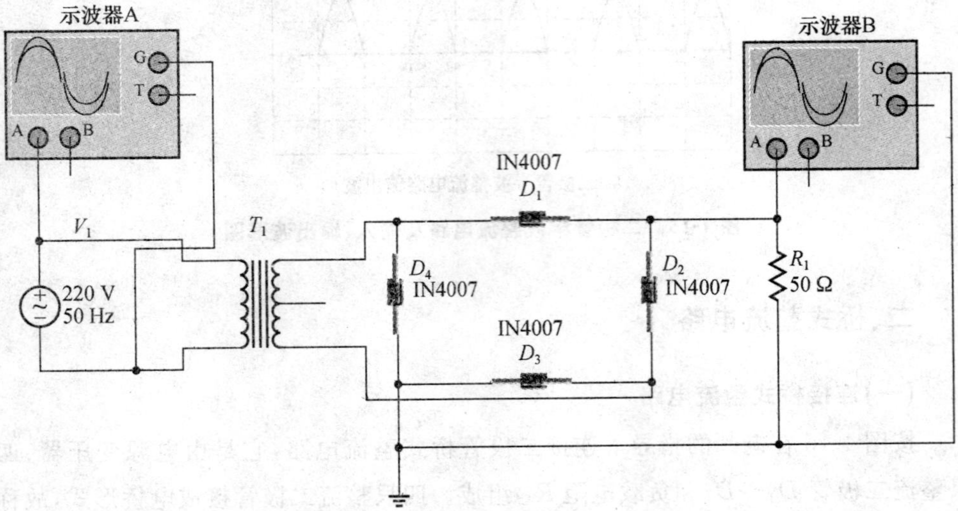

图 1-17　示波器测量桥式整流电路

测量波形输出波形，如图 1-18(a)(b)所示。

注：图 1-18 中示波器 A 幅度格选取 200 V/DIV，示波器 B 幅度格选取 20 V/DIV，时间格都选取 ms/DIV。

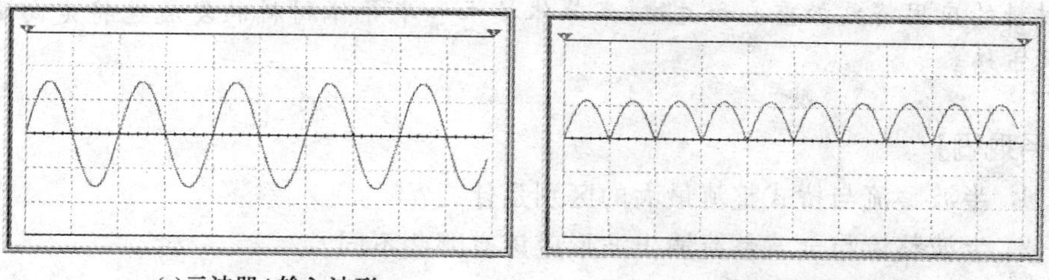

(a)示波器A输入波形　　(b)示波器B输出波形

图 1-18　桥式整流电路工作波形图

【任务拓展】

几种半导体材料的应用

1. 元素半导体材料

元素半导体材料主要是硅元素和锗元素。

硅在当前的应用相当广泛，它不仅是半导体集成电路，半导体器件和硅太阳能电池的基础材料，而且用半导体制作的电子器件和产品已经大范围的进入人们的生活，人们的家用电器中所用到的电子器件80%以上都离不开硅材料。

锗是稀有元素，地壳中的含量较少，由于锗的特有性质，使得它的应用主要集中于制作各种二极管、三极管等。以锗制作的探测器，也具有许多的优点，广泛应用于多个领域。

2. 有机半导体材料

有机半导体材料具有热激活电导率，如萘蒽、聚丙烯和聚二乙烯苯以及碱金属和蒽的络合物，有机半导体材料可分为有机物、聚合物和给体受体络合物三类。有机半导体芯片等产品的生产能力差，但是拥有加工处理方便，结实耐用，成本低廉，耐磨耐用等特性。

3. 非晶半导体材料

非晶半导体按键合力的性质分为共价键非晶半导体和离子键非晶半导体两类，可用液相快冷方法和真空蒸汽或溅射的方法制备。在工业上，非晶半导体材料主要用于制备像传感器，太阳能电池薄膜晶体管等非晶体半导体器件。

4. 合物半导体材料

化合物半导体材料种类繁多，按元素在周期表族来分类，分为三五族、二六族、四四族等。如今化合物半导体材料已经在太阳能电池、光电器件、超高速器件、微波等领域占据重要位置，且不同种类具有不同的应用。

总之，半导体材料的发展迅速，应用广泛，随着时间的推移和技术的发展，半导体材料的应用将更加重要和关键，半导体技术和半导体材料的发展也将走向更高端的市场。

【任务巩固】

1. 半波整流与桥式整流最大的区别是什么？
2. 半波整流与全波整流输出波形应该有哪些不同？
3. 如果整流后只要交流电的负半周，电路应该如何调整？

项目二　简单二极管直流稳压电路的应用

【项目描述】

二极管稳压是稳压电路中最基本的稳压电路，也是最为常见的稳压电路。

本项目分为认知电容器和电感器的滤波特性与并联型二极管稳压电路的调试2个工作任务。

通过本项目的学习，掌握不同形式的滤波电路组成，理解电容滤波与电感滤波的基本原理；理解稳压二极管的特性及稳压原理。熟练安装电容滤波电路和电感滤波电路并进行测量输入输出的电压；学会安装硅稳压二极管电路并进行测量稳压过程。通过引导安装硅稳压二极管电路，让学生体验学习过程的快乐，培养安全用电意识、理论联系实际的素养。

任务1　认知电容器和电感器的滤波特性

【任务目标】

1. 掌握不同形式的滤波电路组成及工作原理。
2. 熟练连接各种滤波电路。

【任务准备】

一、资料准备

不同型号的滤波电容器、电感器、整流二极管若干，降压变压器一个；万用表；示波器；不同颜色的导线若干；电脑和仿真软件；滤波电路测量记录表等。

二、知识准备

从项目一学习可知，整流电路的输出波形我们可以看出输出电压有较大的脉动成分，而实际电源必须降低输出电压的脉动成分，保留其中的直流成分，使输出电压接近于理想的平滑的直流电压。为达到这一要求，就必须在整流电路后连接滤波电路。常用的滤波电路主要为电容器滤波电路、电感器滤波电路及其电容器、电感器的复式滤波电路。

(一)电容器滤波电路的组成和基本原理

1. 电容器滤波电路组成

在整流电路输出端和负载 R_1 并联一个电解电容器，便构成了电容器滤波电路。如图 2-1 电容器滤波电路所示的电路。电容器 C_1 即为滤波电容。

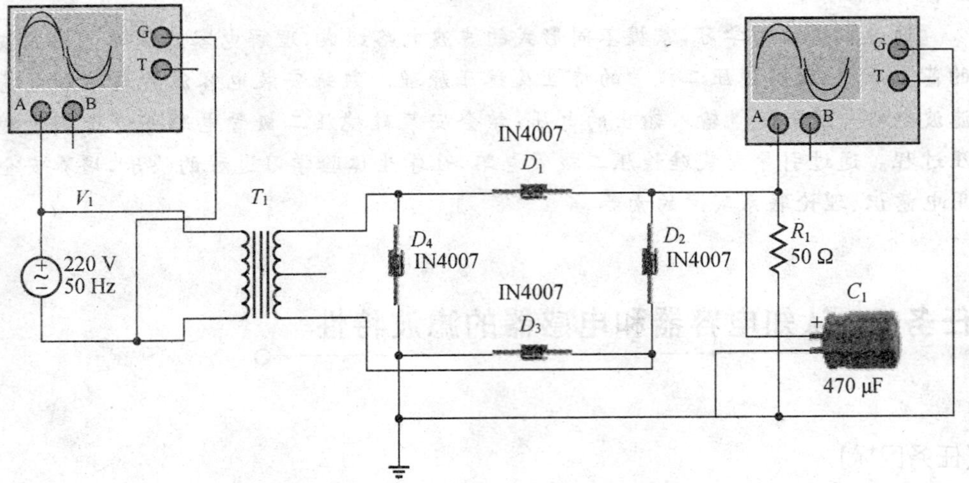

图 2-1 电容器滤波电路

2. 工作原理

由图 2-1 电容器滤波电路所示，当变压器次级电压为正半周时，二极管 D_1、D_3 导通，一方面供电给负载 R_L，同时对电容器 C_1 充电。充电电压 u_C 与上升的正弦电压与变压器次级电压为一致，如图 2-2 所示。变压器次级电压为和 u_C 达到了最大值，而后变压器次级电压为和 u_C 都开始下降，变压器次级电压为按正

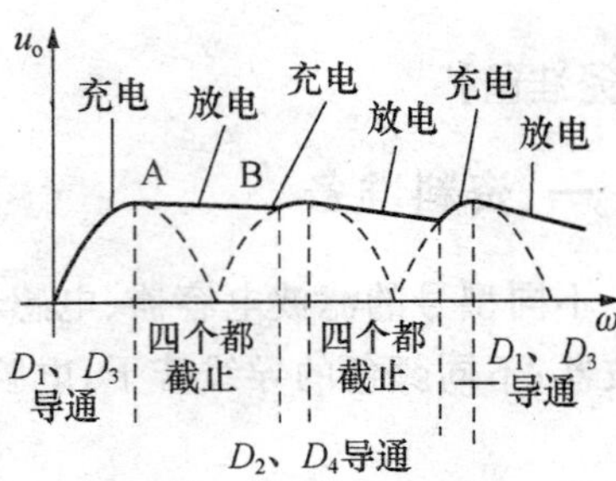

图 2-2 电容器滤波原理图

弦规律下降，而 u_C 按放电曲线下降，其放电速度很慢。在变压器次级电压为负半周时，二极管 D_2、D_4 导通，电容器再被充电，重复上述过程。可见电容器滤波利用电容器在充放电的过程中两端的电压不能突变的特性来实现滤波的，电容器两端电压 u_C 即为输出电压 u_O。

3. 充放电时间

采用电容滤波时，输出电压的脉动程度与电容器的放电时间有关，我们把电容器的充放电时间称为充放电时间常数，充放电时间常数与 R_LC 的乘积有关系。R_LC 大一些，脉动就小一些。为了得到比较平滑的输出电压，一般要求：$R_LC \geqslant (3\sim5)T/2$，式中 T 是电源交流电压的周期。

4. 全波整流输出直流电压

一般为：$U_o=(1\sim1.2)U_i$，整流管承受的最高反向工作电压为 U_i。

(二)电感器滤波电路的基本原理

1. 电感滤波电路的组成

在整流电路输出端和负载 R_1 串联一个电感器，便构成了电感器滤波电路。图 2-3 为电感器滤波电路。

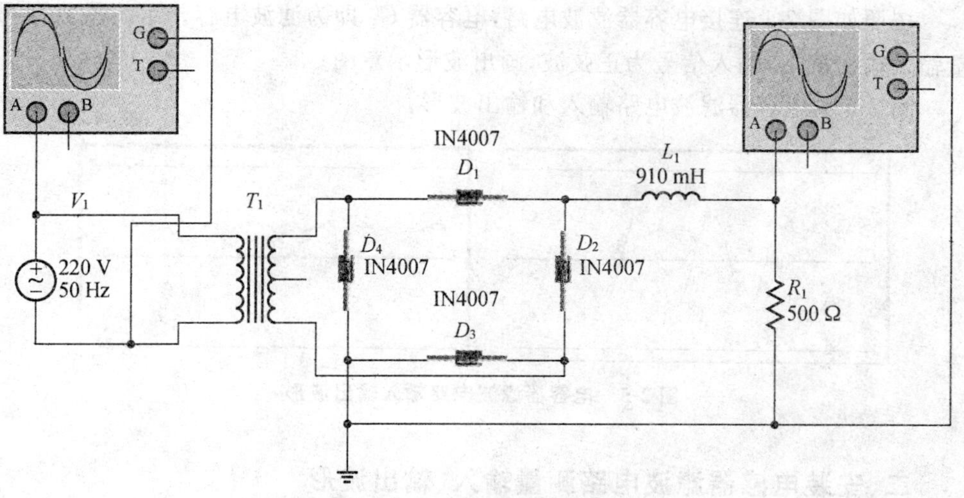

图 2-3　电感器滤波电路

2. 工作原理

由图 2-3 电感器滤波电路所示，当负载电流 i_L 增大时，电感线圈中的自感电动势 e_L 与电流 i_L 反向，限制电流的增加，将一部分电能转换为磁场能量储存在磁场中；负载电流 i_L 减小时，电感线圈中的自感电动势 e_L 与电流 i_L 同向，阻止电流的减小，释放能量。即利用电感元件在电流变化时产生感生电动势来抑制电流的脉动，达到滤波的目的 。因此通过负载 R_L 的电流的脉动成分受到抑制而变得平滑，电感 L 越大，滤波效果越好，如图 2-4 所示。

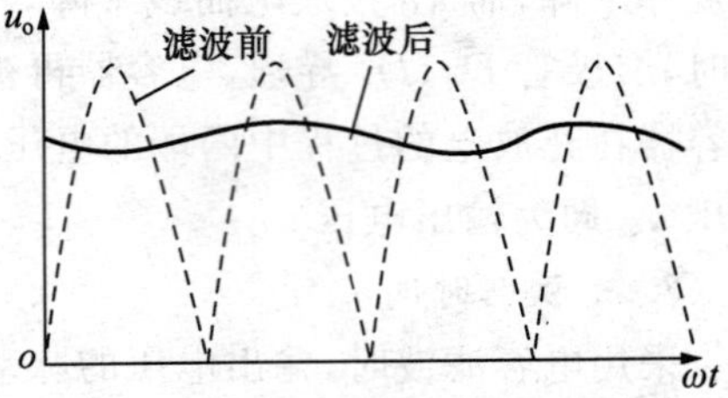

图 2-4 电感器滤波输出波形

总之滤波电路利用电容器或电感器在电路中的储能作用，当电源电压（或电流）增加时，电容（或电感）把能量储存在电场（或磁场）中；当电源电压（或电流）减小时，又将储存的能量逐渐释放出来，从而减小了输出电压（或电流）中的脉动成分，得到比较平滑的直流电压，电容滤波电路适用于小负载电流，而电感滤波电路适用于大负载电流。全波整流负载上得到的输出电压：$U_o=0.9U_i$。

【任务实施】

一、安装电容器滤波电路测量输入、输出波形

按照如图 2-1 连接电容器滤波电路，电容器 C_1 即为滤波电容。示波器分别测量输入输出波形，输入信号为正弦波，画出波形示意图。

图 2-5 为电容器滤波电路输入和输出波形。

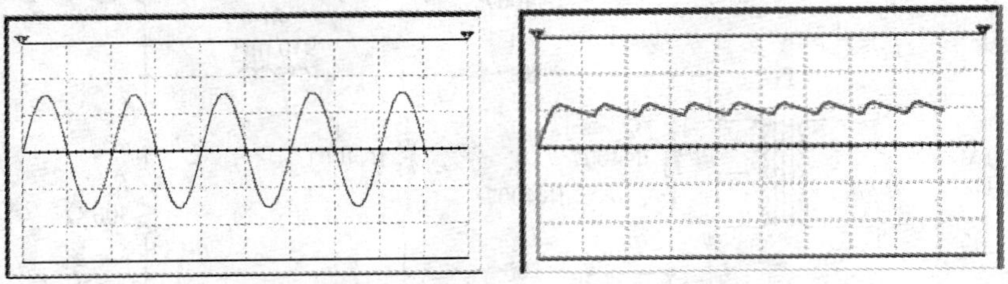

图 2-5 电容器滤波电路输入输出波形

二、安装电感器滤波电路测量输入、输出波形

按照如图 2-3 连接电感器滤波电路，电感器 L_1 即为滤波电感器，示波器分别测量输入输出波形，输入信号为正弦波。图 2-6 为电感器滤波电路输入输出波形。

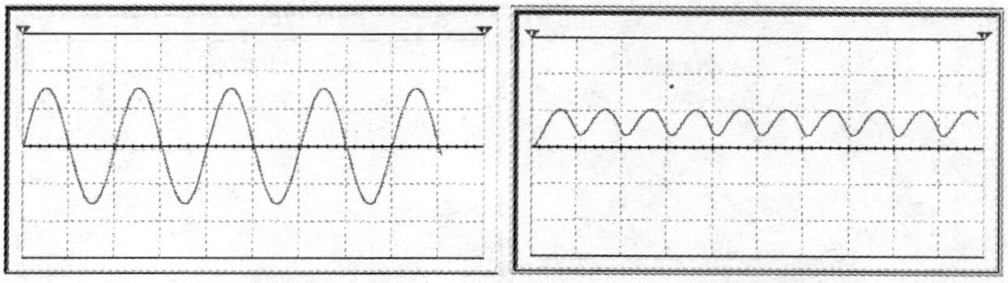

(a)输入波形　　(b)输出波形

图 2-6　电感器滤波电路输入输出波形

【任务拓展】

复式滤波电路

复式滤波电路同时利用了以上两种滤波，其输出电压更加平滑，几乎接近直流。

1. LC 复式滤波电路

在实际的滤波电路应用中往往把电容器滤波、电感器滤波同时使用构成 LC 复式滤波电路。图 2-7 为 LC 复式滤波电路，在输出端同时串联 L_1、并联 C_1，图 2-8 为 LC 复式滤波电路输入输出波形。

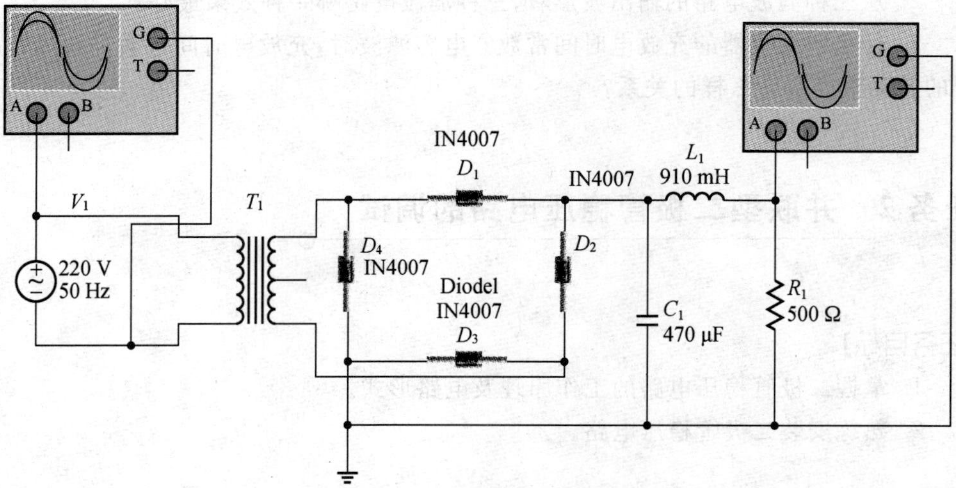

图 2-7　LC 复式滤波电路

2. π 形滤波电路

常用的还有 π 形滤波电路，如图 2-9 所示。

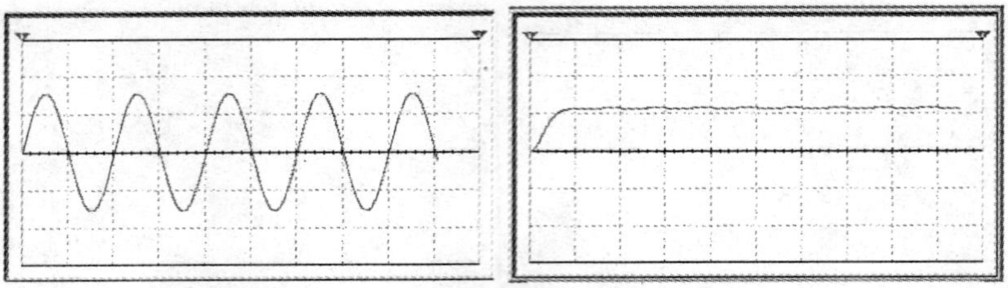

图 2-8 LC 复式滤波电路输入输出波形

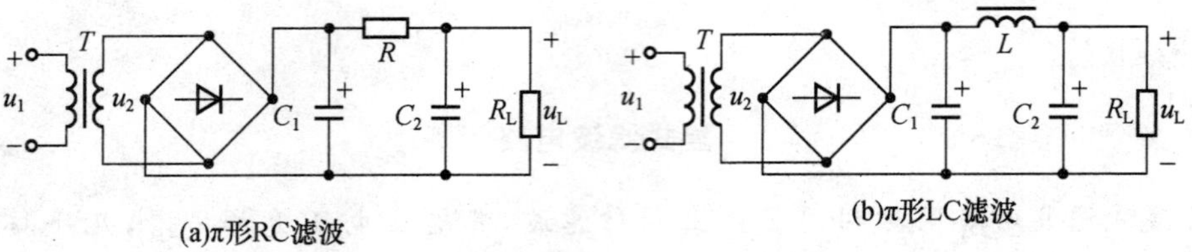

图 2-9 π形滤波电路

【任务巩固】

1. 电容器滤波电路中电容器与负载与电感器滤波电路中电感器与负载各是什么连接方式?

2. 从三种滤波电路的输出波形看,三种滤波电路哪一种效果最好?

3. 什么叫电容器的充放电时间常数? 电容滤波时,充放电时间常数与输出电压的脉动程度有什么样的关系?

任务 2 并联型二极管稳压电路的调试

【任务目标】

1. 掌握二极管稳压电路的工作原理及电路形式。

2. 熟练安装二极管稳压电路。

【任务准备】

一、资料准备

不同型号的滤波电容器、电感器、整流二极管若干,12 V 稳压二极管一只;降压变压器一个；万用表；不同颜色的导线若干；电脑和仿真软件；稳压电路测量记录表等。

二、知识准备

（一）稳压二极管基本知识

1. 稳压二极管伏安特性及特点

（1）稳压二极管伏安特性。稳压二极管用特殊工艺制造的面接触型硅半导体二极管，它既具有普通二极管的单向导电特性，又可工作于反向击穿状态。其伏安特性曲线如图 2-10 所示。

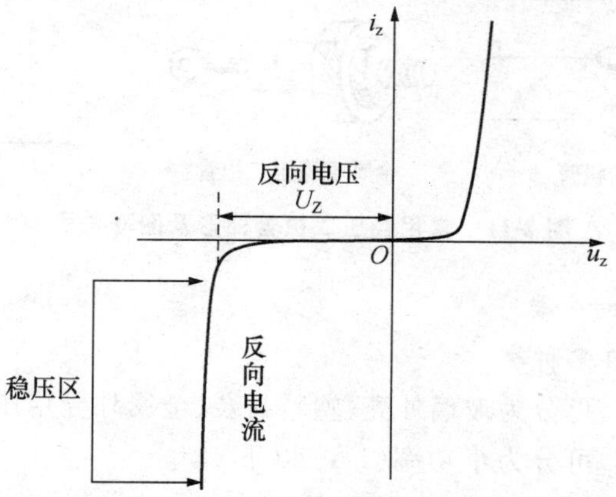

图 2-10　伏安特性曲线

（2）稳压二极管的特点。由稳压二极管的伏安特性曲线可以看出，稳压二极管不但具有普通二极管的单向导电特性，又可工作于反向击穿状态。在反向电压较低时，稳压二极管截止；当反向电压达到 U_Z 时，反向电流突然增大，稳压二极管进入击穿区，此时即使反向电流在很大范围内变化时，稳压二极管两端的反向电压也能保持基本不变，实现稳压。如果把击穿电流通过电阻限制在一定的范围内，管子就可以长时间在反向击穿状态下稳定工作。而且，稳压二极管的反向击穿特性是可逆的，当外加电压减小或消失时，PN 结能自动恢复而不至于损坏，稳压二极管又恢复常态。但是反向电流增大到一定数值后，稳压二极管则会被彻底击穿而损坏。

稳压管主要用于电路的稳压环节和直流电源电路中，常用的有 2CW 型和 2DW 型。

2. 稳压二极管的图形符号

稳压二极管是一种特殊的具有稳压功能的二极管，又称为齐纳二极管。它也是具有一个 PN 结的半导体器件。与一般二极管不同的是稳压二极管是一种用于稳压(或限压)、工作于反向击穿状态的二极管。其外形及图形符号如图 2-11 所示。稳压二极管的文字符号为“VD”。

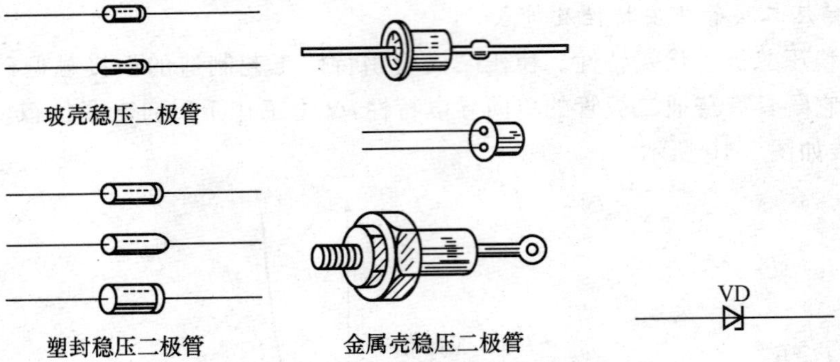

图 2-11 常用稳压二极管外形及图形符号

3. 稳压二极管的分类

稳压二极管有许多种类。

(1)按封装不同，可分为玻璃外壳、塑料封装、金属外壳稳压二极管等。

(2)按功率不同，可分为小功率(1 W 以下)和大功率稳压二极管；还可分为单向击穿(单极型)和双向击穿(双极型)稳压二极管两类，如图 2-12 所示。

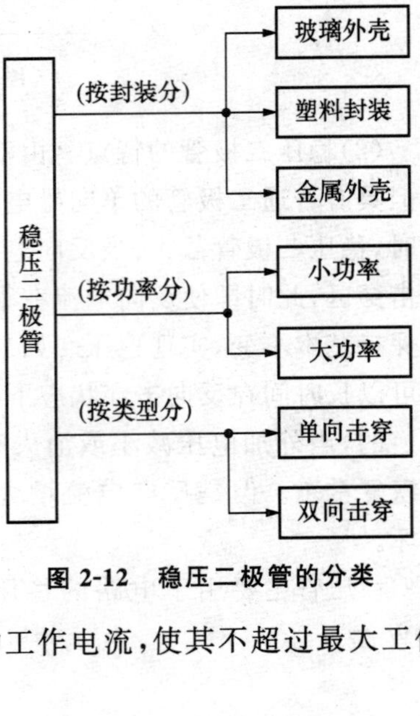

图 2-12 稳压二极管的分类

4. 稳压二极管的参数

稳压二极管的主要参数是稳定电压 U_Z 和最大工作电流 I_{ZM}。

(1)稳定电压。稳定电压 U_Z 是指稳压二极管在起稳压作用的范围内，其两端的反向电压值。不同型号的稳压二极管具有不同的稳定电压 U_Z，使用时应根据需要选取。

(2)最大工作电流。最大工作电流 I_{ZM} 是指稳压二极管长期正常工作时，所允许通过的最大反向电流值。使用中应控制通过稳压二极管的工作电流，使其不超过最大工作

电流 I_{ZM}，否则将烧毁稳压二极管。

(二)二极管稳压电路

1. 二极管稳压电路的基本组成

(1)稳压电源框图。整流滤波电路虽然能把交流电变为较平滑的直流电，但输出的电压仍不稳定。一是交流电网电压的波动，使得整流滤波后输出的电压随之改变；二是整流滤波电路总有一定的内阻，如果负载电流变化，则输出电压也随之变化。通常需在滤波电路之后再接入稳压电路。可见一个完整的直流稳压电源应该由图 2-13 所示的四部分电路组成。

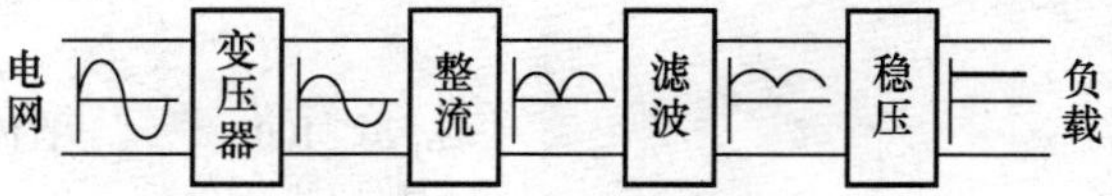

图 2-13　稳压电源框图

(2)二极管稳压电路。并联型硅稳压管的稳压电路就是一种常用的稳压电路。图 2-14 所示的是硅稳压管稳压电路。

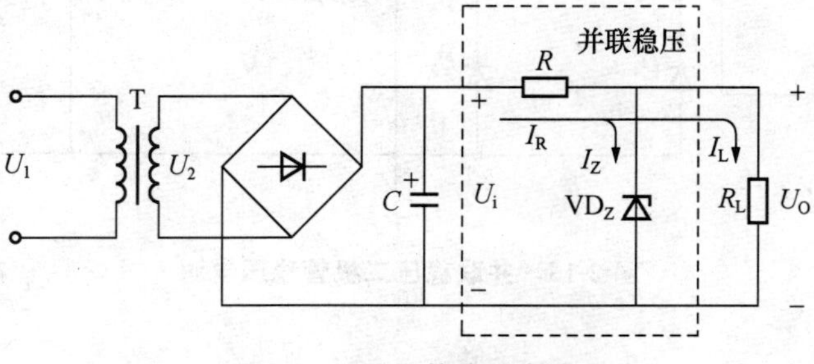

图 2-14　二极管稳压电路

图中可见稳压管 V_{DZ} 并联在负载 R_L 两端，因此它是一个并联型稳压电路。电阻 R 是稳压管的限流电阻，是稳压电路中不可缺少的元件。稳压电路的输入电压 U_i 是整流、滤波电路的输出电压。

2. 稳压原理分析

稳压管是利用调节流过自身电流的大小(端电压基本不变)来满足负载电流的改变，并和限流电阻配合将电流的变化转换成电压的变化，以适应电网电压的波动及负载的变化。

无论是负载变化还是电网电压变化，稳压电路都能通过一系列调节，使负载两端电压 U_O 保持不变。它的稳压原理可以通过下列的几种来说明：

(1)电网电压升高 $U_I\uparrow \rightarrow U_O\uparrow \rightarrow I_Z\uparrow \rightarrow I_R\uparrow \rightarrow U_R\uparrow \rightarrow U_O\downarrow (=U_I\uparrow - U_R\uparrow)$

(2)电网电压降低 $U_I\downarrow\rightarrow U_O\downarrow\rightarrow I_Z\downarrow\rightarrow I_R\downarrow\rightarrow U_R\downarrow\rightarrow U_O\uparrow(=U_I\downarrow-U_R\downarrow)$

(3)负载减小 $R_L\downarrow\rightarrow U_O\downarrow\rightarrow I_Z\downarrow\rightarrow I_R\downarrow\rightarrow U_R\downarrow\rightarrow U_O\uparrow(=U_I-U_R\downarrow)$

(4)负载增大 $R_L\uparrow\rightarrow U_O\uparrow\rightarrow I_Z\uparrow\rightarrow I_R\uparrow\rightarrow U_R\uparrow\rightarrow U_O\downarrow(=U_I-U_R\uparrow)$

【任务实施】

一、安装并联型二极管稳压电路

按照图 2-15 连接并联稳压二极管稳压电源。注意稳压二极管的方向,必须反接与电源两端。

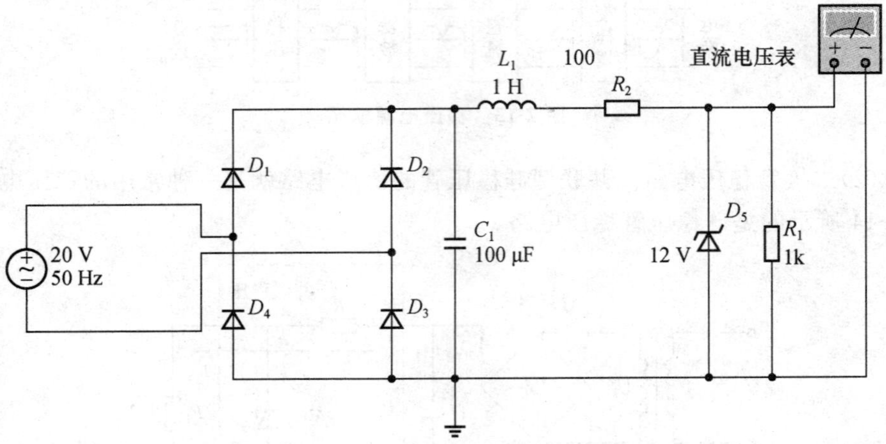

图 2-15 并联稳压二极管稳压电源

二、测试并联型二极管稳压电路

(1)开始不用 12 V 的稳压二极管及限流电阻 R_2,把电源分别从 15 V 依次改变为 20 V、25 V,记录直流电压表的读数。

(2)并联 12 V 的稳压二极管并串接限流电阻 R_2,仍把电源分别从 15 V 依次改变为 20 V、25 V,记录直流电压表的读数。

(3)把以上数据分别填在表 2-1 内。

三、分析并联型二极管稳压电路

通过以上实验可以看出,当无稳压二极管时,负载上的电压随着电源电压的升高而升高;当加上稳压二极管后,负载上的电压会稳定在 12 V,不再随着电源电压的升高而升高。同时只有电源输出电压高于 15 V 后,稳压二极管才进入稳压工作状态。

表 2-1 稳压二极管电路测量数据

输入电压	15.0 V	20.0 V	25.0 V
无稳压二极管	13.0 V	17.8 V	22.5 V
接稳压二极管	11.8 V	12.0 V	12.0 V

【任务拓展】

稳压二极管及其他应用

1. 二极管稳压电路的特点

二极管稳压电路结构简单，调试方便，但电路输出电压由稳压管的稳压值决定的，不能调节，输出电流受稳压管的稳定电流限制。因此输出电流的变化范围很小，只适用于电压固定的小功率负载且负载电流变化范围不大的场合。

2. 稳压二极管使用注意事项

(1)要注意一般二极管与稳压二极管的区别。一般二极管，特别是玻璃封装的管子，外形颜色等与稳压二极管较相似，很容易出现应用错误。常用的区别方法有：

①看外形，稳压二极管多为较短粗圆柱形，一般二极管多为较细长圆柱形；

②看标志，稳压二极管的外表面上都标有稳压值，如 5 V 6，表示稳压值为 5.6 V；

③用万用表进行测量，若出现的反向阻值很大，为一般二极管的可能性很大，若出现的反向阻值变得很小，则为稳压二极管。

(2)在稳压二极管稳压电路中，一般都要串接一个电阻，该电阻在电路中起限流和提高稳压效果的作用。若不加该电阻容易烧坏稳压管，稳压效果也会极差。限流电阻的阻值越大，电路稳压性能越好，但输入与输出压差也会过大，耗电也就越多。

(3)稳压管可串联使用，几个稳压管串联后，可获得多个不同的稳压值，故串联使用较常见；稳压管一般不并联使用，如果几个稳压管并联后，稳压值将由最低(包括正向导通后的电压值)的一个来决定。

3. 其他形式的二极管稳压电源

由于并联型稳压电路有其自身的局限性，大功率负载且负载电流变化范围较大的场合必须采用其他形式的稳压电源，如串联型稳压电源、开关稳压电源等，其中串联型稳压电源放在项目七进行分析。

【任务巩固】

1. 说明半波整流、桥式整流电路的区别。

2. 滤波电容容量大小能否随意选取？为什么？

3. 在桥式整流电路中，如果有其中一个二极管的极性接反，电路会出现什么情况？为什么？

模块二 三极管、场效应管的应用

项目三 三极管及放大电路的应用

【项目描述】

三极管是各种放大电路的核心元件，是电子线路学习的基础和重点。

本项目分为学习认知三极管、万用表检测三极管和共射放大电路调试3个工作任务。

通过本项目的学习与训练，了解三极管的结构及分类，熟悉其外形和符号；理解三极管的放大条件；掌握放大器的三种组态；掌握三极管的电流分配关系；掌握三极管的输入、输出伏安特性曲线及主要参数；掌握基本共射放大器和分压式偏置单管共射放大器的电路结构及静、动态分析。技能操作要求学会测量三极管的电流分配关系；熟练使用万用表测量判断三极管的类型、电极、检测及质量；会安装、调试分压式偏置放大电路并用数字万用表测量基本放大电路的静态工作点。通过引导安装测试共射极放大电路，让学生体验学习过程的快乐，培养认真细致意识、理论联系实际的素养。

任务1 认知三极管

【任务目标】

1. 掌握三极管的结构、特性及参数。
2. 熟练测量三极管的电流分配关系和电流放大倍数。

【任务准备】

一、资料准备

不同型号的三极管若干，12 V稳压二极管一只；万用表一只；双踪示波器一台，不同颜色的导线若干；电脑和仿真软件；稳压电路测量记录表等。

二、知识准备

(一)三极管的结构及其特点

1. 三极管的结构

(1)三极管的结构图。如图 3-1 所示为三极管结构图。

三极管是在一块纯净的单晶半导体上制作两个 PN 结。按照两个 PN 结的组合方式，三极管分为 NPN 型和 PNP 型两类。两个 PN 结分别命名为发射结(发射区与基区交界处的 PN 结)和集电结(集电区与基区交界处的 PN 结)。两个 PN 结把三极管分为三个区，分别叫做发射区、基区和集电区。每个区分别引出一根导线作为电极，分别叫做发射极(e)、基极(b)和集电极(c)。三极管是一种具有电流放大作用的器件。

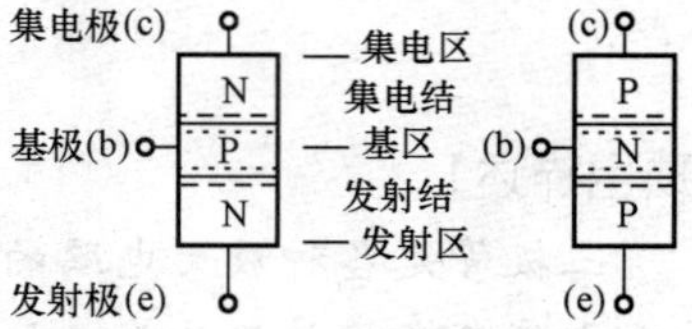

图 3-1　三极管结构图

(2)三极管的电路符号。图 3-2 所示为 NPN 型和 PNP 型三极管的电路符号，用字母 V 或 VT 表示。电路符号中箭头表示发射结正偏时发射极电流 I_e 的实际方向，即 NPN 管的流出管外，PNP 管的由管外流入。三极管最基本的作用是具有电流放大作用。

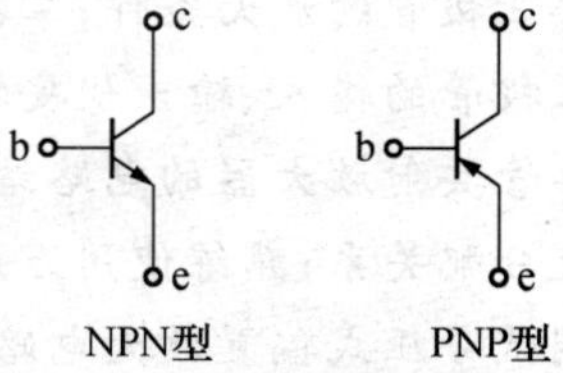

图 3-2　三极管电路符号图

2. 三极管的结构特点

为使三极管具有电流放大作用，其制造工艺必须保证三极管内部结构具有下列特点：

(1)发射区和集电区必须使用同种半导体材料，基区使用另外一种半导体材料，这样才能形成两个 PN 结。

(2)这样才能有利于发射区发射载流子和集电区收集载流子。

(3)基区掺杂浓度必须特别低，且基区要非常薄，这样才能使三极管具有较大的电流放大作用。

以上就是三极管的内部结构特点，它们是使三极管具有电流放大作用所必需的内部条件，这个内部条件是三极管在制造时就确定了的，一个质量合格的三极管一定满足以上制造工艺。

基于以上特点还可知：三极管绝不是两个 PN 结的简单连接，不能用两个二极管代替。发射极和集电极也不能互换使用(互换使用会使放大能力明显减小)。

(二)三极管电流放大的外部条件

要使三极管具有电流放大作用，除了必须满足内部结构特点之外，还必须给它外加合适的工作电压，即必须满足一定的外部条件，具体内容是：发射结必须正向偏置，集电结必须反向偏置。只有给发射结加正向电压，才能使发射区向基区发射载流子，同时，只有给集电结加反向电压，才能使从发射区涌入基区的载流子穿过集电结进入集电区。因此，对于NPN管而言，要使发射结正偏，集电结反偏，发射极电位必须最低，集电极电位必须最高，即$U_C > U_B > U_E$；而PNP管则相反，即$U_C < U_B < U_E$。

对NPN管按图3-3(a)所示加电压，令$U_{CC} > U_{BB}$即能满足$U_C > U_B > U_E$。图3-3(b)所示是单电源供电，利用R_B上压降同样能满足条件。图3-3(c)所示是实际电路供电方法，合理选择R_B、R_C以保证$U_C > U_B$，例如：$I_B = 0.02$ mA，$I_C = 2$ mA，$R_B = 470$ kΩ，R_B上压降是9.4 V，为保证$U_C > U_B$，R_C上压降只能小于9.4 V，即R_C不能大于4.7 kΩ。如果I_B、I_C不变，则当$R_B = 510$ kΩ时，只要R_C小于5.1 kΩ就能使$U_C > U_B$。通常$R_B \geqslant R_C$。图3-3(d)所示则是图3-3(c)所示的习惯画法。

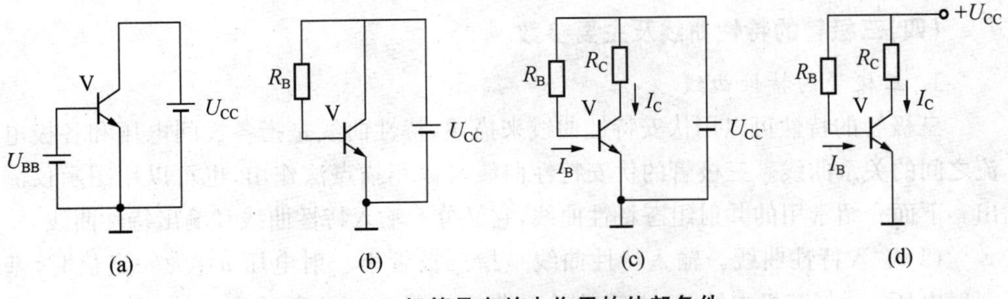

图3-3　三极管具有放大作用的外部条件

(三)三极管的三种组态

普通的放大器一般都是有一对输入端、一对输出端的四端网络。而三极管只有三个电极，因此，用三极管组成放大器时，三电极中的其中一个就要作为输入、输出的共用端，称为公共端，根据三极管三个电极分别作为公共端，这样三极管就有了三种不同的连接方式，又称为三种组态。

1. *共发射极接法*

基极作为输入端，集电极作为输出端，发射极作为公共端，如图3-4(a)所示，称为共发射极组态，简称共射组态。

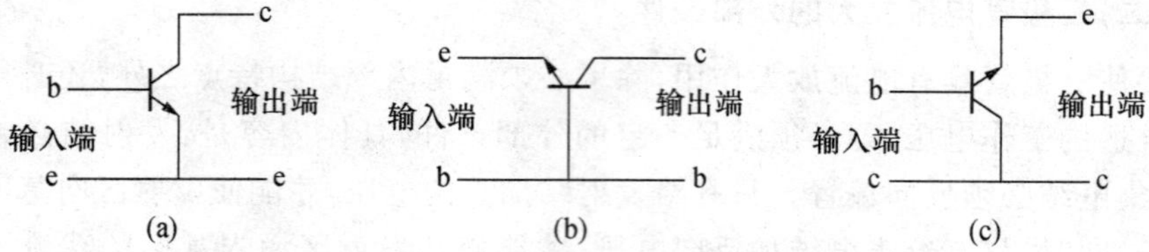

图 3-4 三极管的三种组态

2. 共基极接法

发射极作为输入端,集电极作为输出端,基极作为公共端,如图 3-4(b)所示。

3. 共集电极接法

基极作为输入端,发射极作为输出端,集电极作为公共端,如图 3-4(c)所示,称为共集电极组态,简称共集组态。由于这种接法以发射极作为输出端,所以这种电路又叫做“射极输出器”。

无论哪种组态,为使三极管具有放大作用,外接直流电源时都必须满足发射结正偏、集电结反偏的条件。

实际应用时,三种组态各有特点,其中以共射电路应用最为广泛。

(四)三极管的特性曲线及主要参数

1. 三极管的特性曲线

三极管的特性可以用伏安特性曲线来描述,特性曲线是指各极间电压和各极电流之间的关系曲线。三极管的伏安特性曲线可以用描点法作出,也可以用图示仪测出。下面介绍常用的共射组态特性曲线,它又分为输入特性曲线和输出特性曲线。

(1)输入特性曲线。输入特性曲线是指三极管集一射电压 u_{CE} 为一定值时,基一射电压 u_{BE} 与基极电流 i_B 之间的关系曲线。图 3-5(a)所示为硅管 3DG6A 的输入特性曲线。

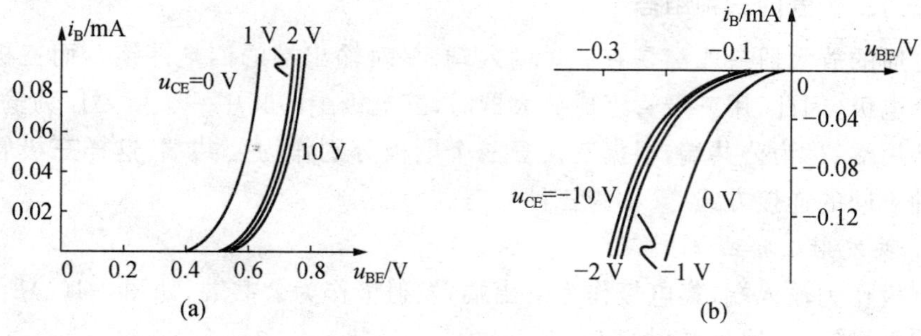

图 3-5 三极管输入特性曲线

由图 3-5 可知：

①当 $u_{CE}=0$ V 时，三极管的输入伏安特性曲线与二极管的正向伏安特性曲线形状相似，也有死区、非线性区和线性区。这是因为三极管的发射结也是一个 PN 结的缘故。

② $u_{CE}=1$ V 时的输入特性曲线与 $u_{CE}=0$ V 时的输入特性曲线形状一样，只是曲线向右平移了一段距离。这是因为 $u_{CE}=1$ V 时，三极管已经导通，从发射区进入基区的电子，大部分在集电结反偏电压的作用下，被集电区收集而形成集电极电流 I_C，只有少数电子与基区的空穴复合而形成基极电流 I_B。因此，在相同的 u_{BE} 电压作用下，$u_{CE}=1$ V 时的 I_B 值小，使得输入特性曲线向右平移。

③当 $u_{CE}>1$ V 或 $u_{CE}<1$ V 时，三极管的输入伏安特性曲线只是在 $u_{CE}=1$ V 的曲线两侧平移。

④当 $u_{CE}=2$ V 以后，各条输入特性曲线基本重合在一块。这是因为三极管导通以后，I_C 只受控于 I_B，而与 u_{CE} 关系不大的缘故。因此，实际中一般只给出 $u_{CE}=2$ V 时的一条曲线来代表所有输入伏安特性曲线。

由 $u_{CE}=2$ V 的输入特性曲线可以看出，当 $u_{BE}\leqslant 0.5$ V 时，$i_B\approx 0$ mA。我们把这个电压称之为硅管的死区电压或开启电压，记做 U_T。$u_{BE}>0.5$ V，管子导通，u_{BE} 增加，i_B 迅速上升，经过一段弯曲区域后，导通电压基本不变，约 0.7 V，而且 $u_{BE}\sim i_B$ 的关系近似为线性关系。我们把这个电压称之为硅管的导通电压。

管子不同，死区电压及导通电压亦不相同。对硅管一般死区电压约 0.5 V，导通电压约 0.7 V。

图 3-5(b)所示是锗管 3AG25 的输入特性曲线，锗管死区电压约 0.1 V，导通电压约 0.3 V。

(2)输出特性曲线。输出特性曲线是指在基极电流 i_B 为一定值时，集一射电压 u_{CE} 与集电极电流 i_C 之间的关系曲线。即

$$I_C=f(U_{CE})\big|_{I_B=\text{常数}}$$

图 3-6(a)(b)所示分别为 3DG6A 和 3AG25 的输出特性曲线。

该曲线具有以下特点：

① $i_B=0$ mA 时，$i_C=I_{CEO}\approx 0$ mA。

② $u_{CE}=0$ V 时，$i_C=0$ mA，即曲线过原点。

③曲线起始部分比较陡，且不同 i_B 曲线的上升部分几乎重合，这表明 u_{CE} 很小时，u_{CE} 略有增大，④ u_{CE} 较大(约大于 1 V)后，曲线变得平坦(略有上翘)，这表明 u_{CE} 较大时，i_C 主要由 i_B 决定，而与 u_{CE} 基本无关，呈现“恒流特性”。

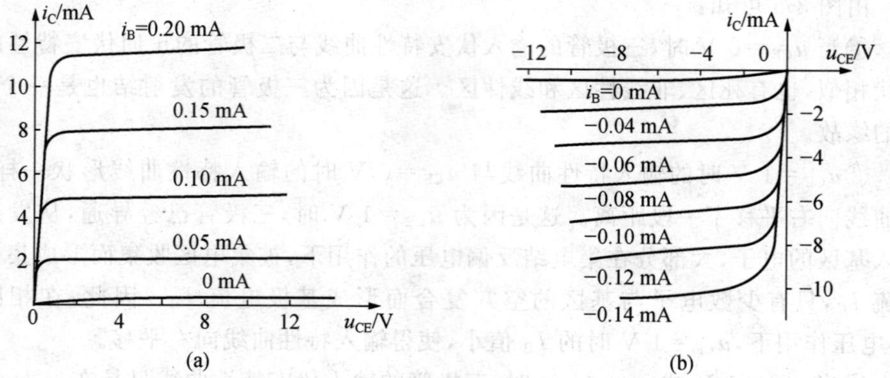

图 3-6 三极管输出特性曲线

(3)三极管输出特性工作区域及工作状态划分。由图 3-7 可以看出三极管的输出特性曲线可以分为三个区：截止区、饱和区和放大区，它们分别对应三极管的三种工作状态：截止状态、饱和状态和放大状态。

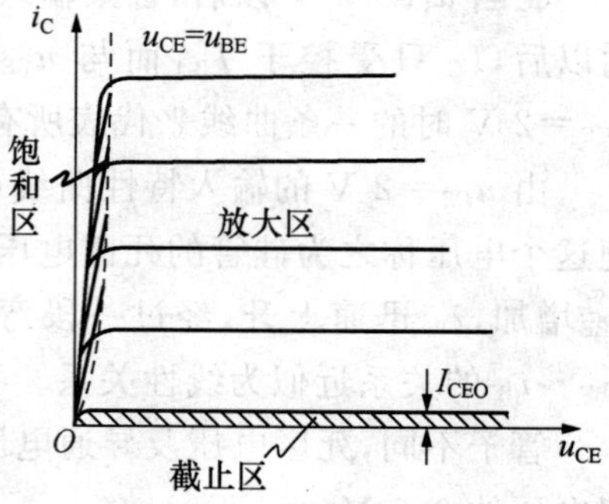

图 3-7 三极管的三个工作区

①截止区。

a. 区域范围：i_B＝0 mA 时的输出特性曲线与横轴之间的区域称为截止区。

b. 工作条件：发射结和集电结均反偏。

c. 状态特点：I_B＝0 时，I_C＝ $I_{CEO}\approx 0$，三极管相当于断开的开关。

②饱和区。

a. 区域范围：$U_{CE}\leqslant U_{BE}$的区域，即各条曲线的上升段组成的区域称为饱和区。

b. 工作条件：发射结正偏和集电结均正偏。

c. 状态特点：I_C 随 U_{CE}的增大而增大，几乎不受 I_B 控制，即当 U_{CE}一定时，即使 I_B 增加，I_C 却几乎不变，这就是所谓的饱和现象。饱和时其管压降 U_{CE}称为饱和压降 U_{CES}，U_{CES}很小，硅管约 0.3 V，锗管约 0.1 V，因此三极管相当于接通的开关。

③放大区。

a. 区域范围：由各条曲线的平直段组成的区域称为放大区。

b. 工作条件：发射结正偏，集电结反偏。

c. 状态特点：I_B 改变 I_C 随之改变，满足 $I_C=\beta I_B$ 的关系，I_C 与 U_{CE}基本

无关。

2. 三极管的工作方式

根据三极管的三种工作状态，三极管在电路中使用时通常划分为两类不同的方式：一是工作在放大状态，具有电流放大作用，常常应用在模拟电子技术中；二是工作在饱和导通和截止状态，常常应用在数字电子技术中。

3. 三极管的主要参数

参数反映了元器件的性能和特点，是我们选择和使用元件的依据。

(1)电流放大系数。电流放大系数是表示三极管放大能力的重要参数。三极管的放大特性参数主要有共发射极直流电流放大系数 $\bar{\beta}$、共发射极交流电流放大系数 β、共基极直流电流放大系数 $\bar{\alpha}$、共基极交流电流放大系数 α 等。

①共发射极直流电流放大系数 $\bar{\beta}$：$\bar{\beta}=\dfrac{I_C}{I_B}$

三极管工作在放大区时，集电极电流 I_C 与基极电流 I_B 的比，叫做三极管共射极直流电流放大系数 $\bar{\beta}$。它表明了三极管对直流电的放大能力。在三极管手册中，$\bar{\beta}$ 常常用 H_{FE} 表示。

②共发射极交流电流放大系数 β：$\beta=\dfrac{\Delta I_C}{\Delta I_B}$

三极管工作在放大区时，集电极电流的变化量 ΔI_C 与基极电流的变化量 ΔI_B 的比，叫做三极管共射极交流电流放大系数 β。它表明了三极管对交直流电的放大能力。在三极管手册中，β 常常用 h_{fe} 表示。

③共基极直流电流放大系数 $\bar{\alpha}$：$\bar{\alpha}=\dfrac{I_C}{I_E}$

三极管工作在放大区时，集电极电流 I_C 与发射极电流 I_E 的比，叫做三极管共基极直流电流放大系数 $\bar{\alpha}$。它表明了三极管在共基极接法时对直流电的放大能力。因为 $I_E \geqslant I_C$，因此 $\bar{\alpha} \leqslant 1$，即在共基极接法时，三极管没有电流放大能力。

④共基极交流电流放大系数 α：$\alpha=\dfrac{\Delta I_C}{\Delta I_E}$

三极管工作在放大区时，集电极电流的变化量 ΔI_C 与发射极电流的变化量 ΔI_E 的比，叫做三极管共基极交流电流放大系数 α。它表明了三极管在共基极接法时的交流电流放大能力。

(2)极间反向电流。极间反向电流是用来衡量管子热稳定性的参数。

①集电极一基极反向饱和电流 I_{CBO}：指三极管发射极开路，集电极和基极之间加反向电压时所形成的反向饱和电流。I_{CBO} 很小，但受温度影响很大，温度升高

时，I_{CBO}增大，所以 I_{CBO}大的三极管稳定性较差。

常温下，小功率锗管的 $I_{CBO}<10\ \mu A$，而硅管的 $I_{CBO}<1\ \mu A$。因此硅管受温度影响比锗管小。

②集电极一发射极穿透电流 I_{CEO}：指三极管基极开路时，集电极与发射极之间加一定电压时，通过集一射极的电流。I_{CEO}与 I_{CBO}的关系是：$I_{CEO}=(1+\beta)I_{CBO}$。可见，I_{CEO}比 I_{CBO}大$(1+\beta)$倍，对温度变化更加敏感。

由于实际位于放大状态的三极管的 $i_C=\bar{\beta}i_B+I_{CEO}$，因此 I_{CEO}的存在对三极管的放大特性有影响。因此，要想三极管工作时受温度影响小，应选择 I_{CEO}小的管子。

(3)极限参数。极限参数是三极管在使用中为了安全而不得超过的参数。

三极管的极限参数主要有下面几个：

①集电极最大允许电流 I_{CM}：在前面的学习中，我们知道 β 并不是一个常数，而是在一定的范围内近似为一个常数。实际上，β 随 i_C 的上升会下降。I_{CM}就是指 β 值下降到正常值的 2/3 时的 i_C。工作时，当 i_C 超过 I_{CM}时，管子并不会立即损坏，但 β 值将明显下降，放大能力变差。因此，使用时应使 $i_C< I_{CM}$。

②集电极一发射极反向击穿电压 $U(BR)_{CEO}$：$U(BR)_{CEO}$是指基极开路时，集一射极间允许加的最高反向电压。工作时 U_{CE}应小于此值，并应留有一定的余量，以免击穿。另外温度升高将使 $U(BR)_{CEO}$降低，因此要留足余量。

③集电极最大耗散功率 P_{CM}：三极管损耗的功率主要在集电结上，集电结损耗的功率转换成热能而使管子发热，而 PN 结所能承受的最高温度有限(锗管最高允许结温是 75℃，硅管是 150℃)，为使集电结温度不超过其允许结温而烧毁，集电结损耗功率就不能太大。

a. 集电结损耗的功率 P_C 指集电极一发射极电压 U_{CE}与集电极电流 I_C 的乘积，即 $P_C=U_{CE}\times I_C$。实际使用时，一定要使三极管的实际耗散功率 P_C 小于最大允许耗散功率 P_{CM}。

b. 集电极最大耗散功率 P_{CM}与三极管的散热条件有关，改善散热条件可以使 P_{CM}得到显著的提高。为此，大功率三极管一般都要按要求加装散热片，如果不按规定加装散热片，尽管耗散功率有时候还没有达到 P_{CM}，也可能将大功率三极管烧毁。

c. 三极管的安全工作区与过耗区。三极管的安全工作区与过耗区如图 3-8 所示。

为了保证三极管的只用安全，其各项极限参数必须在一定的范围内，这个范围就是三极管的安全工作区。三极管的安全工作区指：①集电极电流必须小于

I_{CM}，否则三极管放大能力将严重下降。②耗散功率必须小于 P_{CM}，否则三极管将因过热而烧毁。③集电极一发射极电压必须小于 $U_{(BR)CEO}$，否则三极管将被击穿。在图 3-8 中，虚线内的部分为三极管的安全工作区。

三极管的过耗区指功率损耗超过 P_{CM} 的部分。图中，虚线外的部分是三极管的过度损耗区。

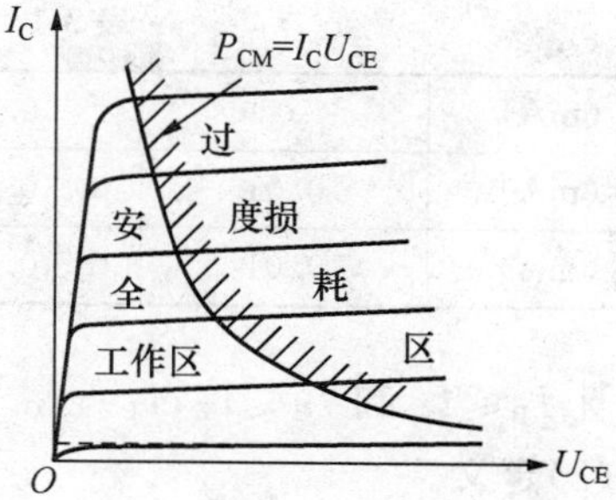

图 3-8　三极管的安全工作区与过耗区

【任务实施】

一、测量基本三极管放大电路的电流分配关系

按图 3-9 连接三极管电流分配关系测量电路，改变滑动变阻器 R_1 的大小，从而改变三极管基极电流 I_B 的大小，记录直流电流表 A、B、C 的读数，填入表 3-1 中（直流电流表 A、B、C 分别测量三极管基极电流 I_B、集电极电流 I_C 及发射极电流 I_E 的大小）。

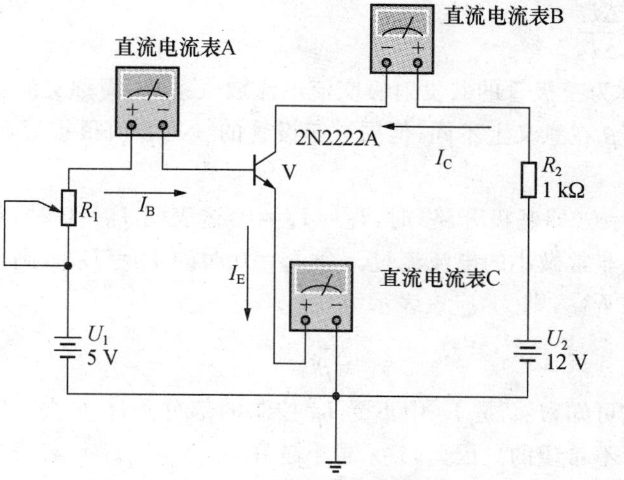

图 3-9　三极管电流分配测量图

由表 3-1 可以得出以下结论：

(1)三极管三个电极的电流分配关系。

$$I_E = I_B + I_C$$

表 3-1 三极管电流实测数据

I_B(mA)	0	0.01	0.02	0.03	0.05
I_C(mA)	0.01	0.56	1.14	1.74	2.91
I_E(mA)	0.01	0.57	1.16	1.77	2.96

且 $I_B \leqslant I_C$ 和 $I_B \leqslant I_E$，$I_E \approx I_C$。

(2)定义。

$$\bar{\beta}=\frac{I_C}{I_B}$$

其中，$\bar{\beta}$ 称为三极管的共发射极直流电流放大系数，简称直流 $\bar{\beta}$。因此 $I_E=(1+\bar{\beta})I_B$。

$$I_C=\bar{\beta}I_B$$

(3)当 $\Delta I_B=0.03\sim0.02=0.01$ mA 时，$\Delta I_C=1.74-1.14=0.60$ mA，且 $\Delta I_C \geqslant \Delta I_B$。可见，三极管电流放大的实质是：$I_C$ 的变化受 I_B 控制，并且 $\Delta I_C \geqslant \Delta I_B$。因此三极管又称为电流控制器件。

定义：$\beta=\dfrac{\Delta I_C}{\Delta I_B}$

其中，β 称为三极管的共发射极交流电流放大系数，简称交流 β。

虽然 $\bar{\beta}$ 与 β 在意义上不同，但同一三极管的 $\bar{\beta}$ 与 β 值很接近，即 $\bar{\beta}\approx\beta$，以后不再区分。

(4)当 $I_B=0$(即基极开路)时，$I_C=I_E\neq0$，这表明 $I_B=0$ 时，集电极与发射极之间会有一个非常微小的电流流过。令 $I_B=0$ 时的 $I_C=I_{CEO}$，则 I_{CEO} 称为穿透电流。如果考虑 I_{CEO}，则 I_C 应该表示为：

$$i_C=\bar{\beta}i_B+I_{CEO}$$

分析上式可知，I_{CEO} 是 I_C 中不受 I_B 控制的部分。I_B 失去对 I_C 的控制，这是三极管放大所不希望的。因此，I_{CEO} 越小越好。

二、认识常见的三极管及命名方法

(一)认识常见三极管外形

常见三极管外形见图 3-10。

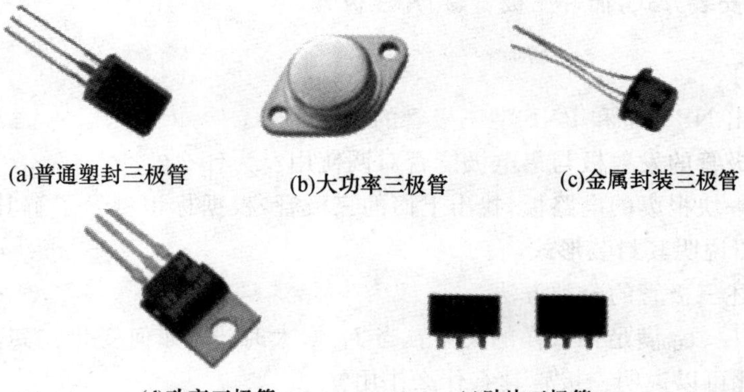

(a)普通塑封三极管　(b)大功率三极管　(c)金属封装三极管

(d)功率三极管　(e)贴片三极管

图 3-10　常见三极管实物图

（二）三极管的型号及命名方法

我国国家标准的三极管型号是由五部分所组成，示例如下：

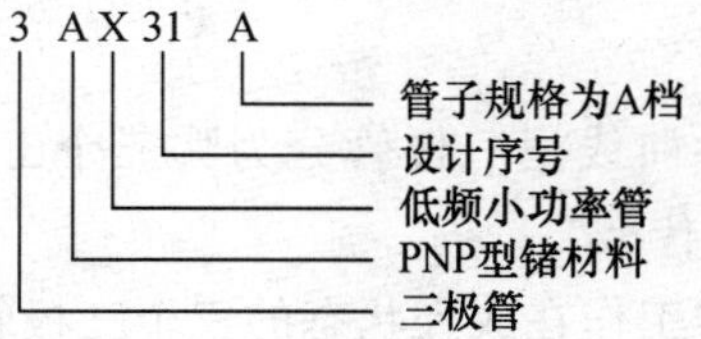

符号的第一部分“3”表示三极管。符号的第二部分表示器件的材料和结构，用字母表示如下：A—PNP 型锗材料；B—NPN 型锗材料；C—PNP 型硅材料；D—NPN 型硅材料。符号的第三部分表示三极管的功能，用字母表示如下：U—光电管；K—开关管；X—低频小功率管；G—高频小功率管；D—低频大功率管；A—高频大功率管。符号的第四部分为三极管的设计序号，用数字表示。符号的第五部分为三极管的规格，用字母表示。

（三）三极管的分类

三极管按照不同的分类方法，可以分为以下类别：

（1）按材质分：硅管、锗管。

（2）结构分：NPN、PNP。

（3）按功能分：开关管、功率管、达林顿管、光敏管等。

（4）按功率分：小功率管、中功率管、大功率管。

（5）按工作频率分：低频管、高频管、超频管。

（6）按结构工艺分：合金管、平面管。

(7)按安装方式:插件三极管、贴片三极管。

【任务巩固】

1. 画出 NPN 型和 PNP 型三极管的电路符号。

2. 三极管的发射极与集电极能否对调使用?为什么?

3. 找一块报废的电路板,找出上面的三极管,根据标识型号了解其命名方法,对照封装图说明其封装形式。

4. 简述三极管的分类方法。

5. I_B、I_C、I_E 满足什么样的关系?当 I_B 增大时,I_C 如何变化?其变化规律是什么?由此可以说明三极管具有什么作用?

6. 测得工作在放大状态的三极管两个电极的电流如图 3-11 所示。

(1)求另一个电极的电流,并在图中标出实际方向。

(2)标出 e、b、c 极,并判断出该管是 NPN 型还是 PNP 型管。

(2)估算其 β 值。

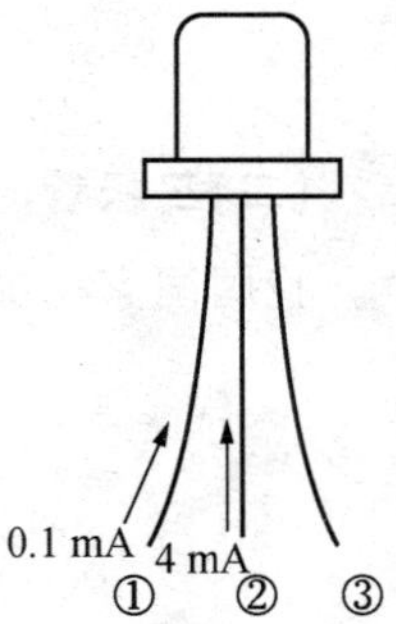

图 3-11 题 6 图

7. 三极管的输出特性曲线把三极管分为哪三个工作区?其对应的工作条件分别是什么?

8. 若测得放大电路中工作在放大状态的三个三极管的三个电极对地电位 U_1、U_2、U_3 分别为下述数值,试判断它们是硅管还是锗管?是 NPN 型还是 PNP 型?并确定 c、b、e 极。

(1)$U_1=2.5$ V　　$U_2=6$ V　　$U_3=1.8$ V

(2)$U_1=-6$ V　　$U_2=-3$ V　　$U_3=-2.7$ V

(3)$U_1=-1.7$ V　　$U_2=-2$ V　　$U_3=0$ V

任务 2　万用表检测三极管

【任务目标】

1. 理解万用表欧姆挡测试三极管的原理步骤。

2. 熟练使用万用表欧姆挡测试三极管的管型、极性及性能。

【任务准备】

一、资料准备

不同型号的三极管若干；指针式万用表一只；电脑和仿真软件；稳压电路测量记录表等。

二、知识准备

(一)指针式万用表欧姆挡内部基本结构

根据指针式万用表内部结构原理，万用表黑表笔接内电源的正极，红表笔接内电源的负极。如图 3-12 所示。所以，在万用表欧姆挡测量二极管、三极管时，黑表笔接二极管、三极管 P 型半导体，红表笔二极管、三极管 N 型半导体时的连接叫正向连接，反之称为反向连接。根据 PN 结正向导通、反向截止的特性，测量时根据导通和截止情况可以判断表笔所连接的半导体的性质。即万用表欧姆挡测量，导通时黑表笔接 P 型半导体；红表笔接 N 型半导体。

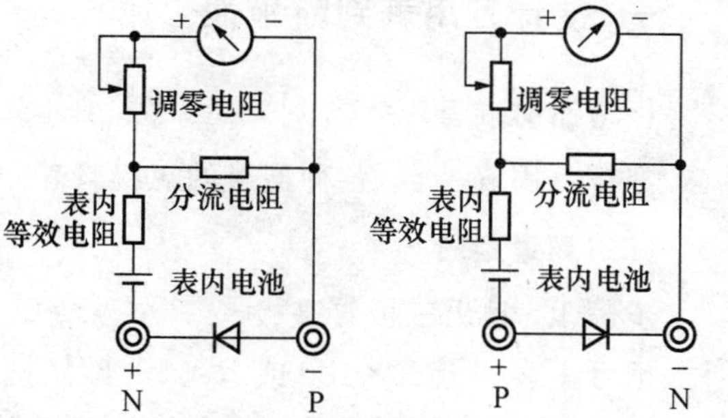

图 3-12　万用表欧姆挡正向、反向测量 PN 结

(二)基本共射极放大电路与组成

图 3-13 为 NPN 型三极管基本共射极放大电路，有图可以看出，根据三极管放

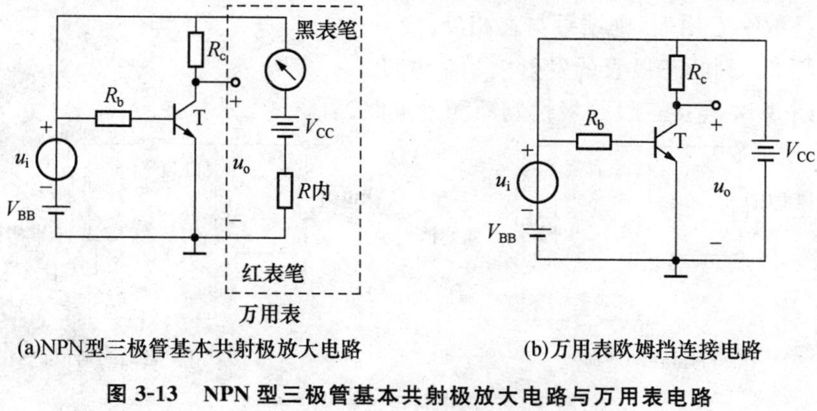

图 3-13　NPN 型三极管基本共射极放大电路与万用表电路

大条件，三极管的基极、和集电极都接在一个电源的正极上，保证三极管的放大条件。

由上图 3-13 图可以看出，用万用表欧姆挡处于图(b)连接的形式时，即黑表笔接三极管的集电极，红表笔接三极管的发射极，基极通过 R_b 接到黑表笔上。万用表欧姆挡的内电源充当了共射极放大电路的电源，一样保证三极管的放大条件，只有完全符合这种连接方式，电路中才有放大的电流。在接通电路后，万用表的指针就会有放大的集电极电流。

【任务实施】

一、指针万用表判断极性

(一)器材准备

准备万用表一台，各种型号的三极管若干。

(二)测量判断

步骤 1　找出三极管基极

把万用表调至 R×100 或 R×1 k 欧姆挡，两个表笔对三极管的三个电极两两且正反各测一次，若测得某两个电极间正反电阻接近∞，这两个便为集电极和发射极，则另一电极为基极；或者出现一个极对另外两个极单向导通，这个极即为基极，另外两个极为集电极和发射极。

步骤 2　判断三极管管型

在判断出基极后，万用表的黑表笔接基极，红表笔接另任意一极，若测得阻值比较小，约几百欧左右，可以判断此管为 NPN 型，反之为 PNP 型。注意的是，若使用的是数字万用表，则结果与之相反。

步骤 3　判断三极管的发射极和集电极

按图 3-14 连接三极管极性判断测量电路。

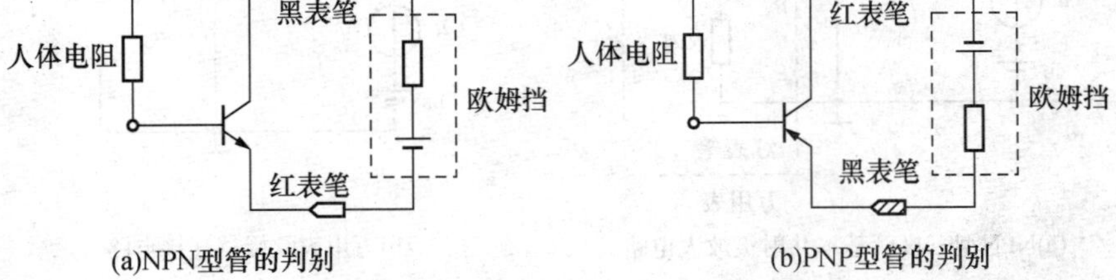

(a)NPN型管的判别　　(b)PNP型管的判别

图 3-14　集电极与发射极的判别

以 NPN 型三极管为例，把万用表调至 R×1 k 欧姆挡。在判断出基极和管型后对于余下的两个电极，任意假设一个为集电极，另一个电极为发射极，万用表的黑表笔接假设的集电极，且通过 100 kΩ 电阻或手(手不能太干燥)接基极，红表笔接假设的发射极，记录测量值；再将未知的两极对换测一次，比较两次的测量值，阻值较小(即万用表指针偏角较大)的那次假定正确，即此时与黑表笔所接电极为集电极，与红表笔所接电极为发射极。PNP 管的判断与 NPN 管相反，如图 3-14(b)所示。

以上的判断方法是根据三极管的放大原理来进行测量判断的，当万用表处于由图 3-14 所示的连接且挡位调至 R×1 k 欧姆挡、用 100 kΩ 的电阻连接了发射极与集电极时，万用表的内电源正好满足了三极管的放大条件：发射结正偏和集电结反偏。三极管对基极的小电流放大，在集电极上得到一个较大的电流，所以万用表指针偏角较大。

二、按封装判断三极管的极性

按三极管的封装形式也可以判断三极管的极性，如图 3-15 所示。

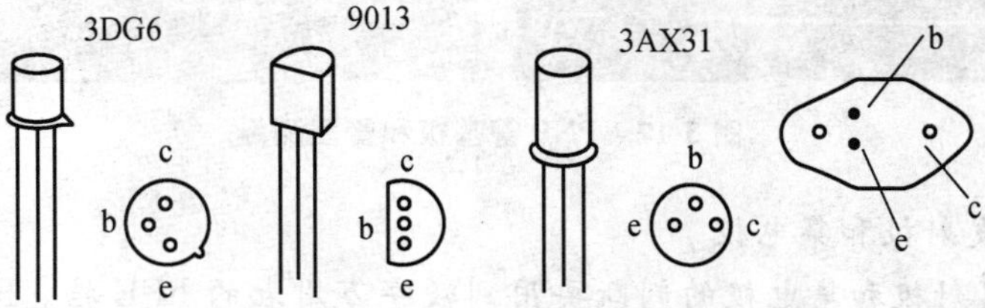

图 3-15 几种典型的三极管管脚排列

【任务拓展】

数字万用表测量判断三极管的极性

随着数字式万用表的普及使用，数字万用表已经成为电工、电子测量的主要工具了，它因使用方便和准确性受到维修人员和电子爱好者的喜爱。

与模拟万用表相比较，数字万用表最大的区别是使用欧姆挡时其黑表笔接内电源的负极，红表笔接内电源的正极，与模拟万用表正好相反。下面用数字万用表测量判断三极管的极性。

1. 找三极管基极和管型

(1)把数字万用表的挡位选至二极管挡，如图 3-16 所示。

(2)找基极和管型。

对于 PNP 管，当黑表笔在基极上，红表笔去测另两个极时一般为相差不大的较小读数(一般 0.5～0.8)，如表笔反过来接则为一个较大的读数(一般为 1)。如图 3-17 所示。

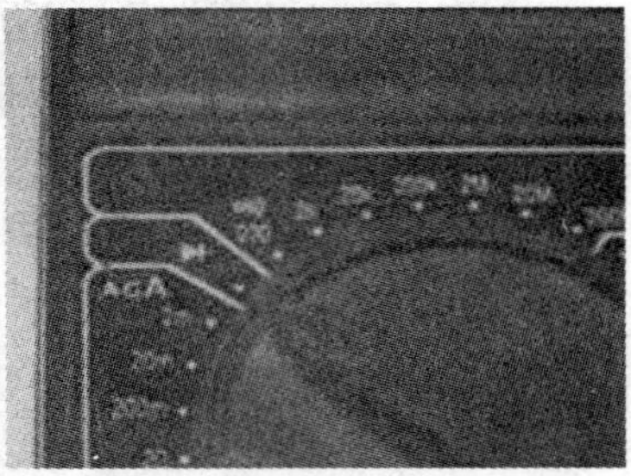

图 3-16 数字万用表二极管挡

从以上测量可以看出，该三极管的基极为中间的管脚。

对于 NPN 来说其测量和判断正好与 PNP 管相反。则是红表笔连在基极上，黑表笔去测另两个极时一般为相差不大的较小读数(一般 0.5～0.8)，如表笔反过来接则为一个较大的读数(一般为 1)。

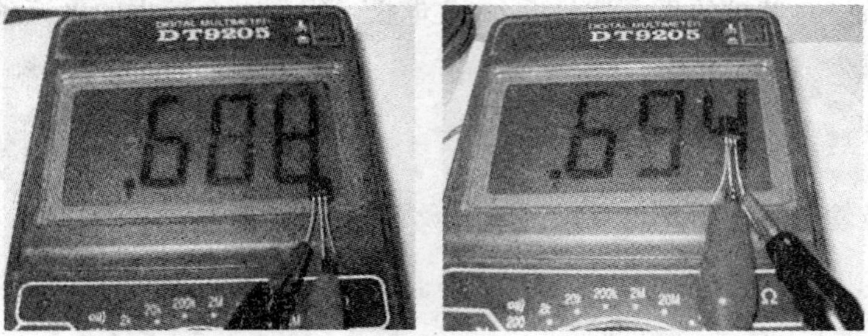

图 3-17 PNP 管基极和管型测量

2. 判断发射极和集电极

三极管发射极和集电极的判断要用到数字万用表的 hFE 挡。hFE 就是三极管的电流放大倍数通常叫做β值，也叫做 hFE 值。万用表的 hFE 挡位就是用来测量三极管的电流放大倍数β值的挡位。

(1)数字万用表选至 hFE 挡，如图 3-18 所示。

(2)把 NPN 三极管插在万用表 NPN 的小孔上，基极对上面的 B 字母。如图 3-19 所示。

(3)基极不动，另外两级交换插接，然后分别读数记录。如图 3-20 所示。读数较大的那次极性就对上表上所标的字母，这时就对着字母去认三极管的 C、E 极。

图 3-18 数字万用表的 hFE 挡

PNP 型三极管测量方法相同。

图 3-19　NPN 三极管插在万用表 NPN 的小孔

(a)hFE值小　　(b)hFE值大

图 3-20　发射极和集电极判断两种现象

【任务巩固】

1. 根据三极管的结构，说明为什么基极对集电极和发射极单向导通？

2. 根据万用表的结构原理，说明为什么黑表笔接基极，红表笔接另外两个极，如果导通便为 NPN 型三极管，反之为 PNP 型三极管？

任务 3　共射放大电路调试

【任务目标】

1. 掌握共射极放大电路的组成及电路分析方法。

2. 熟练测量共射极放大电路的静态工作点。

【任务准备】

一、资料准备

不同型号的三极管若干，12 V稳压二极管一只；万用表一只；双踪示波器一台，不同颜色的导线若干；电脑和仿真软件；放大电路测量记录表等。

二、知识准备

(一)基本共射极放大电路的组成

1. 基本共射极放大电路概念、框图

(1)放大电路概念。基本放大电路一般是指由一个三极管与相应元件组成的三种基本组态放大电路。放大电路主要用于放大微弱信号，输出电压或电流在幅度上得到了放大，输出信号的能量得到了加强。输出信号的能量实际上是由直流电源提供的，经过三极管的控制，使之转换成信号能量，提供给负载。

(2)图3-21为放大电路的组成框图。

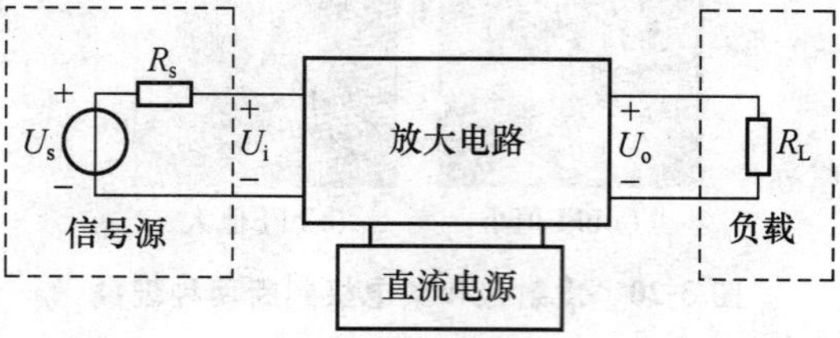

图3-21 放大电路的组成框图

2. 基本共射极放大电路组成

图3-22所示是一个的基本共射基本放大电路。电路中各元件的作用如下所述：

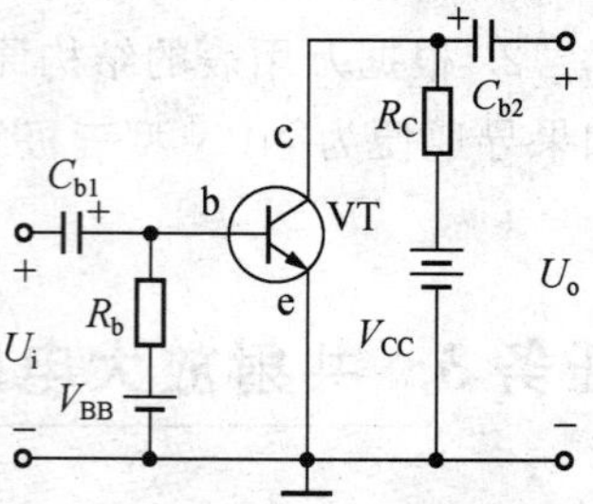

图3-22 基本共射极放大电路

(1)三极管VT。它是放大电路的核心器件，具有放大电流的作用。

(2)直流电源 V_{CC}。为三极管集电结提供反偏电压，一般几伏到几十伏。

(3)集电极负载电阻 R_C。R_C 的作用是把三极管的电流放大转换为电压放大，一般几千欧到几十千欧。

(4)直流电源 V_{BB}。为发射结提供正偏电压。

(5)基极偏流电阻 R_b。其作用是向三极管的基极提供合适的偏置电流，并使发射结正向偏置。一般几十千欧到几千千欧。

(6)C_{b1},C_{b2}。耦合电容或隔直电容,其作用是通交流隔直流,避免放大电路的输入端与信号源之间,输出端与负载之间直流分量的互相影响。

(7)U_i。输入信号。

(8)U_o。输出信号。

3. 单电源共射极放大电路

图 3-22 的基本共射极放大电路中为两个直流电源,在实际的电路中基本没有使用,实际的共射极放大电路省去的发射极直流电源 V_{BB},通过基极偏流电阻 R_b 接在电源 V_{CC} 上。如图 3-23 所示的单电源基本共射极放大电路。

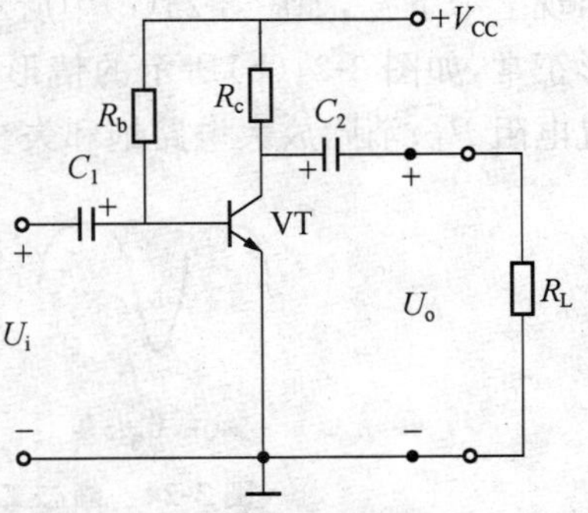

图 3-23　单电源基本共射极放大电路

此时的直流电源 V_{CC} 的正极经 R_C 接三极管集电极,负极接发射极,经 R_b 接三极管基极。V_{CC} 有两个作用,一是通过 R_b 和 R_C 使三极管发射结正偏、集电结反偏,使三极管工作在放大区;二是给放大电路提供能源。R_L 为放大电路的负载。

(二)基本共射极放大电路的分析方法

1. 基本共射极放大电路的主要技术指标

(1)电压放大倍数 $A_u=\dfrac{U_O}{U_i}$

(2)输入电阻 $R_i=\dfrac{U_i}{I_i}$

(3)输出电阻 $R_o=\dfrac{U_O}{I_O}$

2. 基本共射极放大电路的静态和动态

(1)静态和静态工作点。

①静态:放大器无信号输入时放大电路的直流工作状态叫做静态。

②静态工作点:静态情况下,电流电压参数在三极管输入输出特性曲线族上所确定的点叫做静态工作点,用 Q 表示。一般包括 I_{BQ}、U_{BEQ}、I_{CQ}、U_{CEQ}。放大器的静态工作点的设置是否合适,是放大器能否正常工作的重要条件。

③静态工作点对放大电路工作的影响。

静态工作点对放大器的电压放大倍数、输出电压波形都有影响,如图 3-24 静态工作点对放大电路输出波形的影响。只有当静态工作点在放大区时，三极管才能不失真地对信号进行放大。一般来说，Q 总是设在三极管输出特性曲线放大区的中央，通过调节电阻 R_b 可达到目的。若 R_b 过大，I_{BQ}会出现过小，也就是 Q 过低进入截止区的情况，输出波形就会出现上宽下窄如图 3-24(a)所示的情形，称为截止失真；若 R_b 过小，I_{BQ}会出现过大，即 Q 过高进入饱和区情况，输出波形就会出现上窄下宽，如图 3-24(c)中所示的情形，称为饱和失真；当 R_b 合适时，输出波形正常，如图 3-24(b)所示的情形。消除放大电路截止失真的方法是适当降低偏置电阻 R_b；消除放大电路饱和失真的方法是适当增大偏置电阻 R_b。

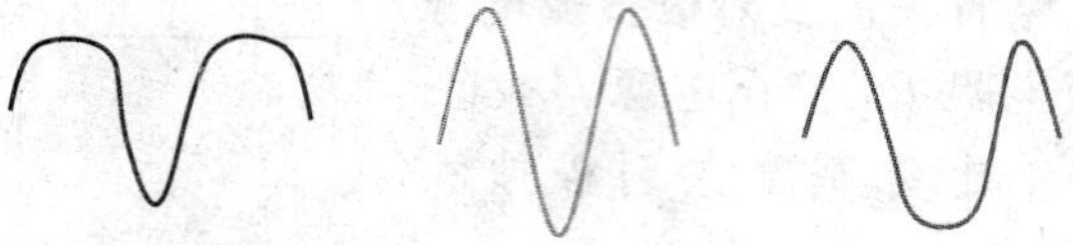

(a)截止失真　　(b)波形正常　　(c)饱和失真

图 3-24　静态工作点对放大电路输出波形的影响

(2)动态和放大原理。

①动态：放大电路有交流信号输入时放大电路的工作状态。

②放大原理：在共发射极基本放大电路中(图 3-23)，输入弱小的交流信号通过电容 C_1 的耦合送到三极管的基极和发射极，相当于基—射极间电压 u_{BE}发生了变化，于是使晶体管的基极电流 i_B 发生变化，基极电流的变化放大 β 后成为集电极电流 i_C 发生相应的变化，集电极电流流过电阻 R_C，则 R_C上电压也就发生了变化，输出电压 $U_{CE}=V_{CC}-R_Ci_C$，所以集—射极间的电压 U_{CE}的变化与 i_C 变化情况正相反。U_{CE}通过电容 C_2 隔离了直流成分 U_{CEQ}，输出的只是放大信号的交流成分 U_o。

3. 基本共射极放大电路的直流通路和交流通路

(1)直流通路及画法。

①直流通路：直流通路是指静态时放大电路直流电流通过的路径。

②直流通路的画法就是把电路中的电容器断路，如图 3-25 所示。

(2)交流通路及画法。

①交流通路：交流通路是指输入交流信号时放大电路交流信号流通的路径。

②交流通路的画法就是把电路中的电源、电容短路，如图 3-26 所示。

4. 基本共射极放大电路的静态工作点和交流参数的近似计算

(1)静态工作点的近似计算法。

由图 3-25(b)基本放大电路的直流通路可知：

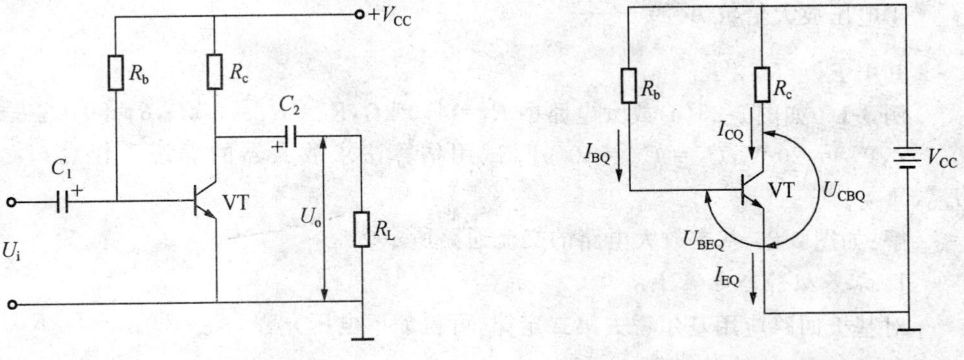

(a)基本放大电路　　(b)基本放大电路的直流通路

图 3-25　基本放大电路的直流通路

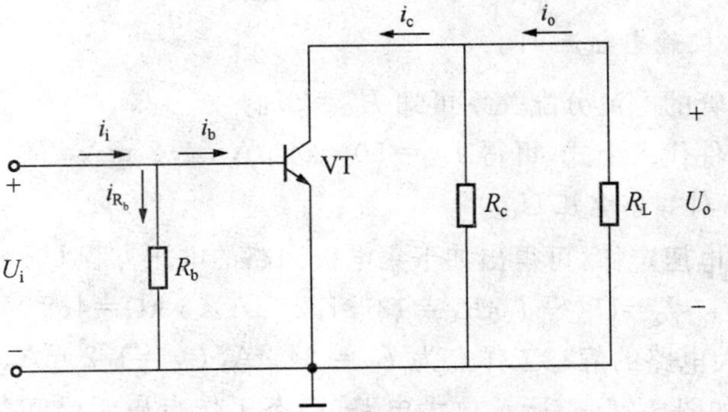

图 3-26　基本放大电路的交流通路

①三极管基极静态工作电流为 $I_{BQ}=\dfrac{V_{CC}-U_{BEQ}}{R_b}$

其中硅管的 U_{BEQ} 为 0.7 V，锗管的 U_{BEQ} 为 0.3 V。

②三极管集电极静态工作电流为 $I_{CQ}\approx\beta I_{BQ}$。

③三极管集电极与发射极静态工作电压为 $U_{CEQ}=V_{CC}-I_{CQ}R_C$。

(2)交流参数的计算方法。

①三极管的输入电阻 r_{be} 用经验公式表示为 $r_{be}(\Omega)=300+(1+\beta)\dfrac{26(\text{mV})}{I_{EQ}(\text{mA})}$

②放大电路的输入电阻 $R_i=R_b /\!/ r_{be}$

由于 R_b 远大于 r_{be}，所以有 $R_i\approx r_{be}$。

③放大电路的输出电阻 $R_o=R_c$

④电压放大倍数 $A_u=-\dfrac{\beta R_L'}{r_{be}}$

其中 $R_L'=R_C/\!/R_L$。

例 3-1 如图 3-25(a)放大电路中 $R_b=470\ \text{k}\Omega$,$R_c=R_L=6\ \text{k}\Omega$,$\beta=50$,$U_{BEQ}=0.7\ \text{V}$,$V_{CC}=20\ \text{V}$,$C_1=C_2=10\ \mu\text{F}$,试用估算法求放大器的静态工作点:$I_{BQ}$、$I_{CQ}$、$U_{CEQ}$。

解:如图 3-26 基本放大电路的交流通路所示。

1. 求基极静态电流 I_{BQ}

对基极回路应用基尔霍夫第二定律,可得如下电压方程 $U_{CC}=U_{BEQ}+I_{BQ}R_B$

经整理可得出 $I_{BQ}=\dfrac{U_{CC}-U_{BEQ}}{R_B}$

将已知条件代入上式,可得 $I_{BQ}=\dfrac{12\ \text{V}-0.7\ \text{V}}{470\ \text{k}\Omega}=24\ \mu\text{A}$

2. 求集电极静态电流 I_{CQ}

根据三极管的电流分配关系可知 $I_{CQ}=\bar{\beta}I_{BQ}$

将已知条件代入上式,可得 $I_{CQ}=50\times24\ \mu\text{A}=1.2\ \text{mA}$

3. 求集一射静态电压 U_{CEQ}

根据回路电压定律,可得出如下集电极回路的电压方程 $U_{CC}=U_{CEQ}+I_{CQ}R_C$

整理可得 $U_{CEQ}=U_{CC}-I_{CQ}R_C=12-1.2\ \text{mA}\times6\ \text{k}\Omega=4.8\ \text{V}$

答:该放大电路的静态工作点为 $I_{BQ}=24\ \mu\text{A}$、$I_{CQ}=1.2\ \text{mA}$、$U_{CEQ}=4.8\ \text{V}$。

例 3-2 如图 3-25(a)所示放大电路,静态工作点属于已知条件,试用计算法求放大器的输入电阻、输出电阻及电压放大倍数。

解:

1. 先画交流通路图,如图 3-26 所示

2. 求输入电阻 R_i

将放大器的已知条件:$\beta=\bar{\beta}=50$,$I_{EQ}\approx I_{CQ}=1.2\ \text{mA}$,代入计算发射结电阻 r_{be} 的公式,求得 $r_{be}=300+(1+\beta)\dfrac{26\ \text{mV}}{I_{EQ}\text{mA}}=300+(1+50)\dfrac{26\ \text{mV}}{1.2\ \text{mA}}=1\ 405(\Omega)$

由于 $R_b=470\ \text{k}\Omega$,符合 $R_b\geqslant r_{BE}$ 的条件,可用 $R_i=r_{BE}$ 求出 R_i,即 $R_i=r_{be}=1\ 405\ \Omega$。

3. 求输出电阻 R_o

由于基本共射放大器的 r_{ce} 阻值很大,符合 $r_{ce}\geqslant R_c$ 的条件,可用 $R_o=R_c$ 求出 R_o,即 $R_o=R_c=6\ \text{k}\Omega$。

4. 求电压放大倍数 A_u

将放大器的已知条件：$R_c = R_L = 6\ k\Omega$ 代入求总负载的计算式，求出总负载 R'_L，得：$R'_L = R_c // R_L = 3\ k\Omega$。

将放大器的已知条件：$\beta = 50$，$R'_L = 3\ k\Omega$，$r_{be} = 1\ 405\ \Omega$，代入电压放大倍数的计算式，得：$A_u = -\beta \frac{B'_L}{r_{be}} = -50 \times \frac{3\ 000\Omega}{1\ 405\Omega} = -107$。

答：该放大电路的性能指标为 $R_i = 1\ 405\ \Omega$，$R_o = 6\ k\Omega$，$A_u = -107$。

（三）分压式偏置放大电路

1. 分压式偏置放大电路的组成

由图 3-27 为分压式偏置单管共射放大电路如下：

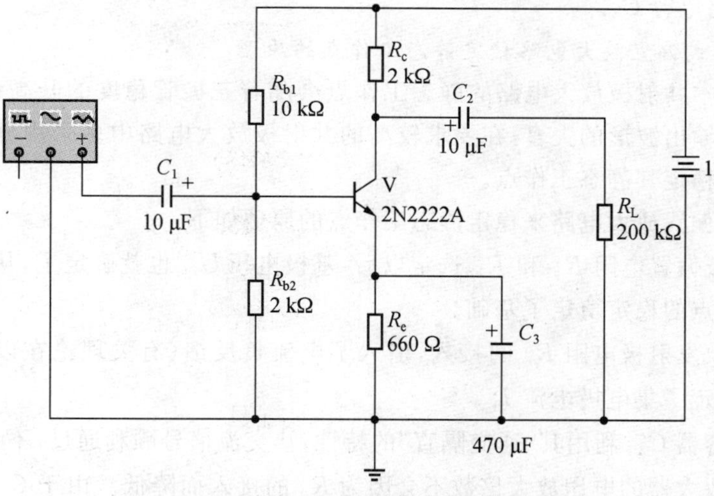

图 3-27　分压式偏置单管共射放大电路

（1）晶体管 V。整个放大电路的核心，起电流放大作用。由于 NPN 型硅管的热稳定性好而且价格便宜，故常用它做放大管。

（2）直流电源 V_{CC}。它是放大器的能源，一般为几伏至几十伏。它的作用是为电路提供能量，并给整个电路提供正常的偏置电压，即保证发射结正偏、集电结反偏。

（3）基极偏置电阻 R_{b1}、R_{b2}。基极电阻 R_{b1} 为上偏置电阻，R_{b2} 为下偏置电阻。由图可知，R_{b1} 和 R_{b2} 组成分压电路，由于 R_{b1} 和 R_{b2} 的分压点就是三极管的基极，电源电压 V_{CC} 被 R_{b1} 和 R_{b2} 分压，因此，根据串联分压的原理，基极电压 U_{BQ} 为：

$$U_{BQ} = \frac{R_{b1}}{R_{b1} + R_{b2}} V_{CC}$$

(4)集电极负载电阻 R_C。集电极负载电阻的文字符号为 R_C。它的作用通常有两个：

①V_{CC}通过其向集电极供电，以使集电结反偏——集电极电压高于基极电压，从而使集电结具有收集载流子的能力。

②串联在集电极电路中，将电流放大转变为电压放大，从而实现电路的电压放大作用。

(5)发射极电阻 R_e。发射极电阻 R_e 起到稳定静态电流 $I_E(I_C)$的作用。

(6)耦合电容 C_1、C_2。C_1 为输入耦合电容，C_2 为输出耦合电容，它们的作用是既能让交流信号通过，又能隔断电容器两端的直流联系，使两端的直流电位互不影响。简单来说就是隔离直流，耦合交流，即"通交隔直"。

(7)旁路电容 C_3。

2. 分压式偏置放大电路稳定静态工作点的原理

由于基本共射极放大电路的静态工作点会随着三极管稳度的升高而升高，最终造成放大输出波形的失真，在要求较高的共射极放大电路中多采用分压式偏置放大电路来稳定其静态工作点。

分压式偏置放大电路来稳定静态工作点的原理如下：

(1)基极偏置电阻 R_{b1} 和 R_{b2} 选定以后，基极电压 U_{BQ} 也就确定了，从而给三极管静态工作点的稳定奠定了基础。

(2)由于发射极电阻 R_e 的接入，引入了电流负反馈(有关理论在以后的项目中学习)，稳定了集电极电流 I_C。

(3)电容器 C_3，利用其"通交隔直"的特性，让交流信号顺利通过，不在 R_e 上产生压降，使放大器的电压放大倍数不会因为 R_e 的接入而降低。由于 C_3 只给交流信号提供通路，而对直流信号没有作用，不会影响放大器的静态工作点，故 C_3 称为旁路电容。

(4)静态工作点稳定过程。由于三极管具有热敏性，所以当环境温度升高时，集电极电流 I_C 必然有增大的趋势；当集电极电流 I_C 增大时，发射极电流 I_E 也将增大；发射极电流 I_E 的增大又会使发射极电压 U_E 升高；由于基极电压 U_B 已经被分压电阻固定，所以发射极电压 U_E 的升高，将使发射结电压 U_{BE} 减小；发射结电压 U_{BE} 的减小将使基极电流 I_B 减小；基极电流 I_B 的减小又将使集电极电流 I_C 减小。

上述稳定过程的实质是发射极电阻 R_e 的电流负反馈作用，使集电极电流 I_C 基本保持不变，从而提高了放大器工作点的稳定性。

集电极电流 I_C 的稳定过程可以用如下的渐变式表示：

T(温度)$\uparrow \rightarrow I_C \uparrow \rightarrow I_E \uparrow \rightarrow U_E \uparrow \rightarrow U_{BE} \downarrow \rightarrow I_B \downarrow \rightarrow I_C \downarrow$(稳定)

这里的$U_{BE}=U_B-U_E$,U_E为电阻R_e上的电压,而U_B为一个串联分压后得到的电压,基本不受温度的影响,由于R_E的作用,使升高的I_C通过这个过程又降了下来,实现了I_C的稳定。在后边的学习中我们将了解到,R_e实际上是一个负反馈电阻。

3. 分压式偏置放大电路的参数

(1)静态工作点的近似计算。首先画出分压式偏置放大电路的直流通路,如图3-28所示。

各静态工作点的近似计算公式如下

①$U_{BQ}=\dfrac{R_{b1}}{R_{b1}+R_{b2}}V_{CC}$

②$I_{CQ}\approx I_{EQ}=\dfrac{U_{BQ}-U_{BEQ}}{R_e}\approx\dfrac{U_{BQ}}{R_e}$

③$I_{BQ}=\dfrac{I_{CQ}}{\beta}$

④$U_{CEQ}=V_{CC}-I_{CQ}(R_c+R_e)$

(2)交流参数的近似计算。画出分压式偏置放大电路的交流通路,如图3-29所示。

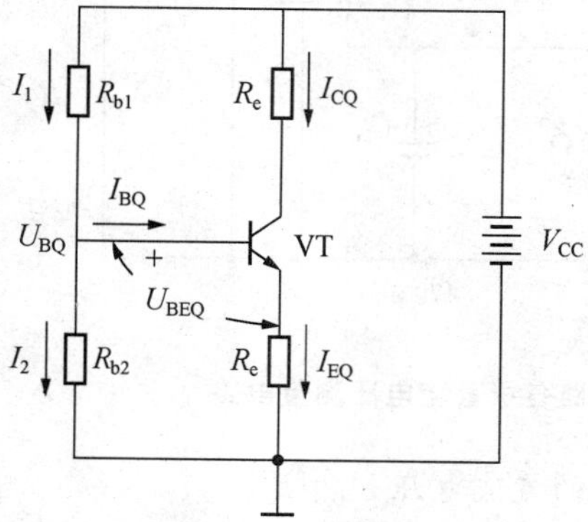

图 3-28　分压式偏置放大电路的直流通路

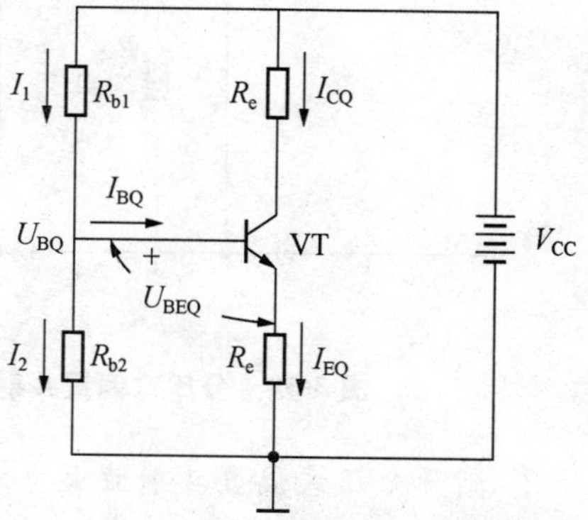

图 3-29　分压式偏置放大电路的交流通路

交流参数的近似计算公式如下:

①放大电路的输入电阻$R_i=R_b /\!/ r_{be}$。

由于R_b远大于r_{be},所以有$R_i\approx r_{be}$。

②放大电路的输出电阻$R_o=R_C$。

③电压放大倍数 $A_u=-\frac{\beta R_L'}{r_{be}}$,其中 $R_L'=R_C /\!/ R_L$。

【任务实施】

一、测量分压式偏置共射放大电路

(一)测量静态电压

1. 连接电路

按图 3-30 连接一个分压式偏置单管共射放大电路(以 NPN 型硅管为例)。

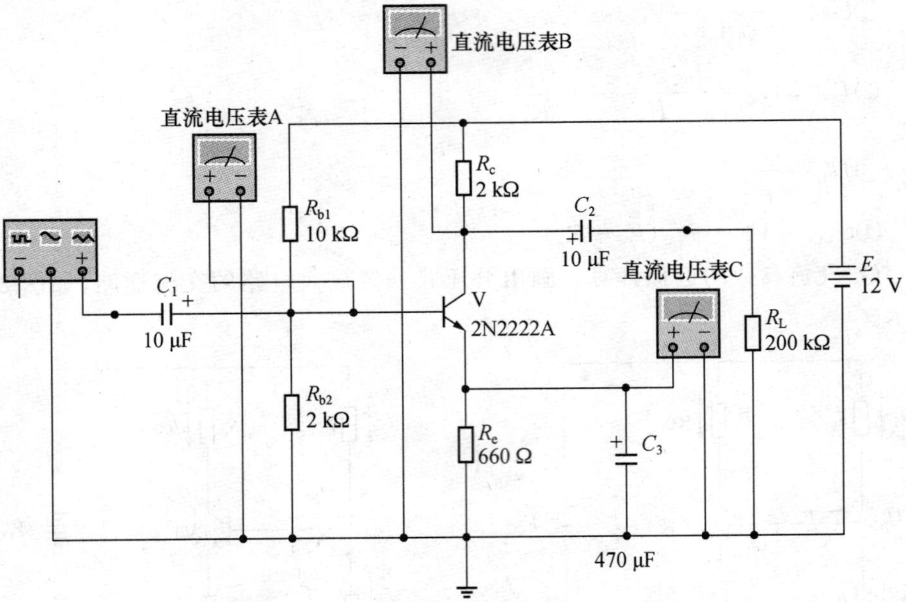

图 3-30 分压式偏置共射极放大电路各极直流电压测量电路

2. 测量分压式偏置共射放大电路三个极的直流电压 U_B、U_C、U_E

分别测量三极管三个极的直流电压 U_B、U_C、U_E。其中,直流电压表 A 测量基极电压 U_B,直流电压表 B 测量集电极电压 U_C,直流电压表 C 测量发射极电压 U_E。

电路连接完成后,接通直流电源,调整交流信号源,使其振幅值为 0(此处请注意,测量直流工作电压时一定不能有交流信号输入),即可读出三个电压表的读数分别为:$U_B=2$ V、$U_C=8$ V、$U_E=1.3$ V。

3. 计算静态电压

(1)$U_{BQ}=2$ V。

(2)$U_{CEQ}=U_C-U_E=8\ V-1.3\ V=6.7\ V$。

(二)测量静态电流

1. 连接电路

按图 3-31 连接电路，分别测量三极管三个极的直流电流 I_B、I_C、I_E。其中，直流电流表 A 测量基极电流 I_B，直流电流表 B 测量集电极电流 I_C，直流电流表 C 测量发射极电流 I_E。

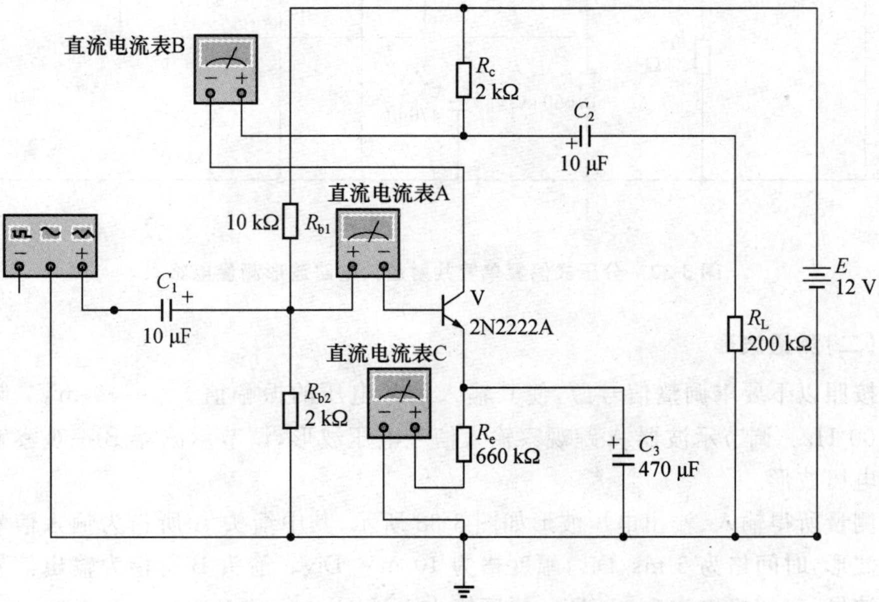

图 3-31　分压式偏置共射极放大电路各极直流电流测量电路

电路连接完成后，接通直流电源，调整交流信号源，使其振幅值为 0(此处请注意，测量直流工作电流时也一定不能有交流信号输入)，即可读出三个电流表的读数分别为：$I_B=0.01$ mA 、$I_C=2.02$ mA、$I_E=2.03$ mA。

2. 计算静态电流

$I_{BQ}=0.01$ mA、$I_{CQ}=2.02$ mA、$I_{EQ}=2.03$ mA

二、测试放大电路输入、输出信号电压

(一)连接测量电路

按图 3-32 连接一个分压式偏置单管共射放大器测试电路。

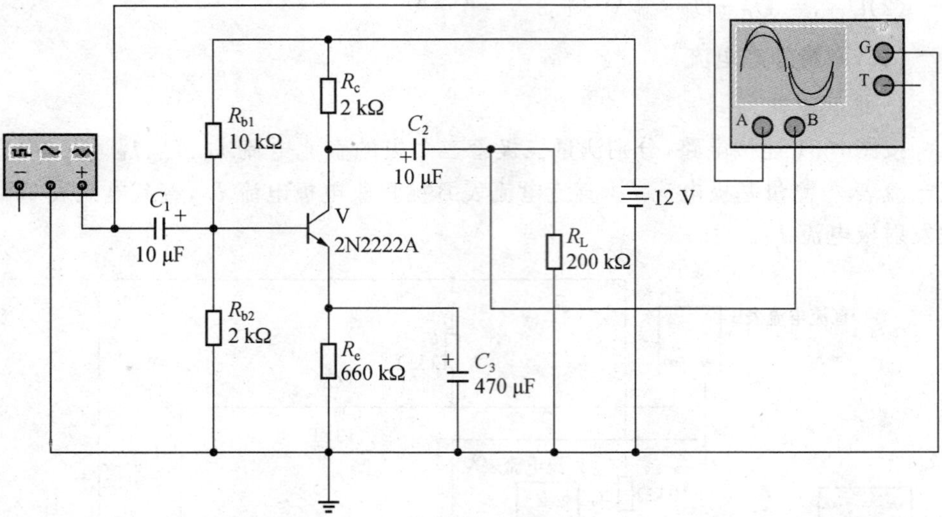

图 3-32 分压式偏置单管共射放大电路波形测量电路

(二)测量波形

按照以下要求调整信号源，使其输入信号电压的振幅值 $U_{im}=10$ mV，频率 $f=100$ Hz。调节示波器 A 踪观察输入信号电压波形，调节示波器 B 踪观察输出信号电压波形。

测量所得输入、输出电压波形如图 3-33 所示，其中箭头 A 所指为输入信号电压的波形，时间格为 5 ms/Div，幅度格为 10 mV/Div。箭头 B 所指为输出信号电压的波形，时间格也为 5 ms/Div，幅度格为 1 V/Div。

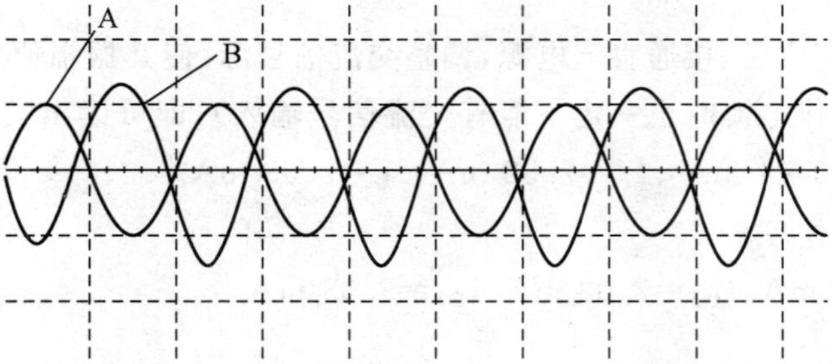

图 3-33 分压式偏置单管共射放大器输入、输出电压波形测量图

根据示波器输入、输出电压波形进行读数可知，输入信号电压的振幅值 $U_{am}=10$ mV，输出信号电压的振幅值 $U_{bm}=1.25$ V。

根据放大电路电压放大倍数的定义：$A_u=\frac{u_o}{u_i}$可知，电压放大倍数就等于输出信号与输入信号的比值。不过若输入信号为正弦波，也可以用正弦信号的振幅之比或者有效值之比，即 $A_u=\frac{u_o}{u_i}=\frac{U_{om}}{U_{im}}=\frac{U_o}{U_i}$。

（三）计算电压放大倍数

将测量结果代入上式，可得该放大电路的电压放大倍数为：$A_u=\frac{U_{om}}{U_{im}}=\frac{U_{bm}}{U_{am}}=\frac{1.25\ \text{V}}{10\ \text{mV}}=125$。

由此可见，该电路具有电压放大作用，其电压放大能力为 125 倍。同时，由图 3-33 还可以看到，当输入信号到达最大（或最小）值时，输出信号刚好到达最小（或最大）值，即输出信号与输入信号的变化方向刚好相反，由此可见，分压式单管共射放大电路不仅具有电压放大作用，还具有倒相作用。

【任务拓展】

放大电路的其他知识

一、放大器的分类

根据不同的分类标准，放大器可分为以下种类。

- 放大器
  - 按功能
    - 电压放大器
    - 电流放大器
    - 功率放大器
  - 按信号频率
    - 直流放大器
    - 低频放大器
    - 中频放大器
    - 高频放大器
    - 视频放大器
  - 按信号幅度
    - 小信号放大器
    - 大信号放大器
  - 按三极管的连接方法
    - 共发射极放大器
    - 共基极放大器
    - 共集电极放大器

二、放大倍数的其他表示法

(1)电流放大倍数:电流放大倍数 $A_i=\frac{I_o}{I_i}$

式中,I_i、I_o 分别表示输入、输出正弦信号电流的有效值。

(2)功率放大倍数 $A_p=\frac{P_o}{P_i}$

式中,P_i、P_o 分别表示输入、输出正弦信号的功率。

三种放大倍数的关系是 $A_p=\frac{P_o}{P_i}=\frac{U_oI_o}{U_iI_i}=A_u\times A_i$

(3)增益表示放大倍数。工作中为了便于表示和计算,放大器的放大能力也可以用增益来表示。增益用字母 G 表示,单位为 dB(分贝),即

$$\text{电压增益 } G_u=20\lg A_u(\text{dB})$$
$$\text{电流增益 } G_i=20\lg A_i(\text{dB})$$
$$\text{功率增益 } G_p=10\lg A_p(\text{dB})$$

在对电路的增益进行计算时,若增益为负值,则说明该电路不是放大器而是有衰减的电路。表 3-2 所示分贝表,列出了常用的电压放大倍数与分贝数之间的关系。

表 3-2 放大倍数与分贝数的关系

A_u(倍数)	0.01	0.1	0.707	1	1.41	3.16	10	100	1 000	10 000
G_u(dB)	−40	−20	−3	0	3	10	20	40	60	80

三、放大器的通频带

图 3-34 反映的是放大器的频响 A_u-f 曲线。由图可知,当输入信号频率 $f<f_L$ 或 $f>f_H$ 时,放大器的电压放大倍数 A_u 都会下降,这将导致输出波形不能重现输入波形,产生严重的失真,这种失真叫做频率失真。

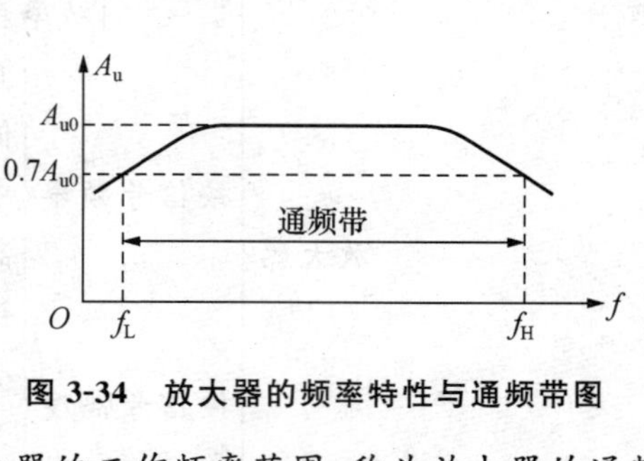

图 3-34 放大器的频率特性与通频带图

为避免出现频率失真,我们规定了放大器的工作频率范围,称为放大器的通频带,用 $f_L\sim f_H$ 表示,其中 f_L 称为下限频率,f_H 称为上限频率。由图 3-34 可以看出,在通频带内,放大器的电压放大倍数 A_u 基本上保持为一个常数 A_{uo},不随频率

的变化而变化。通频带外，电压放大倍数小于 $0.7A_{uo}$。

四、共集放大器和共基放大器

（一）共集放大器

1. 电路结构

共集放大器电路结构如图 3-35 所示，它是从基极输入信号，从发射极输出信号。正由于输出信号取自发射极，故常被称作“射极输出器”。

2. 直流分析

由图 3-36 直流通路可得：

$$U_{CC}=I_{BQ}R_B+U_{BEQ}+I_{EQ}R_E$$

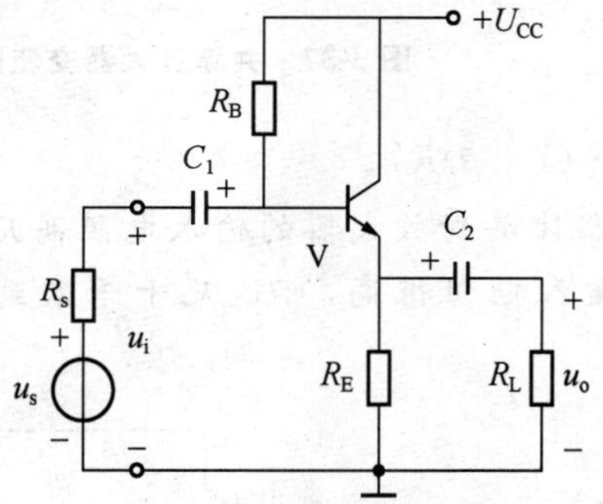

图 3-35　共集放大器

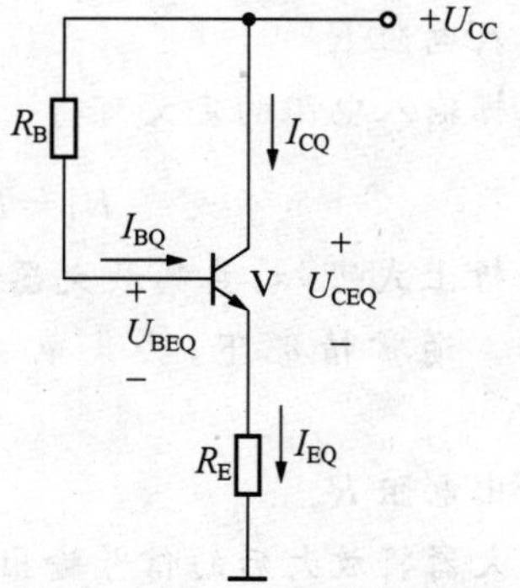

图 3-36　共集放大器直流通路

即得：

$$I_{BQ}=\frac{U_{CC}-U_{BEQ}}{R_B+(1+\beta)R_E}$$

$$I_{CQ}=\beta I_{BQ}$$

$$U_{CEQ}=U_{CC}-I_{EQ}R_E=U_{CC}-(I_{BQ}+I_{CQ})R_E$$

3. 交流分析

电压放大倍数 A_u

根据定义 $A_u=\frac{u_o}{u_i}$，其中：

$$u_o=i_E(R_E\,/\!/\,R_L)=(1+\beta)i_BR'_L$$

$$u_i=i_Br_{BE}+(1+\beta)i_BR'_L$$

所以

$$A_u = \frac{u_o}{u_i} = \frac{(1+\beta) i_B R'_L}{i_B r_{BE} + (1+\beta) i_B R'_L} = \frac{(1+\beta) R'_L}{r_{BE} + (1+\beta) R'_L} \leqslant 1$$

分析上式，可得如下结论：

①由于 $(1+\beta)R'_L \geqslant r_{BE}$，所以电压放大倍数 A_u 略小于1，即 $u_o \approx u_i$。

因此，共集放大器又叫"射极跟随器"，简称"射随器"。

②$A_u \leqslant 1$，说明共集放大器不具有电压放大作用，但仍具有电流放大作用（i_B 为输入电流，i_E 为输出电流），因此，也具有功率放大作用。图 3-37 为共集放大器交流通路。

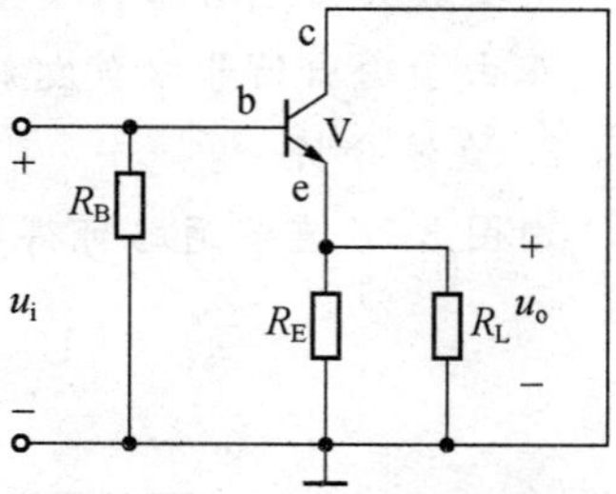

图 3-37 共集放大器交流通路

输入电阻 R_i

根据输入电阻的定义可得

$$R_i = R_B // r_{BE} + (1+\beta) R'_L$$

分析上式可知，共集放大器的输入电阻比共射放大器的输入电阻高几十到几百倍。通常情况下，共集电极电路的输入电阻很高，可达几十千欧到几百千欧。

输出电阻 R_o

放大器将放大后的信号输出给负载 R_L，放大器可以看做是 R_L 的信号源，其内阻 R_o 可以看做是放大器的输出电阻。因此，计算共集放大器输出电阻时，将共集放大器信号源短路，保留其内阻，在输出端去掉 R_L，加一交流电压 u_0，产生电流 i_0，如图 3-38 所示。

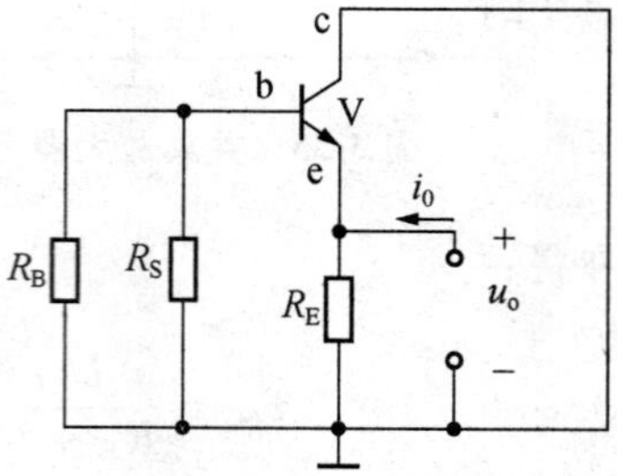

图 3-38 计算输出电阻 R_o 等效电路

由图 3-38 可得：

$$R_o = \frac{r_{BE} + R_S // R_B}{1+\beta}$$

其中，R_S 为信号源的内阻。

分析上式可知，共集放大器的输出电阻很低，约几十欧左右。

射极输出器的特点和应用

射极输出器的主要特点是：输出电压与输入电压同相且近似相等；输入电阻高，输出电阻低。

由于射极输出器输入电阻高，向信号源汲取的电流小，对信号源影响也小，所以射随器常用作多级放大器的输入级。又由于它的输出电阻低,带负载能力强,因此,多级放大器输出级也多用射随器。射随器还常被用作多级放大器的中间级,以隔离前后级的影响,这时称为缓冲级。其原理还是利用输入电阻大、输出电阻小的特点,在电路中起阻抗变换作用。

(二)共基放大器

1. 电路结构

共基放大器电路结构如图 3-39 所示。图 3-39 中,C_b 为旁路电容,以保证基极对地交流短路。

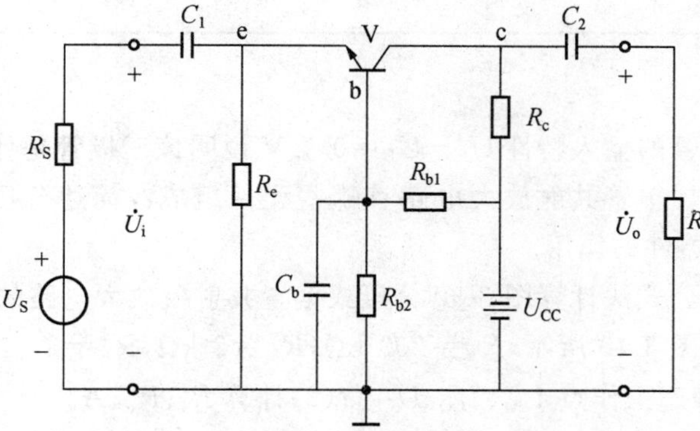

图 3-39 共基放大器

2. 性能参数

画出共基放大器的交流通路,可得如下性能参数:

$$A_u = \beta \frac{R'_L}{r_{BE}}$$

$$R_i = R_E // \frac{r_{BE}}{1+\beta}$$

$$R_o = R_C$$

由上述交流参数可知,共基放大器的电压放大倍数在数值上与共射电路相同,但共基极放大电路的输入与输出是同相位的。同时,输入电阻较小,输出电阻较高。主要用于高频电压放大电路。

(三)三种组态放大器的性能比较

为了能全面反映三种组态放大器的性能和用途,将它们的性能等列表于表 3-3 中。

表 3-3 三种组态放大器基本性能比较

电路项目	共射组态	共集组态	共基组态
电压增益	几十欧到几百欧	略小于 1	几十欧到几百欧
电流增益	几十欧到 100 欧	几十欧到 100 欧	略小于 1 欧
功率增益	大	稍小	中
输入电阻	1 kΩ 左右(正常)	几十欧到几百千欧(高)	几十欧(低)
输出电阻	几欧到几十千欧(正常)	几十欧到几百欧(低)	几欧到几十千欧(高)
u_o 与 u_i 相位关系	反相	同相	同相

【任务巩固】

1. 根据三极管的输入特性 $U_B-U_E=0.7$ V 说明该三极管是什么材料？

2. 分压式偏置单管共射放大电路有哪些元件组成？简述分压式偏置共射极放大电路各个元器件的作用。

3. 用估算法公式法计算图 3-30 分压式偏置共射极放大电路的各个参数。

4. 放大器如图 3-40 所示，$R_B=200$ kΩ，$R_C=2$ kΩ，$R_L=2$ kΩ，$\beta=50$，$U_{CC}=12$ V，试求：(1)静态工作点 I_{BQ}、I_{CQ}、U_{CEQ}；(2)计算 R_i、R_o、A_u。

5. 放大器如图 3-41 所示，$R_{B1}=20$ kΩ，$R_{B2}=3.9$ kΩ，$R_C=2$ kΩ，$R_E=1$ kΩ，$R_L=2$ kΩ，$\beta=50$，$U_{CC}=12$ V，试求：

(1)估算静态工作点 I_{BQ}、I_{CQ}、U_{CEQ}；

(2)求 R_i、R_o、A_u。

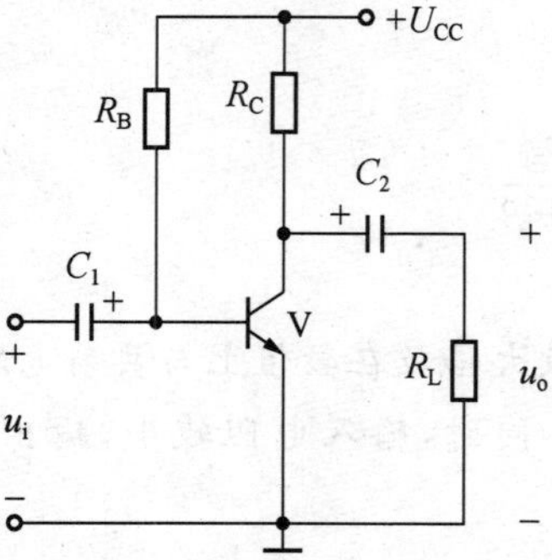

图 3-40 题 4 图放大器

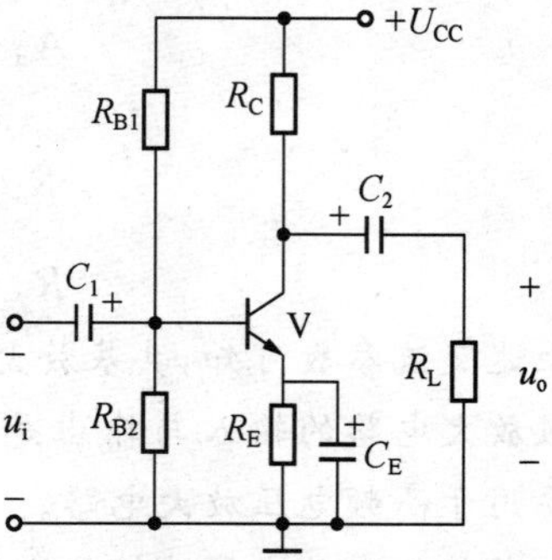

图 3-41 题 5 图放大器

项目四 场效应管和晶闸管的应用

【项目描述】

场效应器件凭借其低功耗、性能稳定、抗辐射能力强等优势，在集成电路中已经有逐渐取代三极管的趋势，我们需要了解场效应晶体管的基础知识，学会检测、识别场效应晶体管；晶闸管常应用于可控整流电路，在日常应用中，需要认识了解晶闸管的特性，熟悉其主要电路功能。

本项目分为认知场效应晶体管和晶闸管及功能检测2个工作任务。

通过本项目学习熟悉场效应管、晶闸管的结构、参数、功能；掌握场效应管及晶闸管的检测，应用电路；培养认真严谨、善于思考、沟通协作等能胜任岗位工作的职业素质。

任务1 认知场效应晶体管

【任务目标】

1. 了解场效应晶体管的材料、结构、符号、主要参数。
2. 学会检测、识别场效应晶体管。

【任务准备】

一、资料准备

不同类型场效晶体管、MOS-1型功率场效应管测试仪、万用表。

二、知识准备

(一)场效晶体管的材料、结构、符号

晶体三极管是靠输入电流信号来控制输出电流大小的,所以三极管属于电流型控制元件。场效晶体管是靠输入电压信号来控制输出电流大小的,所以场效应管属于电压型控制元件。场效应管具有很高的输入电阻、较小的温度系数和较低的热噪声,较多地应用于低频与高频放大电路的输入级自动控制调节的高频放大级和测量放大电路中。大功率的场效应管也可用于推动级和末级功放电路。

场效晶体管分结型(JFET)和绝缘栅型(MOSFET)两大类,其中结型场效晶体管分为N沟道结型场效晶体管和P沟道结型场效晶体管2种;而绝缘栅型场效晶体管分为N沟道耗尽型绝缘栅场效晶体管、P沟道耗尽型绝缘栅场效晶体管、N沟道增强型绝缘栅场效晶体管和P沟道增强型绝缘栅场效晶体管4种(图4-1)。

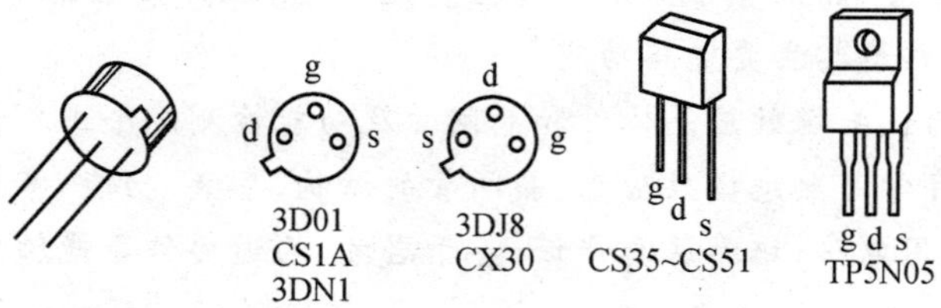

图 4-1　场效应管

1. 结型场效晶体管

(1)结型场效晶体管的结构和符号。图4-2是结型场效晶体管的结构示意图和符号。它是在N型(或P型)的半导体基片的两侧作两个PN结,从上面各引出一个电极,将两侧的电极连在一起,称为栅极G;在基片两端各引出两个极,分别称为源极S和漏极D。D、S之间的N型区(或P区)称为导电沟道。结型场效晶体管的文字符号为V。图形符号中的箭头方向由P区指向N区,因此,从图形符号上也可识别D、S之间是N沟道还是P沟道。

(2)结型场效晶体管的工作原理。以N沟道结型场效晶体管为例,将栅极和源极连在一起($U_{GS}=0$)时,在漏极与源极之间加上一定的漏极电压U_{DS},如图4-2所示。这时在U_{DS}作用下形成一定的漏极电流I_D。这种$U_{GS}=0$,$I_D\neq0$的工作方式称为耗尽型。

当栅极和源极之间加上一定的反向偏置电压($U_{GS}<0$)时,耗尽层厚度增加,如图4-2所示。耗尽层厚度随着反向电压的增加而增加。

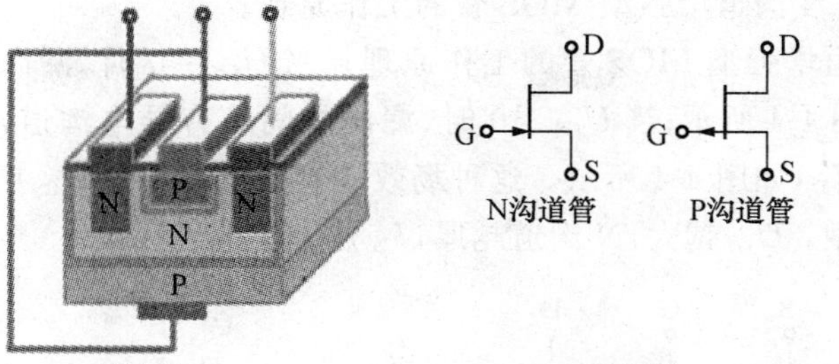

(a)结构　　(b)符号

图 4-2　结型场效应管结构及符号

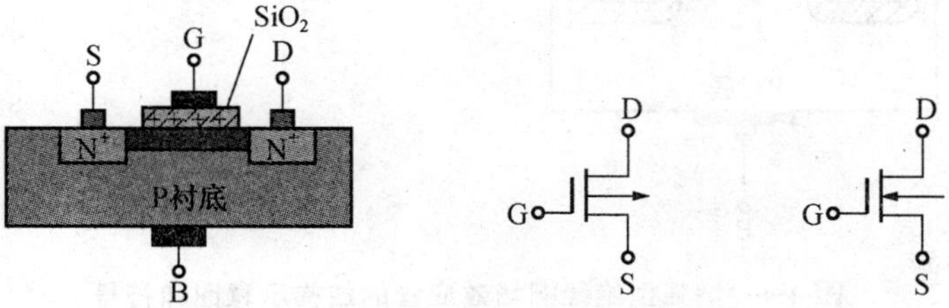

图 4-3　耗尽型绝缘栅场效应管结构和符号

当反向偏置电压 U_{GS} 增加，耗尽层厚度变宽时，导电沟道变窄，沟道电阻增加，I_D 减小；反之，反向偏置电压 U_{GS} 减小，耗尽层厚度变薄时，导电沟道变宽，沟道电阻减小，I_D 增大。因此结型场效应管处在放大状态时，应控制 PN 结反向偏置状态。当漏极电压一定时，U_{GS} 的变化就可以控制 I_D 的变化。也就是说，U_{GS} 的微小变化，可引起输出电压 U_{DS} 的较大的变化，这是结型场效应管电压放大的简单工作原理。

2. 绝缘栅场效晶体管

(1)绝缘栅场效晶体管的结构和符号。绝缘栅场效晶体管的栅极与源极和漏极之间是完全绝缘的，因此称为绝缘栅场效晶体管。

目前应用最广泛的绝缘栅场效晶体管是金属—氧化物—半导体场效晶体管，简称 MOS 管，它有 N 沟道和 P 沟道两类，其中每一类又可分为增强型和耗尽型两种。图 4-3 是 N 沟道 MOS 管的结构和图形符号，它是在一块杂质浓度较低的 P 型半导体衬底上再制作两个高浓度的 N 型区，并分别将它作为源极 S 和漏极 D，然后，在衬底的表面制作一层 SiO_2 绝缘层，并在上面引出一个电极作为栅极 G。

耗尽型绝缘栅场效应管的工作原理和结型场效应管的工作原理大致相同，所以下面只分析 N 沟道增强型 MOS 管的工作原理。

(2)N 沟道增强型 MOS 管的工作原理。当 $U_{GS}=0$ 时，漏源之间没有导电沟道，$I_D=0$ 如图 4-4 所示；当 $U_{GS}>0$ 时，漏源之间才有导电沟道，加上一定的漏源电压，便形成 I_D，如图 4-4 所示。这种场效应管是依靠加上 U_{GS}后才产生导电沟道的，称为增强型。U_{GS}越大，N 沟道越厚，I_D 越大。

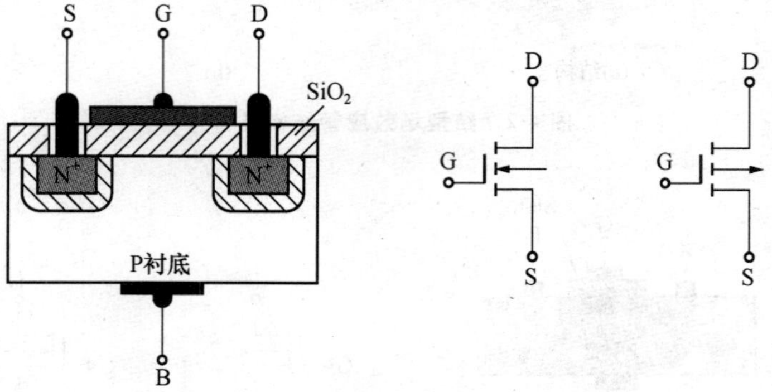

图 4-4 增强型绝缘栅场效应管的结构示意图和符号

场效应管的漏极和源极原来并不存在导电沟道，只有在漏极和源极之间加正向 U_{GS}时，导电沟道才能形成，且 U_{GS}越大，N 沟道越厚，漏极电流 I_D 越大。

(二)场效晶体管的主要参数

1. 夹断电压 U_P

当 U_{DS}为某一定值时，结型 耗尽型 MOS 管，$i_D\approx 0$ 所加的 U_{GS}即为 U_{GS}值。

2. 开启电压 U_T

当 U_{DS}为某一定值时，增强型 MOS 管开始导通时的 U_{GS}值。N 沟道增强型 MOS 管的 U_T 为正值 P 沟道增强型 MOS 管的 U_T 为负值。

3. 饱和漏极电流 I_{DSS}

对于结型场效应管和耗尽型 MOS 管，当 $U_{GS}=0$ 且 $U_{DS}>U_P$ 时的漏极电流。它反映了场效应管输出的最大漏极电流。

4. 最大漏源电压 $U_{DS}(BR)$

它是指漏极和源极之间的最大反向击穿电压，即当 I_D 急剧上升时的 U_{DS}。

5. 跨导 G_m

当 U_{DS}为某一定值时，I_D 的微小变化量与 U_{GS}的微小变化量之比，即 $G_m=\Delta I_D/\Delta U_{GS}$。

(三)场效应管安全使用常识

为了保证场效应管安全可靠地工作,除不要超出器件的极限参数外,对 MOS 场效应管的使用必须多加注意。原因是 MOS 场效应管绝缘层很薄,即使几伏栅源电压,也可以产生很高的强电场,很易击穿,甚至有时还未使用就已击穿。

1. 保存

应将各极短路保存,以免感应电压过高造成击穿。各极可带短路环,放在金属盒内或插在导电泡沫上。

2. 测试

不能用万用表测试 MOS 场效应管,必须用测试仪,如图 4-5 所示仪器。而且在测试时,应先接入测试仪,再去除短路线;从测试仪取下元件时,应先加短路线,后取下。总之,任何时候,栅极不能悬空。

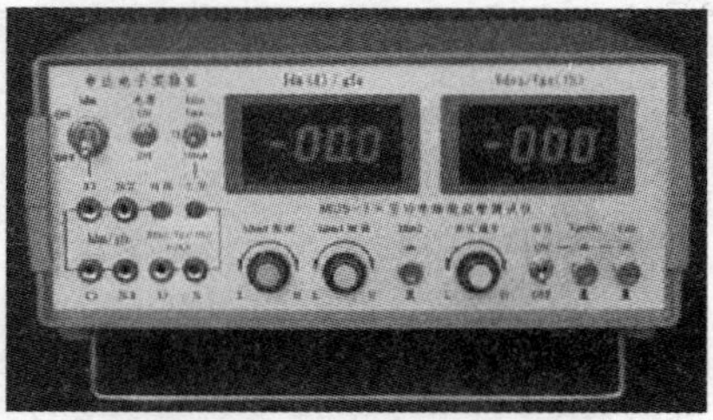

图 4-5 MOS-1 型功率场效应管测试仪

3. 焊接

电烙铁应良好接地,并在焊接时保持短路线短路,焊接完毕再去除短路线。

MOS 场效应管虽然性能优良,但由于其使用不便,因此作为分立元件,其应用受到了限制;但在集成电路中,MOS 器件得到了非常广泛的应用。

【任务实施】

一、识别场效应管

观察功率放大器电路板上各种场效晶体管的外形,再看一看各种场效晶体管的外形和管脚排列图,认识各种不同种类的场效晶体管。

二、检测场效应管

下面以结型场效应管为例说明有关检测方法。

(一)用测电阻法判别结型场效应管的电极

根据场效应管的 PN 结正、反向电阻值不一样的现象,可以判别出结型场效应管的三个电极。具体方法:将万用表拨在 R×1 k 挡上,任选两个电极,分别测出其正、反向电阻值。当某两个电极的正、反向电阻值相等,且为几千欧姆时,则该两个电极分别是漏极 D 和源极 S。因为对结型场效应管而言,漏极和源极可互换,剩下的电极肯定是栅极 G。也可以将万用表的黑表笔(红表笔也行)任意接触一个电极,另一只表笔依次去接触其余的两个电极,测其电阻值。当出现两次测得的电阻值近似相等时，则黑表笔所接触的电极为栅极，其余两电极分别为漏极和源极。若两次测出的电阻值均很大，说明是PN结的反向，即都是反向电阻，可以判定是N沟道场效应管，且黑表笔接的是栅极；若两次测出的电阻值均很小，说明是正向PN结，即是正向电阻，判定为P沟道场效应管，黑表笔接的也是栅极。若不出现上述情况，可以调换黑、红表笔按上述方法进行测试，直到判别出栅极为止。

（二）判别场效应管的好坏

检查两个PN结的单向导电性，PN结正常，场效应管是好的，否则为坏的。测漏源间的电阻 R_{DS}，应为几千欧；若 $R_{DS}\to 0$ 或 $R_{DS}\to\infty$，则场效应管已损坏。测 R_{DS}时，用手靠近栅极G，表针应有明显摆动，摆幅越大，场效应管的性能越好。

（三）放大倍数的测量

将万用表置于R×100挡或R×1 k挡，两只表笔分别接触D极和S极，用手靠近或接触G极，此时表针右摆，且摆动幅度越大，放大倍数越大。

对于绝缘栅型管，为防止栅极击穿，一般测量前先在其G—S级间接一只几兆欧的大电阻，然后按上述方法测量。

【任务拓展】

场效晶体管与三极管性能比较

场效应管与三极管的主要区别：

(1)场效应管的输入电阻大大高于三极管。三极管的输入电阻为 r_{be}约10 kΩ；结型场效晶体管的输入电阻约100 000 000 Ω；MOS场效晶体管输入端G极与源极S是绝缘的，输入电阻可高达10 Ω。

(2)场效应管的热稳定性比三极管好，噪声小，抗辐射能力强。

(3)场效应管制造工艺简单，成本低，便于大规模集成。

(4)场效应管是电压控制元件，用栅源电压 U_{GS}控制输出电流 i_D(相当于三极管用 i_B 控制 i_C)

(5)有些场效应管的源极和漏极可以互换使用，栅源电压可正可负，灵活性比三极管好。

【任务巩固】

1. 场效应管参与导电的载流子有几种？
2. 叙述场效应管3个电极，分别相当于三极管哪个电极？
3. 场效应管与普通晶体管比较，有哪些特点？

4. 场效应管有哪几种类型？使用场效应管时要注意什么？

5. 使用 MOS 场效应管，有什么注意事项？为什么？

任务 2　晶闸管及功能检测

【任务目标】

1. 认识晶闸管的实物外形。

2. 了解晶闸管的电路功能。

【任务准备】

一、资料准备

常用晶闸管、万用表、干电池、白炽灯、开关 S、导线若干。

二、知识准备

(一)认识晶闸管的实物外形

硅晶体闸流管简称晶闸管，又称为可控硅(SCR)，它是一种功率半导体器件，能在高电压、大电流条件下工作。晶闸管的种类较多，有普通型、双向型、可关断型等。在晶闸管整流技术中使用的主要是普通型，而且普通型晶闸管的结构和工作原理也是分析其他晶闸管的基础。下面主要介绍普通型单向型晶闸管。图 4-6 为常用普通型单向晶闸管实物外形。

(a)塑封式　(b)平板式　(c)螺栓式

图 4-6　常用晶闸管实物外形

(二)认识晶闸管的电路图、内部结构示意图及内部结构分解图

由外层 N_1 区引出的电极叫阳极 A,由外层 N_2 区引出的电极叫阴极 K,由中间 P_2 区引出的电极叫控制极 G。可见晶闸管是三端四层半导体开关器件,共有 3 个 PN 结,其电路符号为图 4-7(a),A(anode)为阳极,K(cathode)为阴极,G(gate)为门极或控制极。如果将三个 PN 结和四层半导体看成是由 PNP 和 NPN 型两个三极管连接而成,可以把晶闸管看成按照特殊的形式连接在一起的两个三极管如图 4-7(c)内部结构分解图所示。则每个三极管的基极和另一个三极管的集电极相连,阳极 A 相当于 V_1 管的发射极,阴极 K 相当于 V_2 管的发射极,门极相当于 V_2 管的基极,那么普通晶闸管不仅具有硅整流二极管正向导通、反向截止相似的特性,更重要的是它的正向导通是可以控制的,起这种控制作用的就是门极。

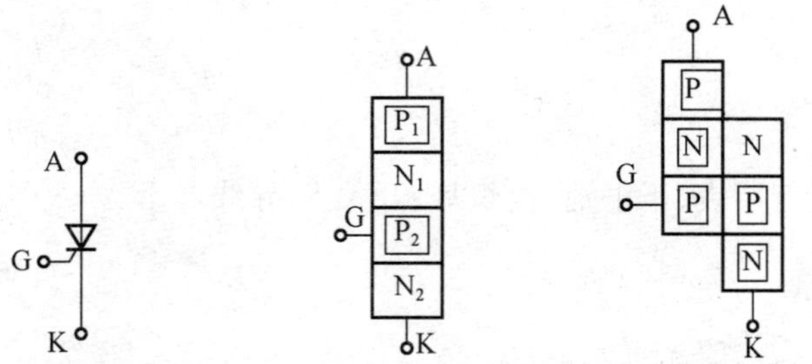

(a)电路符号　(b)内部结构示意图　(c)内部结构分解图

图 4-7　单向晶闸管的电路符号、内部结构示意图及内部结构分解图

(三)晶闸管的主要参数

1. 正向断态重复峰值电压 U_{DRM}

在额定的结温下,门极断路和晶闸管正常阻断的条件下,允许重复加在晶闸管上的最大正向峰值电压。一般这一电压比正向转折电压低 100 V。

2. 反向重复峰值电压 U_{RRM}

在额定的结温下门极断路,允许加在晶闸管 AK 之间的最大反向峰值电压。一般这一电压比反向击穿电压低 100 V。它反映了阻断状态下晶闸管能承受的反向电压。通常 U_{DRM} 和 U_{RRM} 大致相等,习惯上统称峰值电压。

3. 通态平均电流 I_T(AV)

在规定的环境温度和散热条件下,允许通过的工频正弦半波电流的平均值。

4. 通态平均电压 U_T(AV)

在结温稳定正弦半波额定电流的平均值流过元件时,A 和 K 之间的电压平均

值。习惯上称为导通时的管压降，一般为 1 V 左右。它的大小反映了晶闸管的管耗大小，此值越小越好。

5. 维持电流 I_H

在规定的环境温度和门极断路的情况下，维持晶闸管继续导通所必需最小阳极电流称为维持电流。它是晶闸管由通到断的临界电流，要使导通的晶闸管关断，必须使它的正向电流小于 I_H。

(四)特殊晶闸管

晶闸管的种类较多，有普通型、双向型、可关断型等。

1. 双向晶闸管

双向晶闸管是由 N-P-N-P-N 五层半导体材料制成的，对外也引出三个电极，其结构如图 4-8 所示。双向晶闸管相当于两个单向晶闸管的反向并联，但只有一个控制极。双向晶闸管的主电极没有阳极、阴极之分，通常把这两个主电极称为 T_1 电极和 T_2 电极，将接在 P 型半导体材料上的主电极称为 T_1 电极，将接在 N 型半导体材料上的电极称为 T_2 电极。

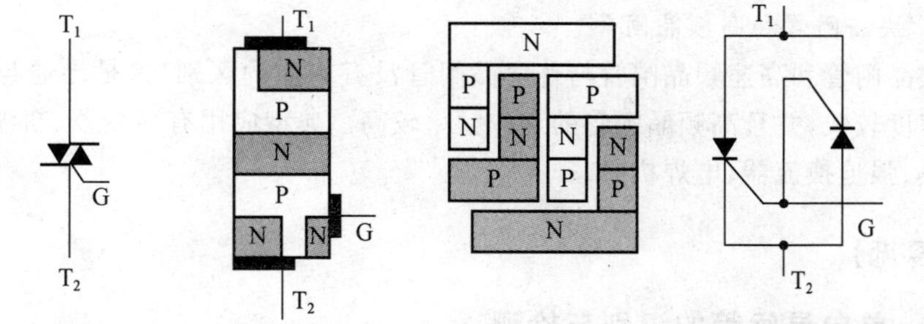

图 4-8　双向晶闸管电路图、结构图、结构示意图

双向晶闸管与单向晶闸管一样，也具有触发控制特性。不过，它的触发控制特性与单向晶闸管有很大的不同，这就是无论在阳极和阴极间接入何种极性的电压，只要在它的控制极上加上一个触发脉冲，也不管这个脉冲是什么极性的，都可以使双向晶闸管导通。

由于双向晶闸管的两个主电极没有正负之分，所以它的参数中也就没有正向峰值电压与反向峰值电压之分，而只用一个最大峰值电压，双向晶闸管的其他参数则和单向晶闸管相同。

2. 可关断晶闸管

可关断晶闸管(GTO)，亦称门控可控硅。如图 4-9 所示，其主要特点是当门

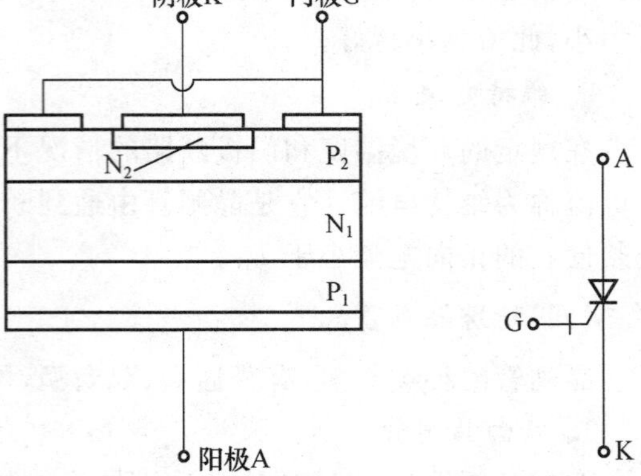

图 4-9 可关断晶闸管结构和符号

极加负向触发信号时可控硅能自行关断。普通可控硅(SCR)靠门极正信号触发之后，撤掉信号亦能维持通态。欲使之关断，必须切断电源，使正向电流低于维持电流 I_H，或施以反向电压强迫关断。这就需要增加换向电路，不仅使设备的体积重量增大，而且会降低效率，产生波形失真和噪声。可关断可控硅克服了上述缺陷，它既保留了普通可控硅耐压高、电流大等优点，以具有自关断能力，使用方便，是理想的高压、大电流开关器件。GTO 的容量及使用寿命均超过巨型晶体管(GTR)，只是工作频率比 GTR 低。目前，GTO 已达到 3 000 A、4 500 V 的容量。大功率可关断可控硅已广泛用于斩波调速、变频调速、逆变电源等领域。

3. 快晶闸管和高频晶闸管

快晶闸管和高速频晶闸管与普通晶闸管没有本质的区别，只是导通与关断的转换速度较快，并且高频晶闸管的工作频率较高。典型应用有逆变器、斩波器、感应加热、强迫换流器、电焊机等。

【任务实施】

一、单向晶闸管的识别与检测

(一)判别普通单向晶闸管各电极

根据普通晶闸管的结构可知，其控制极 G 与阴极 K 极之间为一个 PN 结，具有单向导电特性，而阳极 A 与门极之间有两个反极性串联的 PN 结。因此，将万用表置 R×100 或 R×1 k 挡，测量晶闸管任意两脚的正、反向电阻。若测得的结果都接近无穷大，则被测两脚为阳极及阴极，另外一脚为控制极。然后用万用表负表笔接控制极，用正表笔分别碰接另外两个电极测量电阻，电阻小的一脚为阴极，电阻大的为阳极。

普通晶闸管也可以根据其封装形式来判断出各电极。

如：螺栓形普通晶闸管的螺栓一端为阳极 A，较细的引线端为门极 G，较粗的引线端为阴极 K，平板形普通晶闸管的引出线端为门极 G，平面端为阳极 A，另一端为阴极 K。金属壳封装(T0～3)的普通晶闸管，其外壳为阳极 A。塑封(T0～220)的普通晶闸管的中间引脚为阳极 A，且多与自带散热片相连。图 4-10 为几种普通晶闸管的引脚排列。

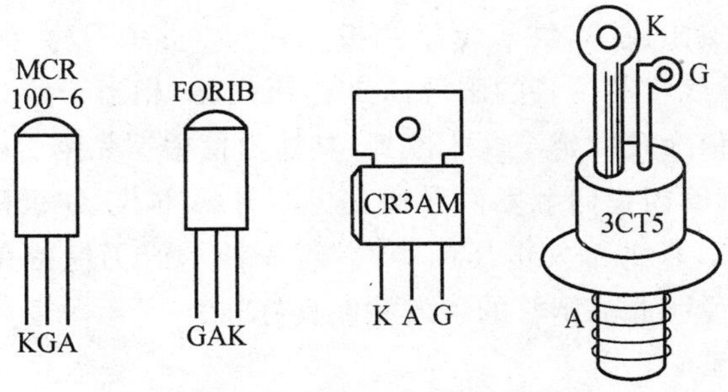

图 4-10　几种晶闸管的引脚排列

(二)判断普通单向晶闸管好坏

根据普通晶闸管的结构，将万用表置 R×1 k，按图 4-11 给出的方法进行测量。

按图 4-11(a)测得的工向阻值应为几千欧。若阻值很小，说明 G—K 间 PN 结击穿；若阻值过大，则极间有断路现象。按图 4-11(b)测得的反向电阻应为无穷大，当阻值很小或为零时，说明 PN 结有击穿现象。按图 4-11(c)测得的阻值应为无穷大，若阻值较小，说明内部有击穿或短路现象。按图 4-11(d)测得 A—K 极间的正、反向阻值均应为无穷大，否则说明内部有击穿或短路现象。

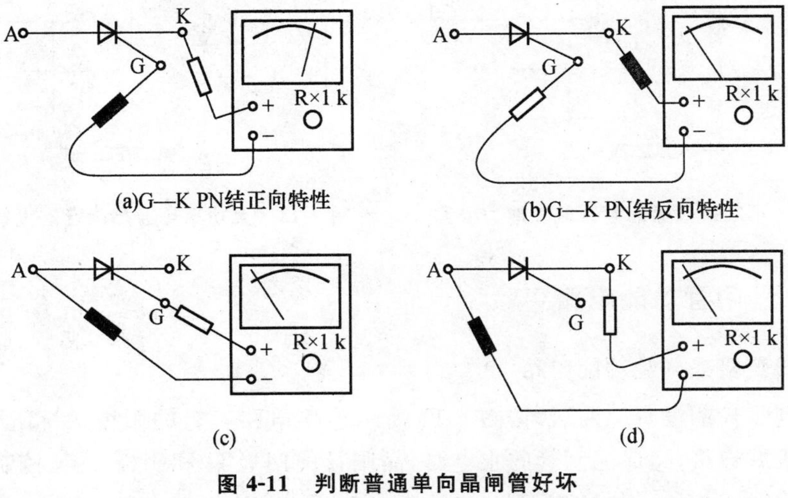

图 4-11　判断普通单向晶闸管好坏

(三)触发能力检测

1. 小功率普通晶闸管

对于小功率(工作电流为 5 A 以下)可用万用表 R×1 挡测量。如图 4-12 所示,测量时黑表笔接阳极 A,红表笔接阴极 K,此时表针不动,显示阻值为无穷大(∞)。用镊子或导线将晶闸管的阳极 A 与门极短路,相当于给 G 极加上正向触发电压,此时若电阻值为几欧姆至几十欧姆(具体阻值根据晶闸管的型号不同会有所差异),则表明晶闸管因正向触发而导通。再断开 A 极与 G 极的连接(A、K 极上的表笔不动,只将 G 极的触发电压断掉)。若表针示值仍保持在几欧姆至几十欧姆的位置不动,则说明此晶闸管的触发性能良好。

2. 大功率普通晶闸管

对于大功率普通晶闸管,因其通态压降 VT 维持电流 I_H 及门极触发电压 V_s 均相对较大,万用表 R×1 k 挡所提供的电流偏低,晶闸管不能完全导通,故检测时可在黑表笔端串接一只 200 Ω 可调电阻和 1～3 节 1.5 V 干电池(视被测晶闸管的容量而定,其工作电流大于 100 A 的,应用 3 节 1.5 V 干电池),如图 4-13 所示。

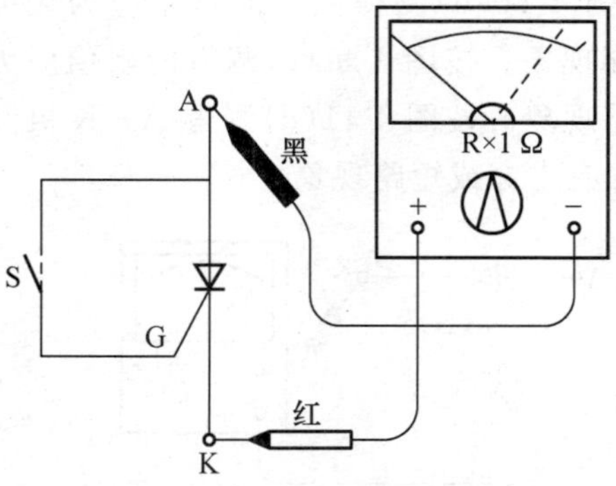

图 4-12 小功率普通晶闸管触发能力检测

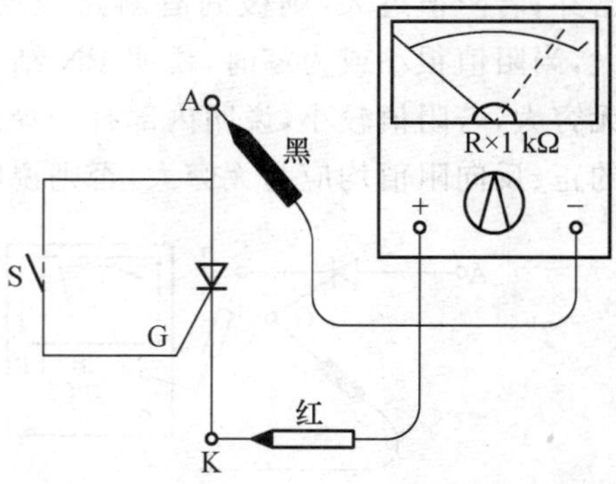

图 4-13 大功率普通晶闸管触发能力检测

二、晶闸管功能电路实验

(一)连接晶闸管功能电路

晶闸管检测没有问题后,按图 4-14 所示连接电路。它的阳极 A 和阴极 K 与电源和负载连接,组成晶闸管的主电路,晶闸管的门极 G 和阴极 K 与控制晶闸管的装置连接,组成晶闸管的控制电路。在该电路中,由电源 E_a、白炽灯、晶闸管的阳极和阴极组成晶闸管主电路;由电源 E_g、开关 S、晶闸管的门极和阴极组成控制电路，也称触发电路。

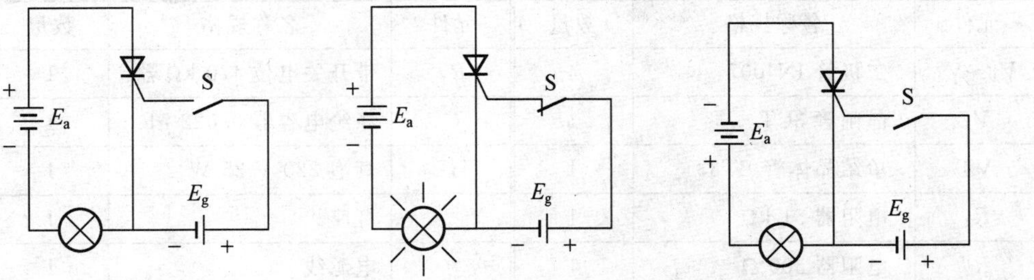

(a)晶闸管正向未接通 (b)晶闸管正向接通 (c) 晶闸管反向，控制正向但未接通

图 4-14 晶闸管导通实验电路图

图 4-13(a)当晶闸管的阳极 A 接电源 E_a 的正端，阴极 K 经白炽灯接电源的负端时，晶闸管承受正向电压。当控制电路中的开关 S 断开时，白炽灯不亮，说明晶闸管不导通。

(b)当晶闸管的阳极和阴极承受正向电压，控制电路中开关 S 闭合，使控制极也加正向电压(控制极相对阴极)时，白炽灯亮，说明晶闸管导通。

(c)当晶闸管导通时，将控制极上的电压去掉(即将开关 S 断开)，白炽灯依然亮，说明：一旦晶闸管导通，控制极就失去了控制作用。

(d)当晶闸管的阳极 A 接电源 E_a 的负端，阴极 K 经白炽灯接电源的正端时，晶闸管承受反向电压。当控制电路中的开关 S 闭合时，白炽灯不亮，说明晶闸管不导通。

(二)晶闸管的特性及工作条件

1. 由上面的实验验证可知，单向晶闸管具有单向导电性。

2. 单向晶闸管的正向导通条件是：A、K 间加正向电压，G、K 间加正向触发信号。

3. 晶闸管一旦导通，控制极触发信号失去作用。

【任务拓展】

制作家用调光台灯电路

1. 器材准备

按照表 4-1 准备家用调光台灯电路的元器件及 PCB 板。(注：可以购置现成的套件)

表 4-1 器材准备

元件	名称规格	数量	元件	名称规格	数量
$V_1 \sim V_4$	二极管 IN4007	4	R_p	带开关电位 470 kΩ 器	1
V_5	晶闸管 3CT	1	C	涤纶电容器 0.022 μF	1
VT	单结晶体管 BT33	1	HL	灯泡 220 V 25 W	1
R_1	电阻器 51 kΩ	1		灯座	1
R_2	电阻器 300 Ω	1		电源线	1
R_3	电阻器 100 Ω	1		导线	若干
R_4	电阻器 18 kΩ	1		印制板	1

2. 电路调光基本原理分析

如图 4-14 所示电路中，VT、R_1、R_2、R_3、R_4、R_P、C 组成单结晶体管张弛振荡器。接通电源前，电容器 C 上电压为零。接通电源后，电容经由 R_4、R_P 充电，电压 V_E 逐渐升高。当达到峰点电压时，$E-B_1$ 间导通，电容上电压向电阻放电。当电容上的电压降到谷点电压时，单结晶体管恢复阻断状态。此后，电容又重新充电，重复上述过程，结果在电容上形成锯齿状电压，在电阻 R_3 上则形成脉冲电压。此脉冲电压作为晶闸管 V_5 的触发信号。在 V_1-V_4 桥式整流输出的每一个半波时间内，振荡器产生的第一个脉冲为有效触发信号。调节 R_P 的阻值，可改变触发脉冲的相位，控制晶闸管 V_5 的导通角，调节灯泡亮度。

3. 制作步骤

(1)根据图 4-15 所示电路绘制出装配电路图，标清各元件的位置。

(2)根据所示电路列出元件清单，备好元件，检查各元件的好坏。

(3)根据装配图完成晶闸管调光灯电路的安装。

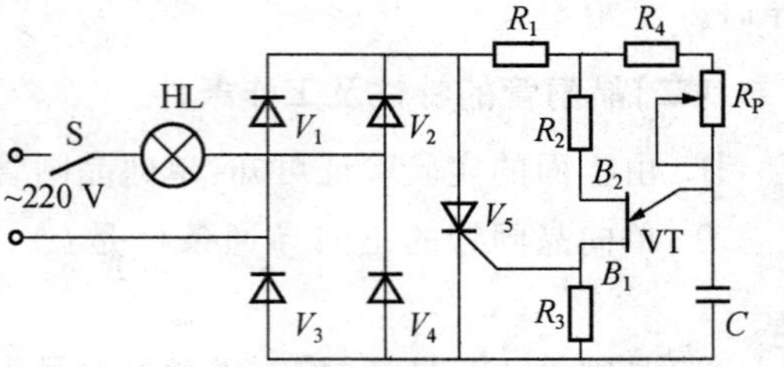

图 4-15 家用调光台灯电路

(4)检查无误后，经教师同意，通电调试。

①由于电路直接与市电相连，调试时应注意安全，防止触电。调试前认真、仔细核查各元器件安装是否正确可靠，最后插上灯泡，进行调试。

②插上电源插头，人体各部分远离印制电路板，打开开关，右旋电位器把柄，灯泡应逐渐变亮，右旋到头灯泡最亮；反之，左旋电位器把柄，灯泡应逐渐变暗，左旋到头灯光熄灭。

(5)调节电位器 R_P，观察灯泡亮度的变化。

(6)实训结束后，整理好本次实训所用器材，清洁工作台，打扫实训室。

4. 常见故障检修

(1)灯泡不亮，不可调光。由 BT33 组成的单结晶体管张弛振荡器停振，可造成灯泡不亮，不可调光。可检测 BT33 是否损坏，C 是否漏电或损坏等。

(2)电位器顺时针旋转时，灯泡逐渐变暗。这是电位器中心抽头接错位置所致。

(3)调节电位器 R_P 至最小位置时，灯泡突然熄灭。可检测 R_4 的阻值，若 R_4 的实际阻值太小或短路，则应更换 R_4。

【任务巩固】

1. 简述普通晶闸管的工作原理。
2. 普通晶闸管的导电特性是什么？
3. 简述晶闸管主要参数的含义。
4. 怎样判别普通晶闸管的极性和质量的好坏？
5. 场效应管与普通晶体管比较，有哪些特点？
6. 场效应管有哪几种类型？使用场效应管时要注意什么？

模块三　常用的放大电路与应用

项目五　认知多级放大和负反馈放大电路

项目六　常用放大器的应用

项目五　认知多级放大和负反馈放大电路

【项目描述】

在许多场合,单级放大电路的放大倍数是不够用的,常需要把若干个单管放大电路串接起来,组成多级放大器,把信号经过多次放大,从而得到所需的放大倍数。因此在多级放大器的连接、工作过程中,需要了解多级放大电路概念、耦合方式及分析方法,学会连接、测量多级放大电路;负反馈会改善放大器的性能,需要理解反馈的概念、定义,理解负反馈对放大电路性能的影响,学会分析判断负反馈的反馈类型;理解射极输出器的特点。

本项目分为认知多级放大电路和认知放大器中的负反馈 2 个工作任务。

通过本项目学习多级放大电路的概念及分析方法,了解负反馈对放大器性能的影响;掌握多级放大器、负反馈放大器的连接、测量方法;培养认真严谨、善于思考、沟通协作等能胜任岗位工作的职业素质。

任务 1　认知多级放大电路

【任务目标】

1. 多级放大电路概念、耦合方式及分析方法。
2. 学会连接、测量多级放大电路。

【任务准备】

一、资料准备

二级放大电路板、示波器。

二、知识准备

(一)多级放大电路及耦合方式

在许多情况下,单级放大电路的电压放大倍数往往不能满足放大要求,为此,要把放大电路联成二级、三级或者多级放大电路,提高放大倍数。

我们把多级放大电路级与级之间的连接方式称为多级放大电路的耦合方式。放大电路级间的耦合方式,既要将前级的输出信号顺利传递到下一级,又要保证各级都有合适的静态工作点。常见的耦合方式有阻容耦合、直接耦合、变压器耦合等。如图 5-1 所示。

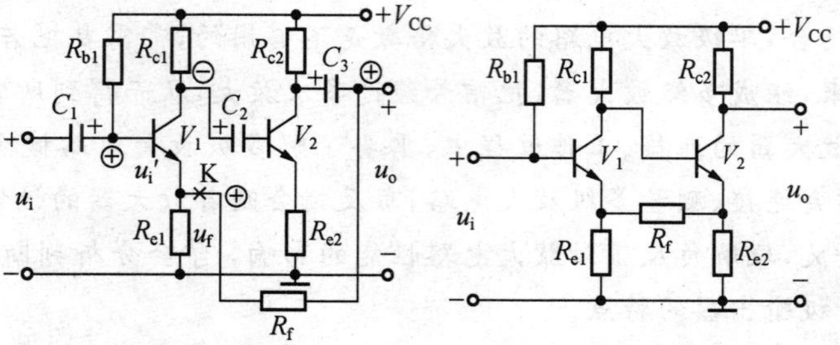

(a)阻容耦合　　(b)直接耦合

图 5-1　多级放大电路耦合方式

1. 阻容耦合

级间通过耦合电容与下级输入电阻连接,如图 5-1(a)。电容有隔直作用,使各级的静态工作点相互没有影响,因而各级放大电路的静态工作点可以单独计算。

2. 直接耦合

不经过电抗元件,把前后级直接连接起来,如图 5-1(b)。由于直接连接,使各级静态工作点相互关联,调整困难。直接耦合放大电路既能放大交流信号又能放大直流信号而获得广泛应用。在集成电路中须采用直接耦合。

3. 变压器耦合

通过变压器实现级间耦合。如图 5-2 所示。

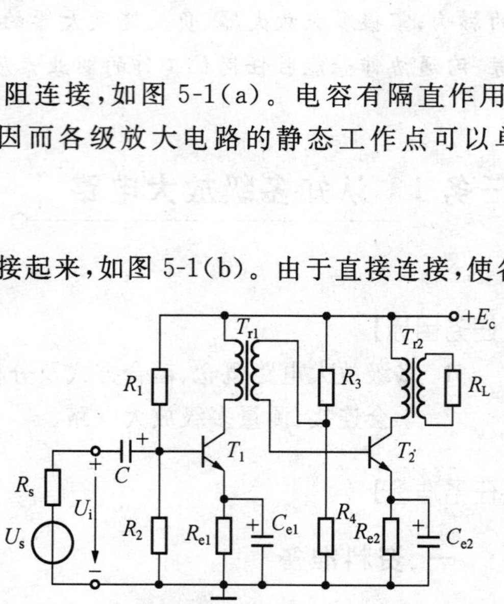

图 5-2　变压器耦合

三种耦合方式的对比见表 5-1。

表 5-1　三种耦合方式的对比

	阻容耦合	直接耦合	变压器耦合
特点	各级静态工作点互不影响。结构简单	能放大缓慢变化的信号或直流成分的变化。适用于集成化	有阻抗变换作用。各级直流通路互相隔离
存在问题	不能反映直流成分的变化,不适合放大缓慢变化的信号。不适于集成化	有零点漂移现象。各级静态工作点互相影响	不能反映直流成分的变化,不适合放大缓慢变化的信号。不适于集成化
适用场合	分立元件交流放大电路	集成放大电路,直流放大电路	低频功率放大,调谐放大

(二)多级放大电路的电压放大倍数

这里我们首先对活动一多级放大电路的电压放大倍数进行一个分析。根据测量电路的输入、输出波形我们可知以下数据:

总输入 $u_i=500\ \mu V$,第一级输出 $u_{O1}=25\ mV$,第二级输出 $u_{O2}=2.5\ V$,由多级放大电路的组成可知,第一级的输出信号应为第二级的输入信号。由放大电路电压放大倍数的定义可得:

$A_{u1}=u_{O1}/u_i=25\ mV/500\ \mu V=50$,

$A_{u2}=u_{O2}/u_{O1}=2.5\ V/25\ mV=100$,

$A_u=u_{O1}/u_i=2.5\ V/500\ \mu V=5\ 000$,

那么很容易看出 $A_u=A_{u1}\times A_{u2}$。

可见多级放大电路的电压放大倍数为各级放大倍数之积,即

$A_u=A_{u1}\times A_{u2}\times\cdots\times A_{um}$;

输入电阻为第一级放大电路的输入电阻;

输出电阻为最后一级的输出电阻;计算方法与单级放大电路一样。

【任务实施】

一、连接一个多级放大电路

按图 5-3 连接多级放大电路并测量其输入、输出波形。

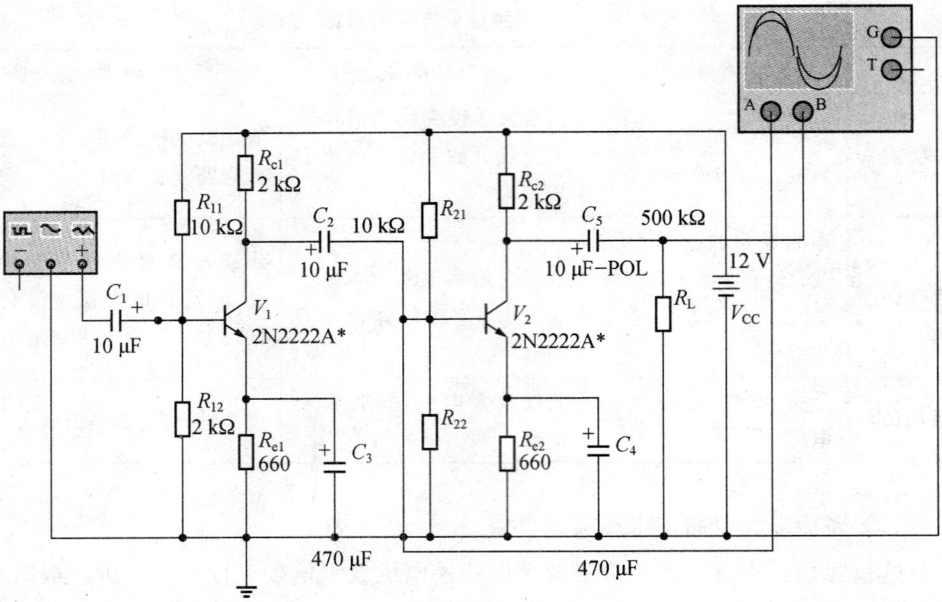

图 5-3 多级放大电路测量电路

二、测量输入、输出波形

该电路输入 $u_i=500\ \mu V$，频率 $f=100$ Hz，双踪示波器 A 踪测量第一级输出波形 u_{O1}，幅度格为 10 mV/Div，双踪示波器 B 踪测量第二级输出波形 u_{O2}，幅度格为 5 V/Div，时间格都为 5 ms/Div。测量波形如下：由图 5-4 可知：$u_{O1}=25$ mV，$u_{O2}=2.5$ V。

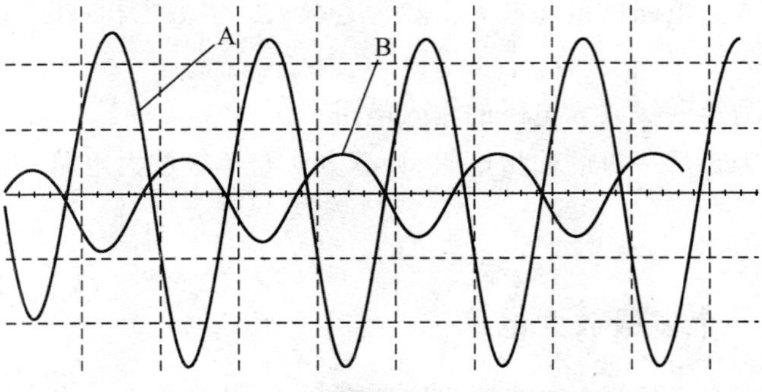

图 5-4 多级放大电路输入、输出波形

【任务巩固】

1. 什么叫耦合方式？常用的耦合方式有哪些？

2. 三种常用耦合方式有哪些区别？

3. 根据示波器输出，计算多级放大电路各自的电压放大倍数 A_{V1}、A_{V2}。

4. 该多级放大电路的总电压放大倍数 A_V 与单级放大电路的电压放大倍数相比，它们之间存在什么样的关系？

任务2 认知放大器中的负反馈

【任务目标】

1. 了解反馈放大器的基本概念、类型。

2. 学会判断负反馈放大器的类型。

【任务准备】

一、资料准备

负反馈放大器电路板，函数信号发生器、示波器、导线若干。

二、知识准备

(一)反馈放大器的基本概念

1. 反馈

将电路输出量(电压或电流)的一部分或全部，经过一定的路径“回送”到它的输入端，这种信号反向传送的方式就称为反馈。

2. 反馈网络

信号反馈所经过的路径，称为反馈网络。

为了把放大器的输出信号送回输入端，通常用电阻器、电容器、电感器等元件成引导反馈信号的电路，该电路称为反馈电路，又称反馈网络。构成反馈电路的元件叫反馈元件，反馈元件联系着放大器的输出与输入，并影响放大器的输入。有些反馈网络如电阻器，只能实现直流量的“回送”，这种反馈就称为直流反馈。所谓交流反馈，是指反馈网络只能实现交流量的“回送”如电容器、电感器。

3. 反馈放大器的组成

由基本放大器和反馈网络所组成的电路，称为反馈放大器。其组成框图如下图 5-5 所示：图中，x 泛指电压或电流信号：x_i 是指整个电路的输入信号；x_{ia} 是指基本放大器的“净”输入信号；x_o 是指电路的输出信号；x_f 是指经反馈网络“回送”至输入端的反馈信号。

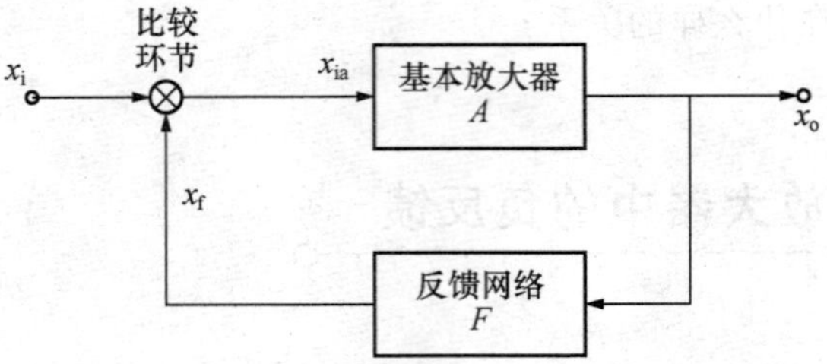

图 5-5　反馈放大器组成框图

(1)基本放大器的放大倍数 $A = x_o / x_{ia}$

(2)反馈网络的反馈系数 $F = x_f / x_o$

(3)整个反馈放大器的闭环放大倍数

$$A_f = \frac{x_o}{x_i} = \frac{x_o}{x_{ia} - x_f} = \frac{1}{\dfrac{1}{A} - F} = \frac{A}{1 - AF}$$

通常称 A_f 为反馈放大电路的闭环放大倍数，A 为开环放大倍数，$1+AF$ 为反馈深度，它反映了负反馈的程度。

(二)反馈放大器的类型

1. 正反馈和负反馈

根据反馈对放大器的净输入量的改变分为正反馈和负反馈。

(1)正反馈。当 x_f 与 x_i 同相时，x_{ia} 相对于 x_i 得到($|x_{ia}| = |x_i| + |x_f|$)，此时的反馈称为正反馈，正反馈使放大器的净输入量得到增强。

(2)负反馈。反之，当 x_f 与 x_i 反相时，x_{ia} 相对于 x_i 被削弱($|x_{ia}| = |x_i| - |x_f|$)，这种反馈称为负反馈。负反馈使放大器的净输入量减弱。

通常采用“瞬时极性法”来判断反馈的极性。瞬时极性是一种假设的状态，它假设在放大电路的输入端引入一瞬时增加的信号。这个信号通过放大电路和反馈回路回到输入端。反馈回来的信号如果使引入的信号增加则为正反馈，否则为负反馈。在这一步要搞清楚放大电路的组态，是共发射极、共集电极还是共基极放大。每一种组态放大电路的信号输入点和输出点都不一样，其瞬时极性也不一样。表 5-2 为不同组态放大电路的相位差。相位差 180°则瞬时极性相反，相位差 0°则瞬时极性相同。如图 5-6(a)所示，经过反馈使净输入电压 u_i'减小，因此是负反馈。运算放大器电路也同样存在反馈问题。运算放大器的输出端和同相输入端的瞬时极性相同，和反相输入端的瞬时极性相反。

表 5-2　不同组态放大电路的相位差

电路类型	输入极	公共极	输出极	相位差
共发射极放大电路	基极	发射极	集电极	180°
共集电极放大电路	基极	集电极	发射极	0°
共基极放大电路	发射极	基极	集电极	0°

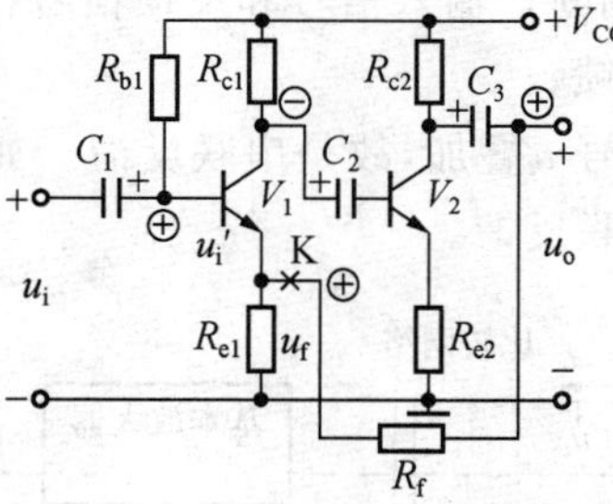

(a)负反馈电路

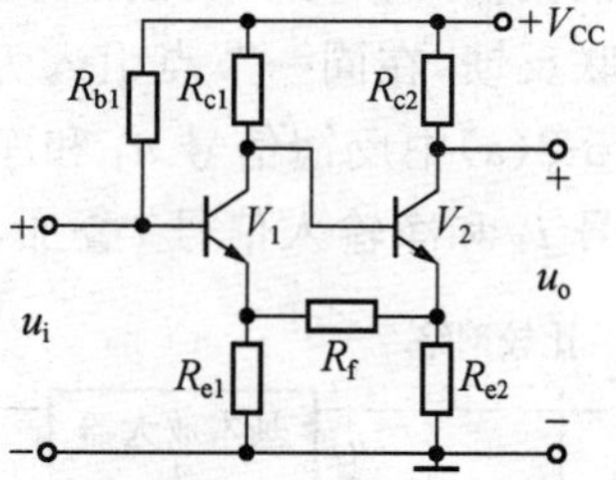

(b)负反馈电路交流通路

图 5-6　负反馈放大电路

2. 电压反馈和电流反馈

电压电流反馈是指反馈信号取自输出信号(电压或电流)的形式，根据反馈支路取样对象可分为电压反馈和电流反馈。

(1)如果反馈支路的取样对象是输出电压，则称为电压反馈；

(2)如果反馈支路的取样对象是输出电流，则称为电流反馈。

通常采用输出短路法判断。令输出端短路，若反馈电压消失，则为电压反馈，反馈信号依然存在，则为电流反馈。

如图 5-7(a)所示，反馈支路接在输出端，取样对象是输出电压，故是电压反馈。而图 5-7(b)反馈支路未直接接在输出端，取样对象是输出电流，故是电流反馈。

3. 串联反馈和并联反馈

反馈的串并联类型是指反馈信号影响输入信号的方式即在输入端的连接方式。串联反馈是指净输入电压和反馈电压在输入回路中的连接形式为串联。根据

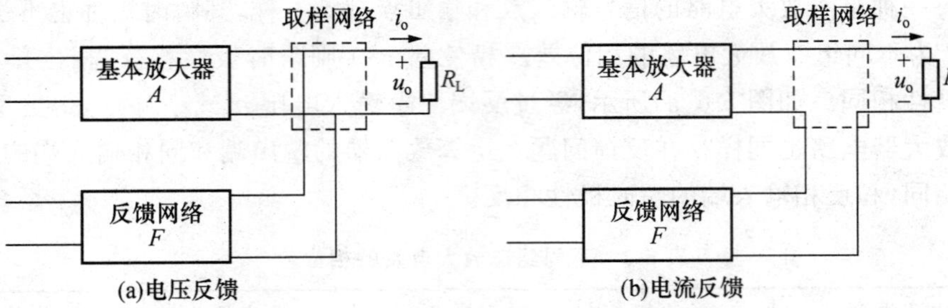

图 5-7 反馈放大器的两种输出电路型式

反馈信号与输入端的连接方式可分为串联反馈和并联反馈。

(1)串联反馈的反馈信号和输入信号是串联的。

(2)并联反馈的反馈信号和输入信号是并联的。

通常根据输入信号和反馈信号接入点判断。输入信号和反馈信号在不同节点引入为串联反馈,在同一节点引入为并联反馈。

如图 5-8(a)中反馈信号 u_f 和净输入信号 u_i叠加,故是串联反馈。如图 5-8(b)中反馈信号 i_f 和净输入信号 i_i叠加,故是并联反馈。

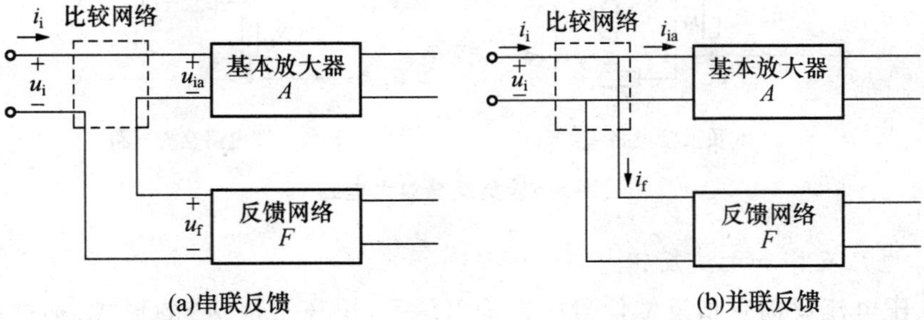

图 5-8 反馈放大器的两种输入电路形式

4. 根据反馈信号中的电流成分可分为直流负反馈和交流负反馈

(1)直流反馈。反馈信号中只有直流成分,反馈元件只能反映直流量的变化,这种反馈叫直流反馈。直流负反馈可以稳定电路静态工作点。

(2)交流反馈。反馈信号中只有交流成分,反馈元件只能反映交流量的变化,这种反馈叫交流反馈。交流负反馈可以改善放大器的性能。

判断方法采用画出直流通路和交流通路的方法。若画出直流通路反馈元件在直流通路中,则为直流反馈;画出交流通路,若反馈元件在交流通路中,则为交流反馈。

【任务实施】

判断四种反馈放大电路的类型(图 5-9 至图 5-12)

1. 确定反馈元件

2. 确定反馈为正反馈、负反馈

3. 根据反馈的四种组态,判断反馈的形式:电压串联负反馈、电流串联负反馈、电压并联负反馈、电流并联负反馈

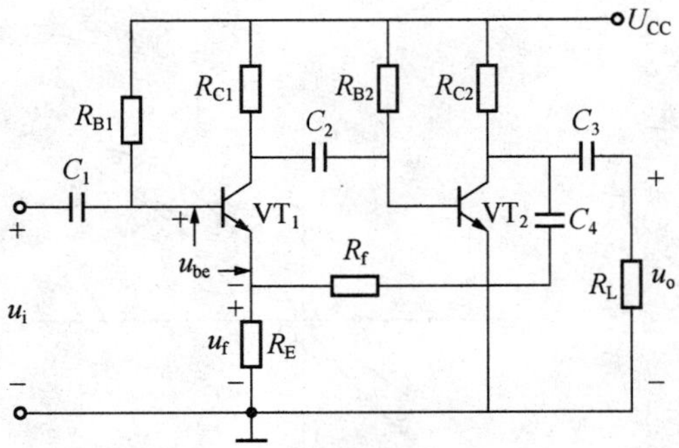

图 5-9　电压串联负反馈

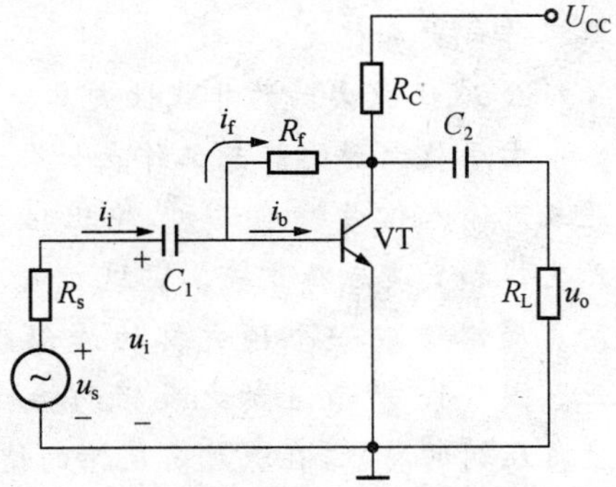

图 5-10　电压并联负反馈

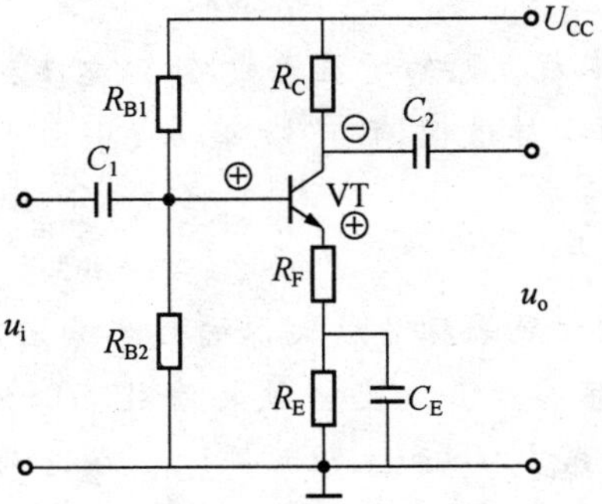

图 5-11　电流串联负反馈

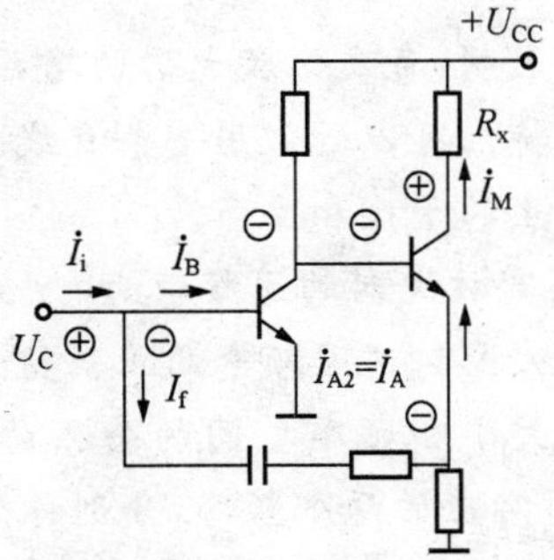

图 5-12　电流并联负反馈

【任务拓展】

负反馈对放大电路性能的影响

1. 稳定放大电路

稳定性是放大电路的重要指标之一。在输入一定的情况下,放大电路由于各种因素的变化,输出电压或电流会随之变化,因而引起放大倍数的改变。引入负反

馈，可以稳定输出电压或电流，进而使放大倍数稳定。

$$当\ |1+\overline{A}\,\overline{F}|\gg 1\ 时\quad \overline{A}_F=\frac{\overline{A}}{1+\overline{A}\,\overline{F}}\approx\frac{1}{\overline{F}}$$

上式表明：引入深负反馈的情况下，负反馈放大器的放大倍数只与反馈系数 F 有关，因此有很高的稳定性。提高放大倍数的稳定性：负反馈放大器的放大倍数稳定性的提高，是以减小放大倍数为代价的。负反馈越深，放大倍数降低越多，放大器工作却更加稳定。

2. 减小放大器的非线性失真

由于放大器的静态工作点如果选得不合适或者输入信号幅度过大，输出信号波形将产生饱和失真或截止失真。这种失真可以利用负反馈造成一个预失真的波形来进行矫正。图 5-13 所示，1 为无反馈的特性，2 为深度负反馈的特性，在深度负反馈的情况下：

$$|1+\overline{A}\,\overline{F}|\gg 1\quad \therefore \overline{A}_{VF}\approx\frac{1}{\overline{F}}$$

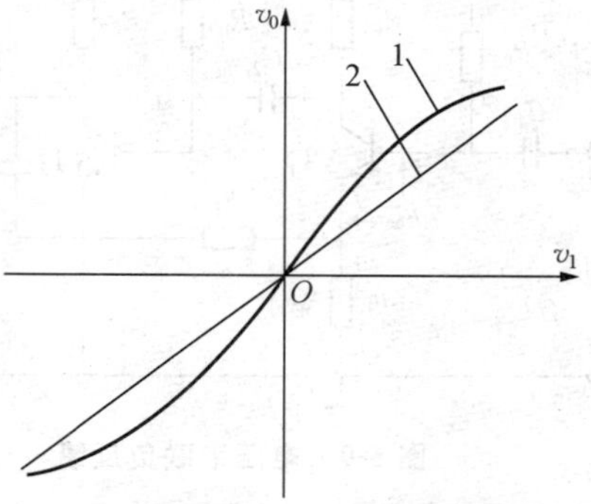

图 5-13 放大器非线性传输特性

上式表明：负反馈放大器的增益与基本放大器的增益无关，所以电压放大器的闭环传输特性可以近似用一条直线表示。同样道理，负反馈可以减小由于放大器本身所产生的干扰和噪声。

3. 展宽放大器的通频带

把放大器对不同频率的正弦信号的放大效果称为放大器的频率响应，其中放大倍数的大小和频率之间的关系称为幅频特性。规定当放大倍数下降为 0.707 Aum 时所对应的两个频率，分别称为下限频率 f_L 和上限频率 f_H，在这两个频率之间的频率范围称为放大器的通频带，用 BW 表示，即 $BW=f_H-f_L$，通频带愈宽，表示放大器工作的频率范围愈宽。引入负反馈后虽然各种频率的信号放大倍数都有下降，但通频带却加宽了。如图 5-14 所示。

4. 改变输入电阻和输出电阻

(1)改变输入电阻：凡是串联负反馈，因反馈信号与输入信号串联，故使输入电阻增大；凡是并联负反馈，因反馈信号与输入信号并联，故使输入电阻减小。

(2)改变输出电阻：凡是电压负反馈，因具有稳定输出电压的作用，反馈网路与负载并联，故使输出电阻减小；凡是电流负反馈，因具有稳定输出电流的作用，反馈网路与负载串联，故使输出电阻增大。

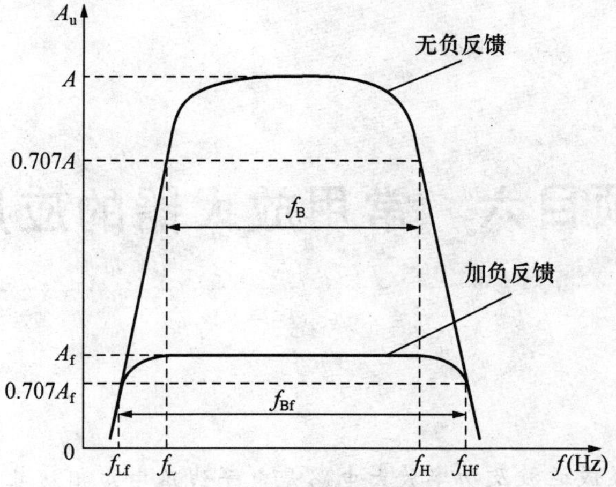

图 5-14　负反馈展宽放大器的通频带

综上所述，负反馈使放大器的放大倍数减小，但使放大器其他性能得到改善。而正反馈使放大器的放大倍数增大，利用这一特性可组成振荡电路。

【任务巩固】

1. 什么叫反馈？什么叫正反馈？什么叫负反馈？
2. 什么叫电压反馈和电流反馈？什么叫串联反馈和并联反馈？
3. 负反馈对放大电路的性能有哪些影响？
4. 共射极放大电路与共集电极放大电路的区别是什么？
5. 射极输出器的应用是如何体现出其特点的？

项目六　常用放大器的应用

【项目描述】

差动放大、集成运放及功率放大电路是电子线路中应用极其广泛的电路，是电子电器设备中的基本电路。

本项目分为认知差动放大和集成运放、集成运算放大器电路分析、认知乙类功率放大器、甲乙类 OTL 功率放大器电路参数调整和甲乙类 OCL 功率放大器电路应用 5 个工作任务。

通过本项目的学习与训练，了解集成运放的组成及各部分的作用；理解单元电路（差动放大器）的基本工作原理；了解理想运算放大器的定义、特性；掌握集成运放的分析方法，会分析常用的集成运放电路；掌握 OTL 功放和 OCL 功放的电路结构和工作原理。熟练分析理想运算放大器的应用电路；认识集成运放的封装和引脚顺序；会用电阻法和电压法判断集成运放的质量；初步具有排除集成运放电路常见故障的能力。通过引导安装测试集成运放和功率放大电路，让学生体验学习过程的快乐，培养认真细致的意识、理论联系实际的素养。

任务 1　认知差动放大和集成运放

【任务目标】

1. 掌握差动放大电路的组成及抑制零点漂移的原理。
2. 掌握集成运放的结构及特性。

【任务准备】

一、资料准备

不同型号的集成运放若干。

二、知识准备

(一)零点漂移

1. 零点漂移的定义

零点漂移是多级放大器采用直接耦合式所特有的问题。它指放大器输入信号为零时,输出端电压偏离原固定值而上下漂动的现象,简称“零漂”。

2. 零点漂移产生原因

在每个单极放大器中,任何元件参数的变化,如:电源电压波动、元件老化、半导体参数随温度变化而变化,都会使放大器的静态工作点有缓慢的、无规则的变化。

在直接耦合放大器中,由于各级之间采用直接耦合,各级产生的漂移电压都将被送入下一级进行逐级放大,其中以第一级漂移信号被放大的最为严重,以致无法在输出端区分出有用信号和漂移信号,影响放大器的正常工作。放大电路级数愈多,放大倍数愈高,零点漂移问题愈严重。

3. 零点漂移抑制办法

(1)选用稳定性能好的高质量的硅管。

(2)采用高稳定度的稳压电源可以抑制电源电压波动引起的零漂。

(3)利用恒温系统来减小温度变化引起的零漂。

(4)引入直流负反馈稳定工作点(在前面的任务中已经学习)。

(5)利用两只特性相同的三极管组成的差动放大器,它可以有效地抑制零漂。

(二)集成电路的基础知识

1. 集成电路定义

集成电路(Integrated Circuit,简称 IC)是指采用一定的制造工艺,将一个电路中所需的二极管、晶体管、电阻、电容和电感等元件及布线制作在一小块或几小块半导体晶片或介质基片上,然后封装在一个管壳内,成为一个具有一定电路功能的电子器件。

2. 集成电路分类

(1)按功能,IC 可以分为模拟集成电路和数字集成电路。模拟集成电路用来产生、放大和处理各种模拟信号(指幅度随时间连续变化的信号),常见的模拟集成电路有:集成运放、集成功放、集成稳压电源、集成乘法器、集成锁相环等。数字集成电路用来产生、放大和处理各种数字信号(指在时间上和幅度上离散变化的信号)。

(2)按导电类型,IC 可分为双极型集成电路和单极型集成电路。双极型集成电路制作工艺复杂,功耗较大,代表集成电路有 TTL、ECL、HTL、LST-TL、STTL 等类型。单极型集成电路制作工艺简单,功耗较低,易于制成大规模集成电路,代表集成电路有 CMOS、NMOS、PMOS 等类型。

(3)按集成度高低,IC 可分为:SSI 小规模集成电路,包含 10～100 个元器件,如:集成运放、集成功放、集成稳压器和集成门电路等;MSI 中规模集成电路,包含 100～1 000 个元器件,如:四通用集成运放、集成触发器、集成计数器和集成译码器等;LSI 大规模集成电路,包含 1 000～10 000 个元器件,如:存储器和某些设备的控制器等;VLSI 超大规模集成电路,包含 10 000 个以上元器件,如:大容量存储器等。

(4)按外形,IC 可分为圆形、扁平型和双列直插型。

3. 集成电路的特点

(1)体积小,重量轻,引出线和焊接点少。

(2)可靠性高,稳定性好。

(3)功耗低,寿命长。

(4)成本低,便于大规模生产。

(三)差动放大器电路

1. 基本差动放大器电路组成

基本差动放大器电路结构如图 6-1 所示,它由两个参数相同的共射电路通过公共发射极电阻 R_E 耦合而成。电路有两个输入端和两个输出端,采用正、负两组电源供电,一般有 $U_{CC}=U_{EE}$。

2. 差动放大器电路抑制“零漂”基本原理

基本差动放大器的直流通路如图 6-2 所示。

由于两管参数相同,所以 $I_{E1}=I_{E2}$,$I_E=2I_{E1}$。由图 6-2 可得:

$$I_{B1}R_B+U_{BE}+2I_{E1}R_E=U_{EE}$$

由于两管参数相同,又满足 $U_{EE}>U_{BE}$,$2R_E>R_B/(1+\beta)$,变化并化简上式得:

$$I_{C1}=I_{C2}=\frac{U_{EE}-U_{BE}}{\dfrac{R_B}{(1+\beta)}+2R_E}\approx\frac{U_{EE}}{2R_E}$$

$$U_{C1}=U_{CC}-I_{C1}R_C;U_{C2}=U_{CC}-I_{C2}R_C;U_{C1}=U_{C2}$$

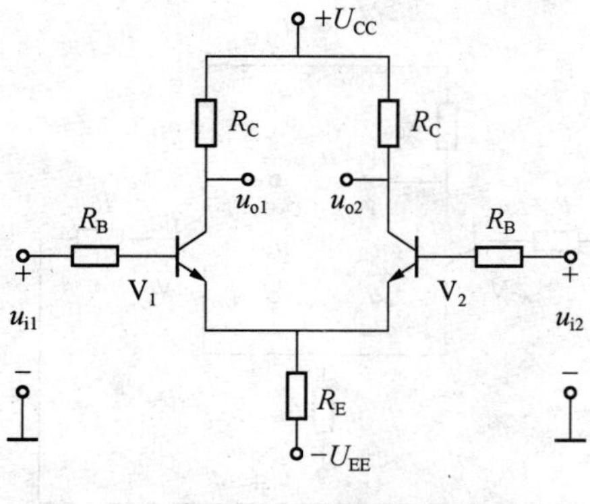

图 6-1　基本差动放大器

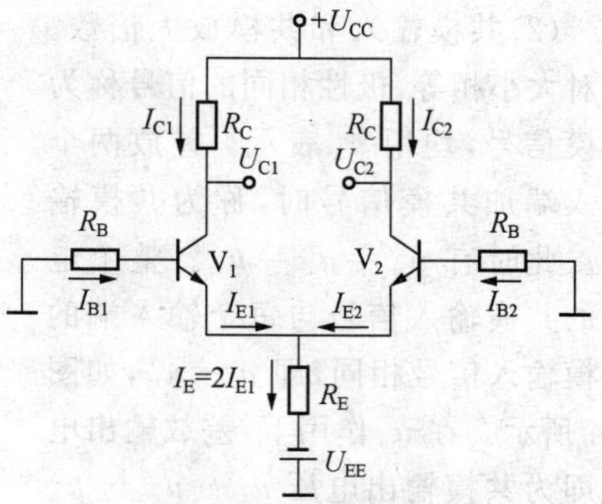

图 6-2　基本差动放大器直流通路

进一步求得 $U_O=U_{C1}-U_{C2}=0$ V。这表明，静态时 $U_O=0$ V，即差放"零输入时零输出"。

3. 差动放大电路对信号的放大作用

(1)差模输入和差模放大倍数。一对大小相等，极性相反的信号叫差模信号，用 u_{id1}、u_{id2} 表示。由定义知：$u_{id1}=-u_{id2}$。差放两个输入端加差模信号时，称为差模输入。此时有 $u_{i1}=u_{id1}$，$u_{i2}=u_{id2}$，且 $u_{i1}=-u_{i2}$。整个电路的差模输入信号 u_{id} 为两个差模输入信号之差，即 $u_{id}=u_{i1}-u_{i2}=u_{id1}-u_{id2}$。

在 u_{id} 作用下，差放输出电压即为差模输出电压 u_{od}。u_{od} 与 u_{id} 之比称为差模电压增益 A_d，即：$A_d=\dfrac{u_{od}}{u_{id}}$

当输入信号 u_i 加在差放两输入端之间时，如图 6-3 所示，由于两管电路对称，所以 $u_{i1}=-u_{i2}=u_i/2$，即为差模输入。

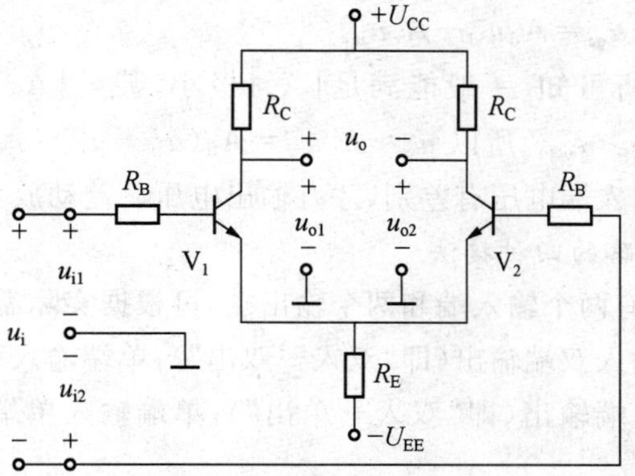

图 6-3　差模输入

(2)共模输入和共模放大倍数。一对大小相等、极性相同的信号称为共模信号,均用 u_{ic} 表示。差放两个输入端加共模信号时,称为共模输入。此时有 $u_{i1}=u_{i2}=u_{ic}$。整个电路的共模输入信号与每个输入端的共模输入信号相同,即 $u_i=u_{ic}$,如图 6-4 所示。在 u_{ic} 作用下,差放输出电压即为共模输出电压 u_{oc}。u_{oc} 与 u_{ic} 之比称为共模电压增益 A_c,即:

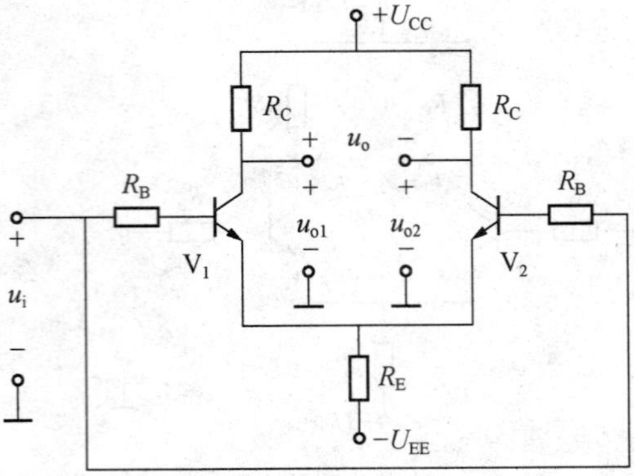

图 6-4 共模输入

$$A_c=\frac{u_{oc}}{u_{ic}}$$

实际应用中,输入信号 u_{i1}、u_{i2} 是任意的。这时,可将 u_{i1}、u_{i2} 的作用分解为一对差模信号和一对共模信号的作用。设:

$$u_{i1}=u_{id1}+u_{ic}=\frac{u_{id}}{2}+u_{ic}$$

$$u_{i2}=u_{id2}+u_{ic}=\frac{u_{id}}{2}+u_{ic}$$

通过上面的式子可以求得差模输入电压和共模输入电压分别为:

$$u_{id}=u_{i1}-u_{i2}$$

$$u_{ic}=\frac{1}{2}(u_{i1}+u_{i2})$$

所以 $u_o=u_{od}+u_{oc}=A_d u_{id}+A_c u_{ic}$

通过后面的分析可知,一般能满足 $|A_c|$ 极小,甚至 $|A_c|=0$,而 $|A_d|$ 较大,$|A_d|\geqslant|A_c|$,使 $u_{od}\geqslant u_{oc}$。所以 $u_o\approx A_d u_{id}=A_d(u_{i1}-u_{i2})$

上式表明,两输入端电压有差别,才有输出电压。差动放大器由此得名。

4. 差动放大电路的四种接法

差动放大电路有两个输入端和两个输出端,可根据实际需要,选择以下四种输入输出方式:双端输入双端输出(即“双入—双出”);单端输入双端输出(即“单入—双出”);双端输入单端输出(即“双入—单出”);单端输入单端输出(即“单入—单出”)。

不管差放采用哪种输入输出方式,均可分解为一对差模信号和一对共模信号的作用。

差动放大电路四种接法的性能比较(表 6-1)。

表 6-1　差动放大电路四种接法性能比较

接法 性能	差分输入 双端输出	差分输入 单端输出	单端输入 双端输出	单端输入 单端输出
特性	1. A_d 与单管放大电路基本相同 2. 在理想情况下,$K_{CMR}\to\infty$ 3. 适用于差分输入、双端输出,输入信号及负载的两端均不接地的情况	1. A_d 约为双端输出时的一半 2. 由于引入共模负反馈,仍有较高的 K_{CMR} 3. 适用于将双端输入转换为单端输出	1. A_d 与单管放大电路基本相同 2. 在理想情况下,$K_{CMR}\to\infty$ 3. 适用于将单端输入转换为双端输出	1. A_d 约为双端输出时的一半 2. 比单管放大电路具有较强的抑制零漂的能力 3. 适用于输入、输出均要求接地的情况 4. 选择不同管子输出,可使输出电压与输入电压反相或同相

(四)集成运放的基础知识

1. 集成运放的定义

集成运放是集成运算放大器的简称,本质上是一个具有高放大倍数的集成电路。它的内部是一个多级放大器,级间多采用直接耦合方式。

2. 集成运放的内部结构框图

集成运放电路主要由输入级、中间级、输出级以及偏置电路四部分组成。结构框图如图 6-5 所示。各部分作用如下述。

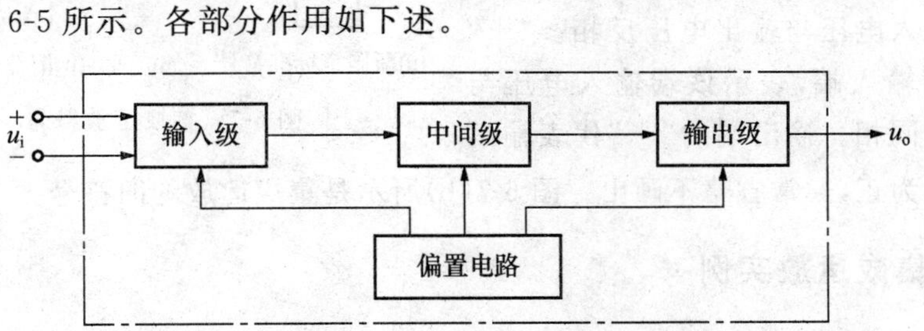

图 6-5　集成运放组成框图

(1)输入级。常采用差动放大电路，解决零点漂移，使运放具有尽可能高的输入电阻和共模抑制比。

(2)中间级。由多级直接耦合放大器组成，以获得足够高的电压增益。

(3)输出级。常采用互补对称式功率放大器，以获得较大的输出功率和较小的输出电阻，提高带负载的能力。

(4)偏置电路。常采用恒流源偏置电路，为各级提供稳定的静态工作电流，确保静态工作点的稳定。

【任务实施】

一、认识集成运放

(一)集成运放外观

如图 6-6 所示，常用的集成运放电路有以下三种外形。

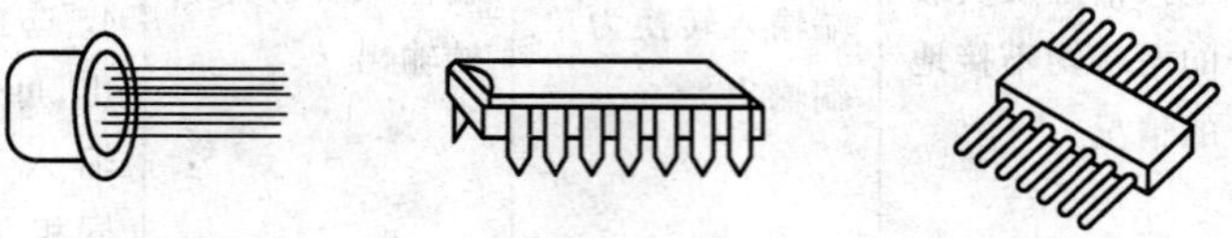

(a)金属圆壳式　　(b)双列直插式　　(c)扁平式

图 6-6　集成运放

(二)集成运放的电路符号

分析集成运放框图可知，可以把集成运放看作是一个高电压增益、低零漂的双端输入单端输出式差动放大器，其电路符号如图 6-7(a)所示。

其中，三角形表示信号传输方向，由输入流向输出，“－”端为反相输入端，表示该端输入电压与输出电压反相。“＋”端为同相输入端，表示该端输入电压与输出电压同相。输出端的“＋”代表输出电压极性为正，通常省略不画出。图 6-7(b)所示是集成运放的旧符号。

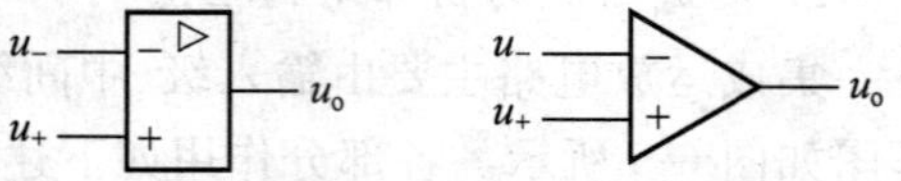

(a)新国家标准符号　　(b)旧符号

图 6-7　集成运放符号

二、集成运放实例

(一)封装及管脚排列

集成运放主要采用金属圆壳式封装或双列直插式塑料封装(Dual In-Line Pakage,DIP),如图 6-8 所示,图中数字为引脚编号。引脚除了两个输入端、一个输出端之外,还有电源端,调零端、相位补偿端等,只是为了简化电路,电路符号中通常只标出两个输入端和一个输出端。

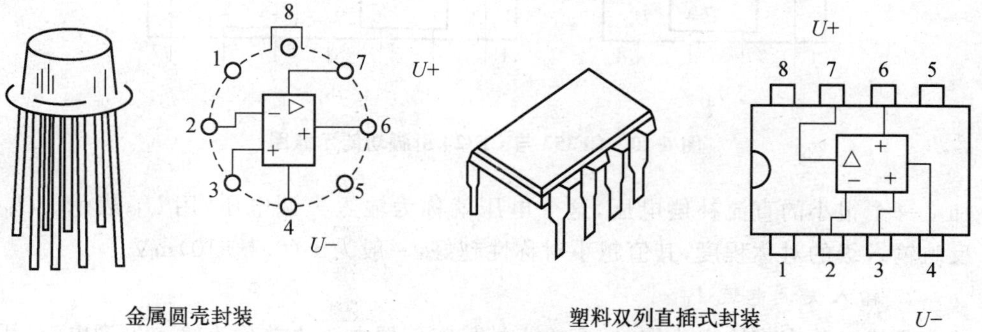

金属圆壳封装　　塑料双列直插式封装

图 6-8　集成运放的封装

本书所用集成运放如不特别指出,均采用双列直插式封装。识别双列直插式引脚编号顺序的方法是,将正面(印有型号等字样)向上,半圆缺口向左,左下角第一脚序号为 1,其余各脚按逆时针方向排列依次为 2,3,…。

(二)常见型号的集成运放

1. CF741 常见型号的集成运放

CF741 是典型的通用集成运算放大器,如图 6-9 所示,共 8 个引脚,其中第 2 脚为反相输入端(IN_-),第 3 脚为同相输入端(IN_+),第 6 脚为输出端(OUT)。第 1、5 脚即为调零端(OA_1、OA_2),外接调零电位器;第 7、4 脚分别为正、负电源端(U_+、U_-);第 8 脚为空脚(记作 NC)。

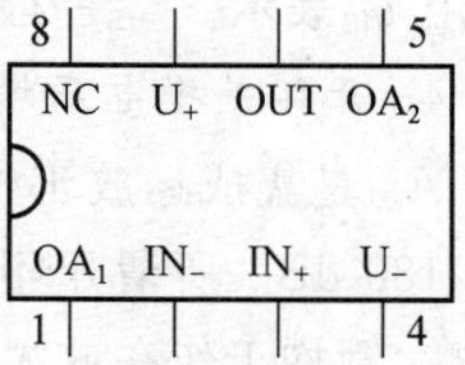

图 6-9　CF741 引脚功能

2. CF353 与 CF324 集成运放

图 6-10(a)、(b)所示分别是 CF353 与 CF324 集成运放的引脚功能示意图。CF353 是双运放,即在一块芯片上制作了两个参数相同但相互独立的运放,双电源供电,电源为两个运放共用。CF324 是四运放,可采用双电源或单电源供电,单电源供电时将 11 脚(即 U_-)接地。

(三)集成运放主要参数

1. 输入失调电压 U_{IO}

理想集成运放,零输入时零输出。但实际上由于差放不可能完全对称等原因,输入电压为零时输出不为零。反过来讲,如果要想使输出为零 ,则必须在输入端

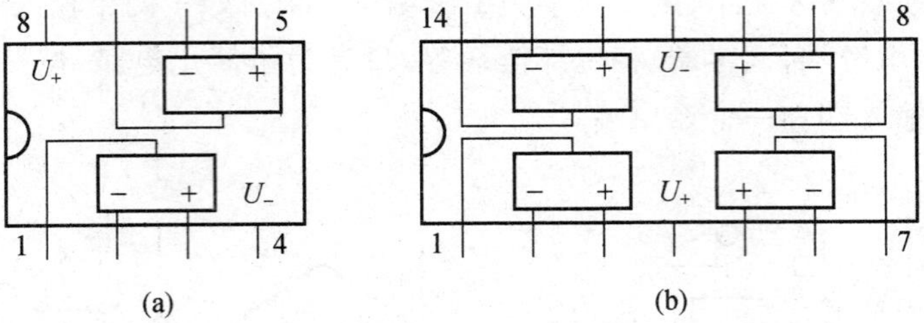

图 6-10 CF353 与 CF324 引脚功能示意图

加上一个很小的直流补偿电压，这个电压就称为输入失调电压，用 U_{IO} 表示。U_{IO} 反映输入级的对称程度，其值越小对称性越好，一般为±(0.1～10)mV。

2. 输入失调电流 I_{IO}

集成运放直流输出为零时，两输入端静态偏置电流之差称为输入失调电流，用 I_{IO} 表示。I_{IO} 反映输入级差放管输入电流的不对称程度，一般为零点几微安至几微安。

3. 输入偏置电流 I_{IB}

集成运放直流输出为零时，两输入端静态偏置电流的平均值称为输入偏置电流，用 I_{IB} 表示。I_{IB} 一般为微安级，且 I_{IB} 越小越好。

4. 开环差模电压增益 A_{od}

A_{od} 是集成运放工作在线性区，并且输出端开路时的差模增益，取值一般为 60～180 dB。所谓开环是指集成运放外围电路不构成反馈，工作在线性区是指内部放大管均工作在放大区。

$$A_{od}=20\lg\left|\frac{u_{od}}{u_{id}}\right|$$

5. 共模抑制比 K_{CMR}

指开环差模电压增益与开环共模电压增益之比：$K_{CMR}=20\lg\left|\frac{A_{od}}{A_{oc}}\right|$

K_{CMR} 反映了集成运放抑制“零漂”的能力，越大越好，取值一般在 80 dB 以上。

6. 输入电阻 R_{id} 和输出电阻 R_{od}

R_{id} 和 R_{od} 指差模输入时，集成运放的输入电阻和输出电阻。R_{id} 为兆欧级(10^6 级)，R_{od} 小于 200 Ω。

7. 最大差模输入电压 U_{idmax}

指集成运放同相输入端与反相输入端之间能够承受的最大电压，或集成运放不至于 PN 结反向击穿所允许的最大差模输入电压。实际值必须小于此值，否则差放对管中的其中一个的发射结可能被击穿。

8. 最大共模输入电压 U_{icmax}

指集成运放在线性工作区时所能承受的最大共模输入电压。实际值必须小于此值，否则，K_{CMR} 将显著下降。

9. 最大输出电压 U_{OM}

指集成运放在额定电源电压和额定负载下，所能输出的，不出现明显失真的最大峰值电压。

10. 开环带宽 f_H

指 A_{od} 在高频端下降 3 dB 时的信号频率。

议一议

1. 集成运放的反相输入端、同相输入端有何不同?

2. 简述集成运放下列参数的含义：U_{IO}、I_{IO}、I_{IB}、A_{od}、K_{CMR}、R_{od}、U_{idmax}、U_{icmax}、U_{OM}、f_H。

【任务拓展】

差模输入动态与共模输入动态分析

1. 差模输入动态分析

在差模信号作用下，两管发射极电流 i_{E1}、i_{E2} 变化方向相反，因此流过 R_E 的电流 $i_E=i_{E1}+i_{E2}$ 不变，R_E 两端电压不变，R_E 对差模信号相当于交流短路。由此画出交流通路如图 6-11(a)所示。

(1)双端输出。双端输出时，负载 R_L 接在两集电极之间。静态时，$U_{c1}=U_{c2}$。差模输入时，R_L 两端电位一端升高，一端降低，R_L 中点电位不变，相当于交流接地，因此，交流通路如图 6-11(b)所示。

放大器差模电压增益 A_d 为：$A_d=\dfrac{u_{od}}{u_{id}}=\dfrac{2u_{od1}}{2u_{id1}}=A_{u1}=-\beta\dfrac{R'_L}{R_B+r_{BE}}$

式中，A_{d1} 为单管共射放大器电压增益；$R'_L=R_C//(R_L/2)$。

差模输入电阻 R_{id} 是从两个输入端看进去的等效电阻。容易看出：$R_{id}=2(R_B+r_{be})$

差模输出电阻 R_{od} 为：$R_{od}=2R_C$

(2)单端输出。单端输出时，R_L 接在 V_1 集电极与地之间，交流通路如图 6-11

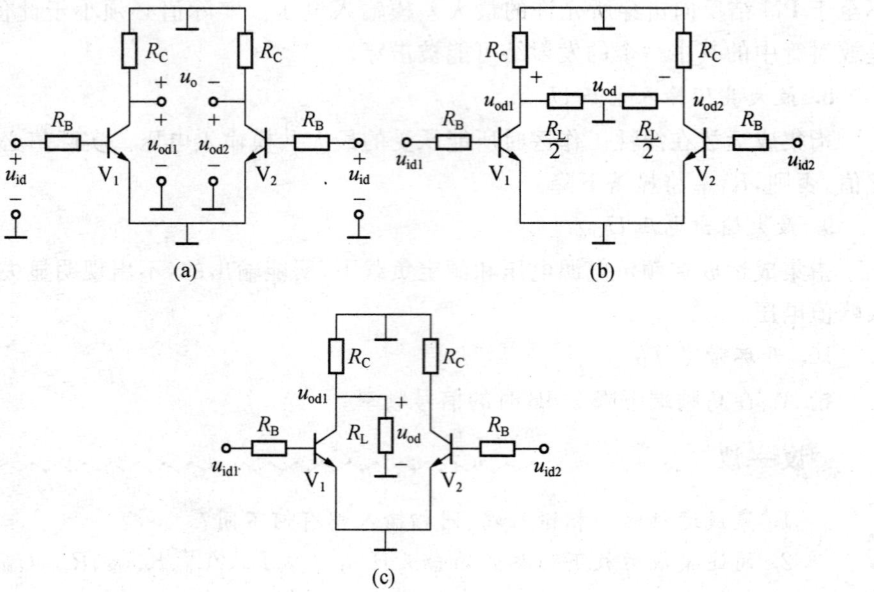

图 6-11 差模交流通路

(c)所示，所以：

$$A_d = \frac{u_{od}}{u_{id}} = \frac{u_{od1}}{2u_{id1}} = \frac{1}{2}A_{u1} = -\frac{\beta R'_L}{2(R_B + r_{BE})}$$

式中，$R'_L = R_C /\!/ R_L$。

差模输入电阻 R_{id} 和差模输出电阻 R_{od} 分别为：$R_{id} = 2(R_B + r_{be})$，$R_{od} = R_C$

单端输出时，如果从 V_1 集电极输出则为反相输出。如果从 V_2 集电极输出则为同相输出，同时有

$$A_d = \frac{u_{od}}{u_{id}} = \frac{u_{od2}}{-2u_{id2}} = -\frac{1}{2}A_{u2} = \frac{\beta R'_L}{2(R_B + r_{BE})}$$

2. 共模输入动态分析

在共模信号作用下，i_{E1}、i_{E2} 变化相同，即交流量 $i_{e1} = i_{e2}$，$i_e = 2i_{e1}$，$u_e = i_e R_E = 2i_{e1}R_E$。可认为 i_{e1} 或 i_{e2} 在流过 $2R_E$ 时产生 u_e，由此画出共模交流通路如图 6-12 所示。

(1)双端输出。由于电路对称，总有 $u_{c1} = u_{c2}$，所以 R_L 中无电流流过，可视为开路，交流通路如图 6-11(b)所示。显然，$u_{oc} = 0$ V，因此：$A_c = \frac{u_{oc}}{u_{ic}} = 0$

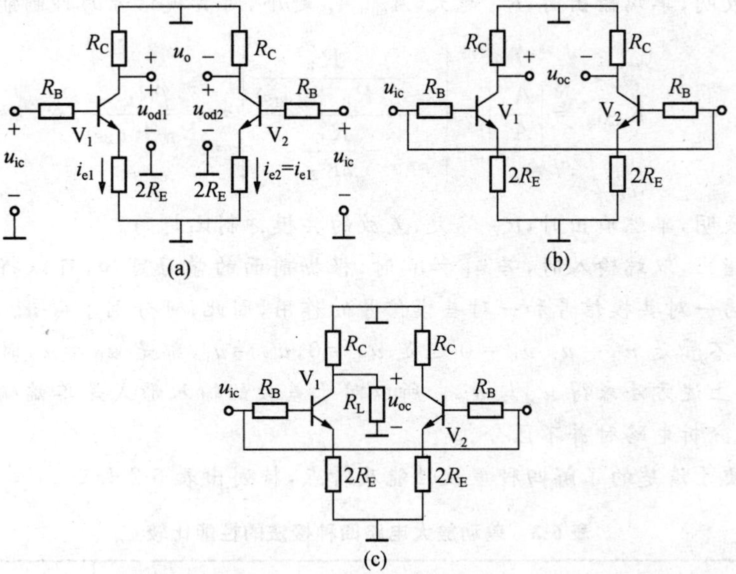

图 6-12　共模交流通路

上式表明，差放对共模信号具有抑制作用。为了全面衡量差放放大差模信号，抑制共模信号的能力，引入共模抑制比 K_{CMR}，定义：$K_{CMR}=\left|\frac{A_d}{A_c}\right|$ 或 $K_{CMR}=20\lg\left|\frac{A_d}{A_c}\right|$ (dB)

K_{CMR} 越大，表明差放放大差模信号，抑制共模信号的能力越强。

根据 K_{CMR} 的定义，求得双端输出时共模抑制比为：$K_{CMR}=\left|\frac{A_d}{A_c}\right|\to\infty$

由于实际电路不可能完全对称，因此实际差放双端输出时的 A_c 不会是 0，而是一个很小的数值，而 KCMR 则很大。

(2)单端输出。单端输出时的共模交流通路如图 6-12(c)所示，可求得共模电压增益为

$$A_c=\frac{u_{oc}}{u_{ic}}=A_{c1}=A_{c2}=-\beta\frac{R'_L}{R_B+r_{BE}+2(1+\beta)R_E}$$

上式中，$R'_L=R_C/\!/R_L$，同时，一般满足 $2(1+\beta)R_E\geqslant(R_B+r_{BE})$，因此：$A_c=A_{c1}=A_{c2}\approx-\frac{R'_L}{2R_E}$

上式表明，单端输出时，R_E 越大，A_{c1}、A_{c2} 越小，对共模信号的抑制能力越强。

$$K_{CMR}=\left|\frac{A_d}{A_c}\right|=\left|\frac{-\dfrac{\beta R'_L}{2(R_B+r_{BE})}}{-\dfrac{R'_L}{2R_E}}\right|\approx\frac{\beta R_E}{R_B+r_{BE}}$$

上式表明，单端输出时，R_E 越大，差放的共模抑制比越高。

最后指出，双端输入时，若 $u_{i1}\neq u_{i2}$ 时，根据前面的学习可知，可以将 u_{i1}、u_{i2} 的作用分解为一对共模信号和一对差模信号的作用，因此，可分别求得 u_{od} 与 u_{oc}。单端输入时，不管是 $u_{i1}=u_i$，$u_{i2}=0$ 还是 $u_{i1}=0$，$u_{i2}=u_i$，都是 $u_{i1}\neq u_{i2}$ 时的一种情况，仍可按上述方法求得 u_{od} 与 u_{oc}。所以对于差放的输入形式是单端输入还是双端输入，在分析电路时并不区分。

为了便于清楚的了解四种差放性能及特点，特列出表 6-2 如下。

表 6-2 差动放大电路四种接法的性能比较

接法 / 性能	差分输入 双端输出	差分输入 单端输出	单端输入 双端输出	单端输入 单端输出
A_d	$-\dfrac{\beta\left(R_C/\!/\dfrac{R_L}{2}\right)}{R+r_{be}}$	$-\dfrac{1}{2}\dfrac{\beta(R_C/\!/R_L)}{R+r_{be}}$	$-\dfrac{\beta\left(R_C/\!/\dfrac{R_L}{2}\right)}{R_1 r_{be}}$	$-\dfrac{1}{2}\dfrac{\beta(R_C/\!/R_L)}{R+r_{be}}$
K_{CMR}	很高	较高	很高	较高
R_{id}	$2(R+r_{be})$	$2(R+r_{be})$	$\approx 2(R+r_{be})$	$\approx 2(R+r_{be})$
R_o	$2R_C$	R_C	$2R_C$	R_C

【任务巩固】

1. 差动放大器有何特点？为什么能抑制零点漂移？
2. 简述集成运放的定义和特点。
3. 画出集成运放的结构框图，简述各部分的组成及作用。
4. 若差动放大器输入电压 $u_{i1}=2$ mV，试求下面四种情况下，放大器输入差模分量与输出差模分量。

(1)$u_{i2}=2$ mV；(2)$u_{i2}=-2$ mV；(3)$u_{i2}=4$ mV；(4)$u_{i2}=-4$ mV。

任务 2　集成运算放大器电路分析

【任务目标】

1. 掌握理想集成运放的特点及其参数。
2. 熟练分析集成运放构成的比例放大器、加法和减法运算电路。

【任务准备】

一、资料准备

常用集成运放若干。

二、知识准备

(一)集成运放的理想模型

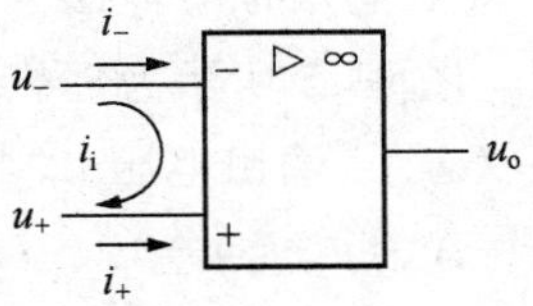

图 6-13　理想运放的符号

理想集成运放简称运放,电路符号如图 6-13 所示。

理想运算放大器具有以下理想参数:

(1)开环差模电压增益 $A_{od}\rightarrow\infty$;

(2)开环差模输入电阻 $R_{id}\rightarrow\infty$;

(3)开环差模输出电阻 $R_{od}=0$;

(4)共模抑制比 $K_{CMR}\rightarrow\infty$;

(5)输入失调电压,电流及温漂均趋于零;

(6)输入偏置电流 $I_{IB}=0$;

(7)开环带宽 $f_H\rightarrow\infty$。

在分析电路时,为方便起见,常将实际集成运放看作理想运放来分析。由于实际集成运放性能均较好,使分析结果与理想情况误差极小,在工程允许的误差范围之内。因此,在后面的分析中如不特别说明,都把集成运放作为理想运放来处理。

(二)集成运放的电压传输特性

所谓电压传输特性是指放大电路的输出电压与输入电压之间的函数关系。

即:$u_o=f(u_i)=f(u_+-u_-)$

图 6-14 所示为集成运放的电压传输特性,由图可知,当 $u_i=u_+-u_-$ 较小,即

在$-u_{ik}$到$+u_{ik}$之间变化时，输出与输入之间基本呈线性关系，因此，$-u_{ik}$到$+u_{ik}$称为线性区。而当$(u_i=u_+-u_-)<-u_{ik}$或当$(u_i=u_+-u_-)>+u_{ik}$时，输出与输入之间呈非线性关系，因此，这个区域称为非线性区。

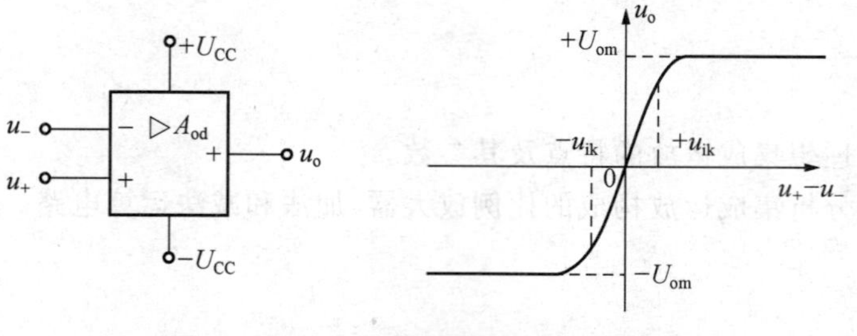

图 6-14 实际集成运放的电压传输特性

(三)理想集成运放工作在线性状态的特点

1. 电压传输特性

图 6-15 所示为理想集成运放线性状态下的传输特性。由图可知，理想运放线性状态下，输出电压u_o与两个输入端的电压之间存在完美的线性放大关系。即：$u_o=A_{od}(u_+-u_-)$。

2. 电路特点

当集成运放工作在线性区时，由于$u_o=A_{od}(u_+-u_-)$，其中，$A_{od}\to\infty$，u_o为有限值。因此，根据$u_+-u_-=\dfrac{U_{opp}}{A_{od}}$可知，$(u_+-u_-)$非常小，意即集成运放线性区的范围很小，在开环状态下，很小的输入电压就会使其超出线性放大范围而进入非线性工作区域。

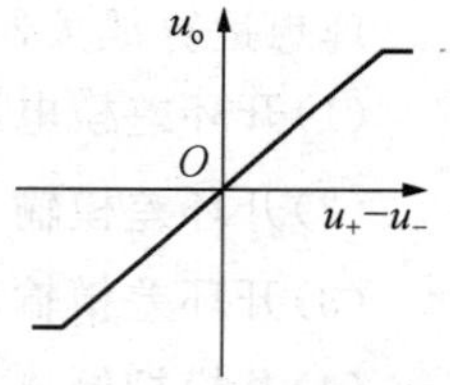

图 6-15 理想集成运放线性状态传输特性

例如：F007 的$U_{opp}=\pm14\ \text{V}$，$A_{od}\approx2\times10^5$，线性区内输入电压范围为：

$$u_+-u_-=\frac{U_{opp}}{A_{od}}=\frac{\pm14\ \text{V}}{2\times10^5}=\pm70\ \mu\text{V}$$

因此，要使集成运放稳定的工作在线性放大状态，必须引入负反馈以减小输入信号，这是集成运放工作在线性状态的基本电路特征。

3. 参数特点

①$u_+=u_-$，虚短；

由于理想集成运放开环差模电压增益$A_{od}\to\infty$，而u_o为有限值，因此，$u_{id}=$

$u_+ - u_- = \dfrac{u_o}{A_{od}} = 0$ V，或 $u_+ = u_-$。

由于 $u_+ = u_-$，相当于两输入端短路，但又不是真正短路，所以称为“虚短”。

②$i_+ = i_- = 0$，虚断；

由于理想集成运放开环差模输入电阻 $R_{id} \to \infty$，故此时流经两个输入端的电流 $i_+ = 0$，$i_- = 0$，即输入电流 $i_i = 0$。

由于 $i_i = 0$，相当于两输入端断开，但又不是真正断开，所以称为“虚断”。

由以上分析可总结运放线性应用时的分析步骤如下：

①判断是否构成负反馈电路；

②在满足条件①的前提下，利用 $u_+ = u_-$ 及 $i_i = 0$（或 $i_+ = i_- = 0$）列相关方程并求解。

【任务实施】

一、集成运放运用——比例放大器

如图 6-16 所示为反相比例放大器和同相比例放大器的电路组成。

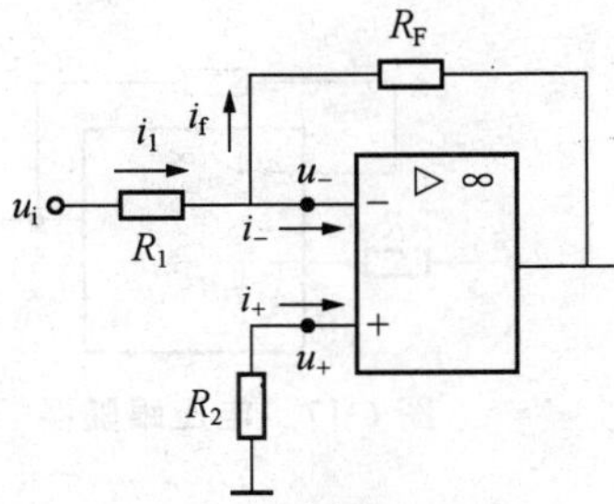

(a)反相比例放大器

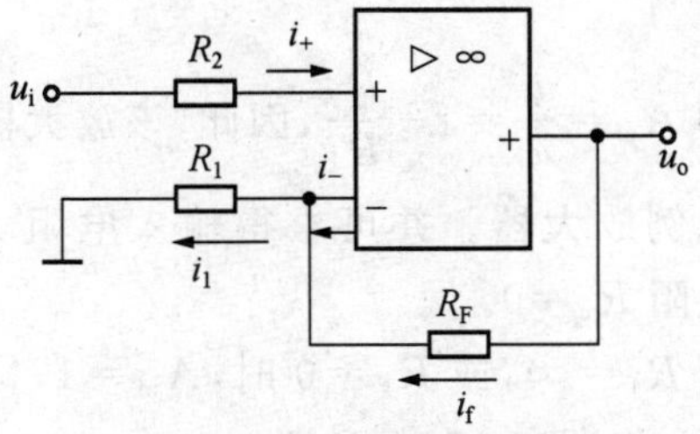

(b)同相比例放大器

图 6-16　比例放大器的电路组成

（一）分析反相比例放大器

1. 电路组成

输入信号 u_i 经外接电阻 R_1 送到反相输入端，而同相输入端通过电阻 R_2 接地。反馈电阻 R_f 跨接在输出端和反相输入端之间，形成电压并联负反馈。

2. 电路分析

根据 $i_+ = 0$，有 $u_+ = i_+ R_2 = 0$ V；根据 $u_+ = u_-$ 得，$u_- = 0$ V。$u_- = 0$ V，表明反相输入端接地，但又不是真正的接地，所以称为“虚地”。

根据 $i_-=0$，可以列出：$i_i=i_f$，$i_i=\dfrac{u_i-u_-}{R_1}$，$i_f=\dfrac{u_--u_o}{R_F}$

求解以上三式，可得：$u_o=-\dfrac{R_F}{R_1}u_i$

即 $A_{uf}=\dfrac{u_o}{u_i}=-\dfrac{R_F}{R_1}$，因此，该放大器是一个反相比例放大器。显然，输入电阻 $R_i=\dfrac{u_i}{i_i}=R_1$，输出电阻 $R_o=0$。当 $R_F=R_1$ 时，$A_{uf}=-1$，构成反相器。

(二)分析同相比例放大器

1. 电路组成

输入信号 u_i 经外接电阻 R_2 送到同相输入端，而反相输入端通过电阻 R_1 接地。反馈电阻 R_f 跨接在输出端和同相输入端之间，形成电压串联负反馈。

2. 电路分析

根据 $i_+=0$，有 $u_i-u_+=i_+R_2=0$ V，即 $u_+=u_i$；根据 $u_+=u_-$ 得，$u_-=u_i$。

根据 $i_-=0$，可以列出：$i_1=i_f$，$i_1=\dfrac{u_--0}{R_1}$，$i_f=\dfrac{u_o-u_-}{R_F}$

求解以上三式，可得：$u_o=\left(1+\dfrac{R_F}{R_1}\right)u_i$

即 $A_{uf}=\dfrac{u_o}{u_i}=1+\dfrac{R_F}{R_1}$，因此，该放大器是一个同相比例放大器。并可求得输入电阻 $R_i\to\infty$，输出电阻 $R_o=0$。

当 $R_1=\infty$，或 $R_F=0$ 时，$A_{uf}=1$，构成电压跟随器。如图 6-17 所示。

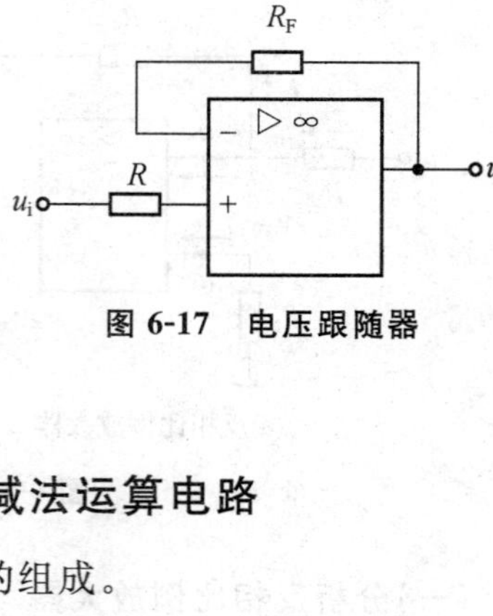

图 6-17 电压跟随器

二、集成运放运用——加法运算电路与减法运算电路

如图 6-18 所示加法运算电路、减法运算电路的组成。

(一)分析加法运算电路

1. 电路组成

加法运算电路一般采用反相输入方式，即反相加法运算电路，它是在反相输入运算放大器的基础上，将要相加的信号电压通过电阻加到运算放大器的反相输入端。

图 6-18(a)所示是一个具有三个输入信号的反相加法运算电路。图 6-18(a)中，输入信号 u_1、u_2、u_3 均从反相输入端输入，R_F 为反馈电阻，同相输入端经平衡电阻 R_4 接地。

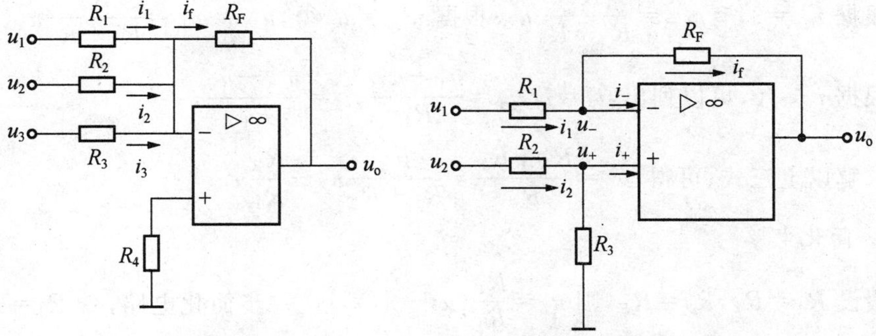

(a)加法运算电路　　(b)减法运算电路

图 6-18 加减运算电路

2. 电路分析

根据 $i_+=0$,有 $u_+=i_+R_4=0$;根据 $u_+=u_-$ 得,$u_-=0$。

根据 $i_-=0$,可以列出:$i_1+i_2+i_3=i_f$,$i_1=\dfrac{u_1}{R_1}$,$i_2=\dfrac{u_2}{R_2}$,$i_3=\dfrac{u_3}{R_3}$,$i_f=\dfrac{u_--u_o}{R_F}$

求解以上三式,可得:$u_o=-\left(\dfrac{R_F}{R_1}u_1+\dfrac{R_F}{R_2}u_2+\dfrac{R_F}{R_3}u_3\right)$

正因为输出电压 u_o 等于各支路按不同比例的输入电压之和,故命名为加法运算电路。

3. 加法运算电路的简化

①当各输入支路的输入电阻相等,即 $R_1=R_2=R_3=R$ 时,上式可简化为:$u_o=-\dfrac{R_F}{R}(u_1+u_2+u_3)$

从上述简化式可以看出,输出电压与各输入支路的电压之和成正比,比例系数为反馈电阻与输入电阻之比。

②当各输入支路的输入电阻均等于反馈电阻,即 $R_1=R_2=R_3=R_F$ 时,上述简化式可进一步简化为:

$$u_o=-(u_1+u_2+u_3)$$

该式表明,当 $R_1=R_2=R_3=R_F$ 时,输出电压等于各输入支路的电压之和。式中负号表示输出电压与输入电压反相。

(二)分析减法运算电路

1. 电路分析

由 6-18(b)减运算电路可知:

根据 $i_+=0$，有 $u_+=\frac{R_3}{R_2+R_3}u_2$；根据 $u_+=u_-$ 得，$u_-=u_+=\frac{R_3}{R_2+R_3}u_2$。

根据 $i_-=0$，可以列出：$i_1=i_f$，$i_1=\frac{u_1-u_-}{R_1}$，$i_f=\frac{u_--u_o}{R_F}$，

求解以上三式，可得：$u_o=\frac{R_1+R_F}{R_1}\cdot\frac{R_3}{R_2+R_3}u_2-\frac{R_F}{R_1}u_1$。

2. 简化电路

假设 $R_1=R_2$，$R_3=R_F$，则 $u_o=\frac{R_F}{R_1}(u_2-u_1)$。进一步简化电路，令 $R_1=R_2=R_3=R_F$，则上式可进一步简化为：$u_o=u_2-u_1$。

即可得出"输出电压等于两个输入电压之差"的结论，从而实现了两个输入信号的减法运算。

如果给减法运算电路输入共模信号，即 $u_i=u_2$，则 $u_o=0$。这说明，减法运算电路对共模信号是完全抑制的。所以减法运算电路不仅可以进行信号的减法运算，还可用于放大含有共模干扰的信号。

【任务拓展】

理想集成运放非线性状态的特点及应用

1. 理想集成运放工作在非线性状态的特点

(1)电压传输特性。图 6-19 所示为理想集成运放非线性状态下的传输特性。由图可知，理想运放非线性状态下，$u_{id}=(u_+-u_-)$ 可以很大也可以很小，即工作在非线性状态时对输入信号无要求，但由于 $A_{od}\to\infty$，因此输出电压 u_o 一定接近饱和，即

$$(u_+-u_-)>0,\ u_o=+U_{OPP}$$
$$(u_+-u_-)<0,\ u_o=-U_{OPP}$$

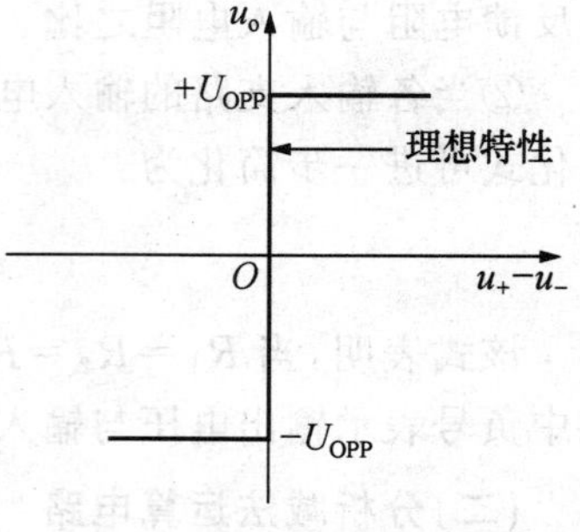

图 6-19 理想集成运放非线性状态传输特性

(2)电路特点。开环或引入正反馈，是集成运放工作在非线性状态的基本电路特点。

(3)参数特点。

①u_o 的值只有两种可能，即：$u_+>u_-$ 时，运放输出高电平，习惯上用 U_{OH} 表示高电平，即 $u_o=U_{OH}$；$u_+<u_-$ 时，运放输出低电平，习惯上用 U_{OL} 表示低电平，即 $u_o=U_{OL}$。

②输入电流仍为零，即 $i_+=i_-=0$，“虚断”仍存在。

对于双电源供电的集成运放来讲，U_{OH}接近正电源值，U_{OL}接近负电源值。

根据以上学习可知，分析集成运放的功能，必须首先搞清楚运放电路属于线性应用还是非线性应用，然后才能利用相应的参数特点去分析电路。在实际中，集成运放线性应用的场合远高于非线性应用的场合。

2. 集成运放的非线性应用电路

集成运放非线性应用的典型电路是组成电压比较器，也称比较器。它是能对两电压进行比较的电路，比较结果用输出的高、低电平来表示。

(1)反相比较器。如图 6-20(a)所示比较器，输入信号 u_i 加到反相输入端，R 是限流电阻，U_{REF}是比较参考电压，也称门限电压。

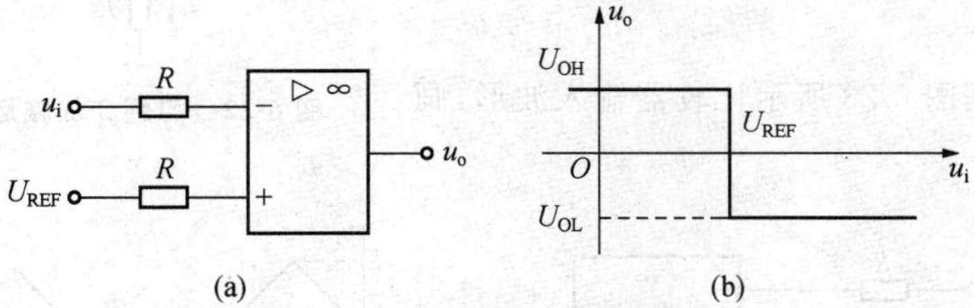

图 6-20　反相比较器

该电路的功能是将输入电压 u_i 与门限电压 U_{REF} 做比较，当 $u_i<U_{REF}$ 时，u_o 输出高电平，即 $u_o=U_{OH}$；当 $u_i>U_{REF}$ 时，u_o 输出低电平，即 $u_o=U_{OL}$。由此可得传输特性(输入、输出电压关系曲线)如图 6-20(b)所示。

(2)过零比较器。在图 6-21 中，若 $U_{REF}=0$ V，如图 6-21(a)所示，则当输入信号每次过零电平时，输出电压就要由一种电平跳变为另一种电平，即 $u_i>0$，$u_o=$

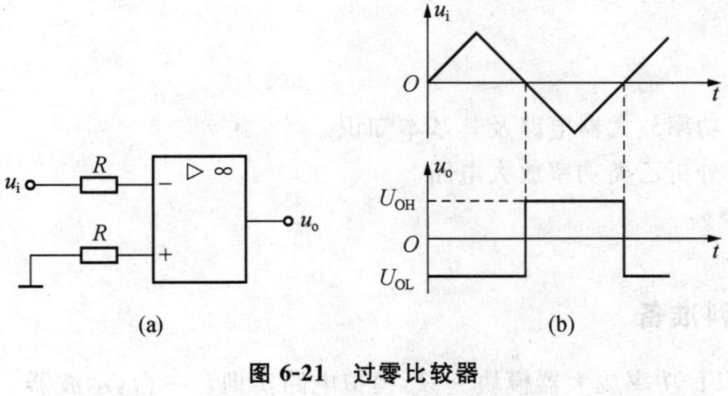

图 6-21　过零比较器

U_{OL}；$u_i<0$，$u_o=U_{OH}$，因此，将此比较器称为过零比较器。过零比较器可以实现波形变换，如图 6-21(b)所示是将三角波变换为方波。

【任务巩固】

1. 简述理想集成运放的特性。

2. 总结运放在线性应用和非线性应用两种情况下的分析步骤。

3. 求图 6-22 所示加减运算电路的输出电压 u_o。

4. 在反相输入运算放大器中，已知：$R_1=20\ \text{k}\Omega$，$A_{uf}=-3$。试求 R_2 和 R_F 的阻值。

5. 根据图 6-23 所示比较器输入波形，画输出波形。

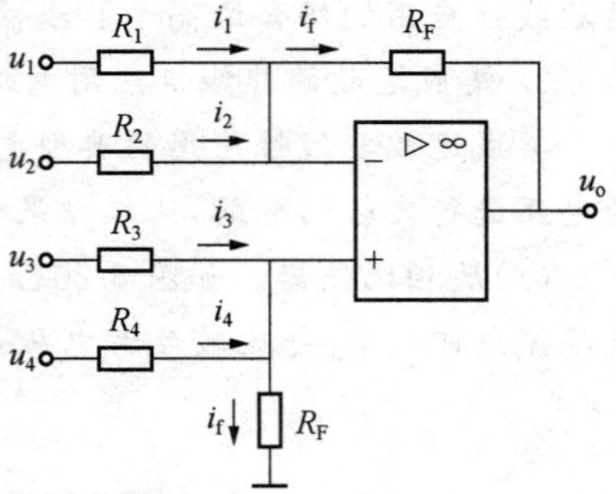

图 6-22　习题 3 加减运算电路

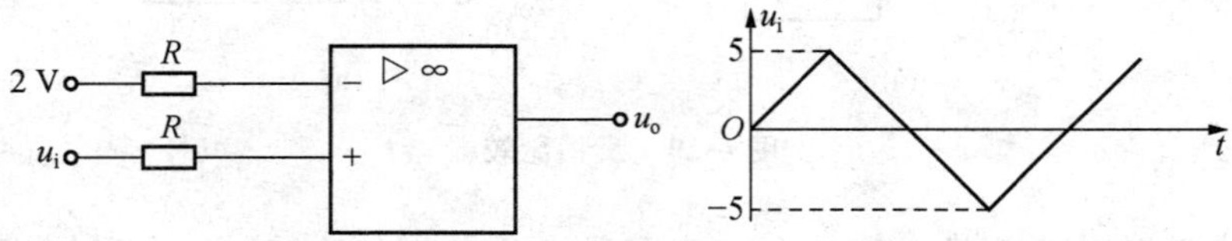

图 6-23　习题 5 图比较器输入波形

任务 3　认知乙类功率放大器

【任务目标】

1. 了解功率放大器电路及其基本知识。

2. 熟练分析乙类功率放大电路。

【任务准备】

一、资料准备

乙类 OTL 功率放大器模块一只，模拟电路实训台一台，示波器一只。

二、知识准备

(一)功率放大器

1. 功率放大器的定义

功率放大器简称功放,以输出较大功率为目的,要求放大电路的输出级能够带动某种负载。功率放大器在扩声中起着极其重要的作用,功率放大器是将音频电压信号转化成音频信号并驱动扬声器发声的一种设备。如果没有功率放大器,扬声器就不能放声,也就无扩声可言。例如:驱动仪表使指针偏转,或驱动扬声器使之发声,或驱动自动控制系统中的执行机构等,总之,要求放大电路有足够大的输出功率。这样的放大电路统称为功率放大电路,在多级放大器中作输出级。

2. 功率放大器的组成及作用

功率放大器通常由三部分组成:前置放大器、驱动放大器、末级功率放大器。

(1)前置放大器起匹配作用,其输入阻抗高(不小于 10 kΩ),可以将前面的信号大部分吸收过去,输出阻抗低(几十欧以下),可以将信号大部分传送出去。同时,它本身又是一种电流放大器,将输入的电压信号转化成电流信号,并给予适当的放大。

(2)驱动放大器起桥梁作用,它将前置放大器送来的电流信号作进一步放大,将其放大成中等功率的信号驱动末级功率放大器正常工作。如果没有驱动放大器,末级功率放大器不可能送出大功率的声音信号。

(3)末级功率放大器起关键作用。它将驱动放大器送来的电流信号形成大功率信号,带动扬声器发声,它的技术指标决定了整个功率放大器的技术指标。

3. 功率放大器的特点与要求

(1)输出功率 P_O 要尽可能大,且三极管工作在极限状态。

(2)效率要高。假设电源提供的总功率为 P_E,输出功率为 P_O,功放管及线路损耗的功率为 P_C,则效率 $\eta=\dfrac{P_O}{P_E}\times100\%$。

(3)非线性失真要小。因为功放的输入信号和输出信号动态范围都很大,已经接近截止区和饱和区,所以必须设法减小非线性失真。

(4)功放管要有散热和保护。功放中的半导体器件均在大信号条件下运行,管子运行时间久了会发热,然后损坏管子或降低管子的性能,因此必须考虑管子的过热、过压、过流、散热等一系列问题,并要有适当的保护措施。

(二)功率放大器的分类

1. 按功放管的工作状态分类

按功放管的工作状态,低频功率放大器通常可分为甲类、乙类和甲乙类功放3种。功放管的工作状态,如图6-24所示。

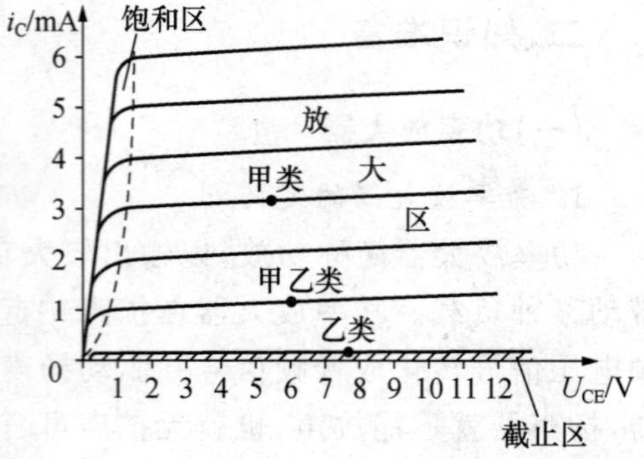

图6-24 功率放大器静态工作点的位置

(1)甲类功放。甲类功放的静态工作点选在三极管的放大区中部,如图6-24所示,信号的动态范围也限定在放大区内,如图6-25所示。若输入信号为正弦波,则输出信号也为正弦波,非线性失真很小。但由于甲类功放静态工作点选的较高,静态电流较大,所以静态损耗大,效率低,最高才能达到25%,实际中较少采用。

(2)乙类功放。乙类功放静态工作点选在三极管放大区与截止区的交界处,如图6-24所示。三极管无静态偏置电流,信号的作用范围一半在放大区,一半在截止区,如图6-26所示。如果乙类功放采用单管放大电路,输出信号将产生严重失真。若输入信号为正弦波,则输出信号仅为正弦波的一半,即输入信号的负半周将因进入截止区而不能被放大,被削去。乙类工作状态静态电流为零,损耗小,效率高,但是非线性失真太大,这是不允许的。

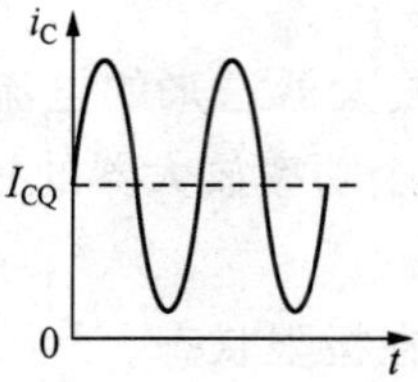

图6-25 输出正弦波

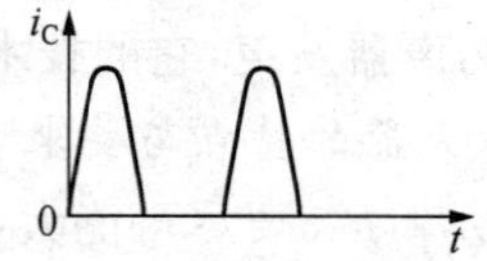

图6-26 乙类功率放大器

为了使正弦波信号的正半周、负半周都得到放大,乙类功放应使用两只性能相同的功放管组成推挽功率放大器,一只负责放大正半周信号,另一只负责放大负半周信号。

(3)甲乙类功放。甲乙类功放静态工作点选在甲类和乙类之间,如图6-24所示,即功放管有较小的静态偏置电流,如图6-27所示。如果甲乙类功放采用单管放大电路,输出信号也将产生严重失真。所以,在实用甲乙类放大器中,应使用两只性能相同的功放管组成推挽功率放大器,两只功放管分别负责不失真地放大正弦波信号的正半周和负半周，在负载上再将正半周信号和负半周信号合成为完整的正弦波信号。

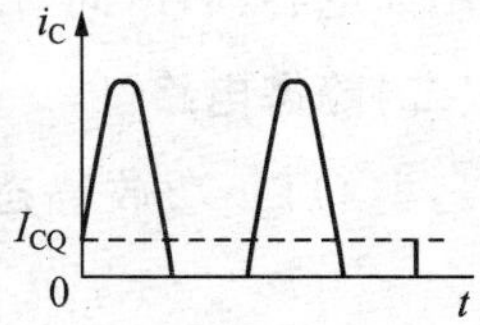

图 6-27　甲乙类功率放大器

2. 按功放管与负载的耦合方式分类

按功放管与负载的耦合方式，低频功率放大器可分为变压器耦合式、电容耦合式（OTL）、直接耦合式（OCL）和桥式推挽功放（BTL）4 种方式。

(1)变压器耦合式。变压器耦合式功放输入、输出均采用变压器进行耦合。变压器耦合具有阻抗匹配好、效率高等优点，但是，变压器耦合式又具有体积大、重量大的缺点，且效率低，低频和高频特性均较差，因此目前基本不用。

(2)电容耦合式（OTL）。电容耦合式功放是用一个大容量电容取代了变压器，因此又称为无输出变压器功放（Output Transfomerless），简称 OTL 功放。耦合电容不仅能有效地将功放管的输出功率耦合给负载，更重要的是，由于电容器具有隔直作用，可使功放管实现单电源供电。但是，由于耦合电容存在容抗，因此 OTL 功放低频特性差，不能实现信号的高保真放大。

(3)直接耦合式（OCL）。直接耦合式功放输出端直接与负载连接，因此又称为无输出电容器功放（Output Capacitorless），简称 OCL 功放，采用正、负双电源供电。直接耦合式是一种理想的高保真耦合方式，它可以实现功率放大器输出级与扬声器的全频带耦合。

(4)桥式推挽功放（BTL）。在 OCL 电路中采用了双电源供电，虽然就功放而言没有了变压器和大电容，但是在制作负电源时仍需用变压器或带铁芯的电感、大电容等，所以就整个电路系统而言未必是最佳方案。为了实现单电源供电，且不用变压器和大电容，可采用桥式推挽功率放大器，简称 BTL 功放。BTL 功放所用管子数量最多，难于做到 4 只管子特性理想对称，且管子的总损耗大，必然使得效率降低，且电路的输入、输出均无接地点，因此有些场合不适用。

目前使用最广泛的是无输出变压器功放（OTL 功放）和无输出电容器功放（OCL 功放）。

【任务实施】

一、认识乙类 OTL 功率放大器的电路结构

(一)电路组成

乙类 OTL 功放的基本结构如图 6-28 所示。两只功率放大管参数相同，极性相反，上管是 NPN 型，下管是 PNP 型，因此，又叫做“互补对称式 OTL 功放”。输

出采用大电容耦合，同时采用单电源供电。

(二)静态电路

乙类 OTL 功放静态时的电路如图 6-29 所示，输入信号 u_i 开路，电容器 C 开路。

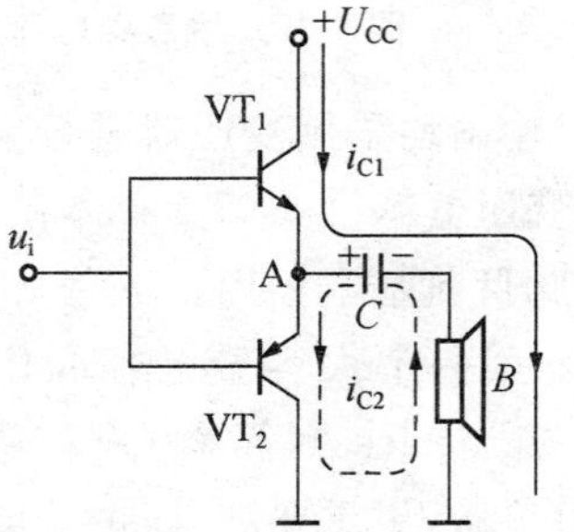

图 6-28 OTL 功放的基本结构

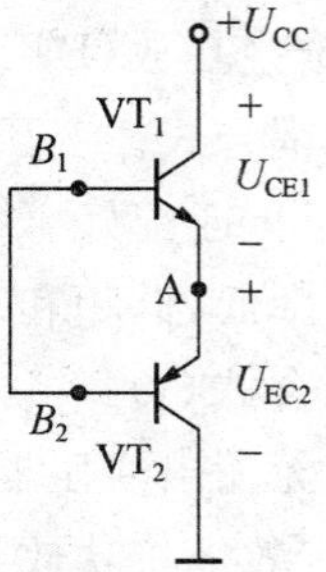

图 6-29 乙类 OTL 功放的直流通路

静态时，前级电路应使基极电位为 $U_{CC}/2$，即 $U_{B1}=U_{B2}=U_{CC}/2$。同时，静态时，VT_1 和 VT_2 构成串联电路共同分担电源电压 U_{CC}，由于两只功放管参数完全相同，因此 $U_A=U_{CC}/2$，即发射极电位 $U_{E1}=U_{E2}=U_{CC}/2$，其中，A 点称为中点。因此，静态时，两只管子的发射结电压 $U_{BEQ1}=U_{EBQ2}=0$，静态电流 $I_{BQ}=I_{CQ}=0$，管子处在乙类状态。

(三)工作原理

1. 输入信号正半周

当 $u_i>0$ 时，VT_1 导通，VT_2 截止，电流如图 6-28 中实线所示自上而下流过 R_L。由于 VT_1 和 R_L 构成射极输出形式，因此 $u_o \approx u_i$。

2. 输入信号负半周

当 $u_i<0$ 时，VT_1 截止，VT_2 导通，电流如图 6-28 中虚线所示自下而上流过 R_L。由于 VT_2 和 R_L 也构成射极输出形式，因此 $u_o \approx u_i$。

由上述工作原理可知，乙类 OTL 功放的两只功放管在正半周一个推一个挽，在负半周两只管子互换，原来推的变成挽，原来挽的变成推，因此，这种功放又叫推挽功放(图 6-30)。

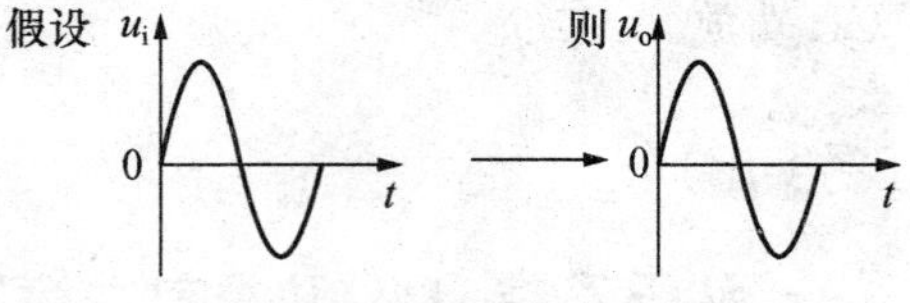

图 6-30 乙类 OTL 功放输入、输出信号波形图

二、乙类功率放大器交越失真的产生及克服

(一)交越失真的产生

在图6-28所示电路中,由于没有给三极管设置静态工作点,而三极管的发射结存在死区电压,因此当输入信号的值小于死区电压时,VT_1 和 VT_2 是同时截止的,此时 $u_o=0$,于是输出信号的根部就产生了失真,这种失真叫做交越失真,如图6-31所示。由于是推挽功放,两只管子轮流工作,因此交越失真不仅发生在输出信号正半周根部,也发生在输出信号负半周根部。

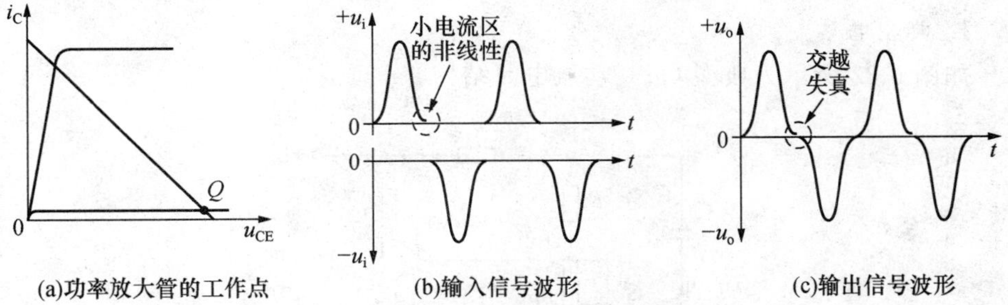

图6-31 乙类功率放大电路的工作点及交越失真

(二)交越失真的克服

给两只功放管设置合适的工作点,即加适当的正向偏置电压,使其在静态时即处于微导通状态。静态工作点不可过高,否则功放效率会降低,因此设置的工作点应使功放工作在甲乙类状态。

【任务巩固】

1. 试比较功率放大器与小信号放大器区别。
2. 乙类互补功放为什么会产生交越失真?如何消除交越失真?

任务4 甲乙类OTL功率放大器电路参数调整

【任务目标】

1. 掌握典型OTL功放电路结构及工作原理。

2. 能够调整 OTL 功放电路的中点电压和静态工作点。

【任务准备】

一、资料准备

甲乙类 OTL 功率放大器模块一只，模拟电路实训台一台，示波器一只。

二、知识准备

(一)认识典型 OTL 功放(甲乙类)的电路结构

1. 典型电路

如图 6-32 所示为典型 OTL 功放电路结构。

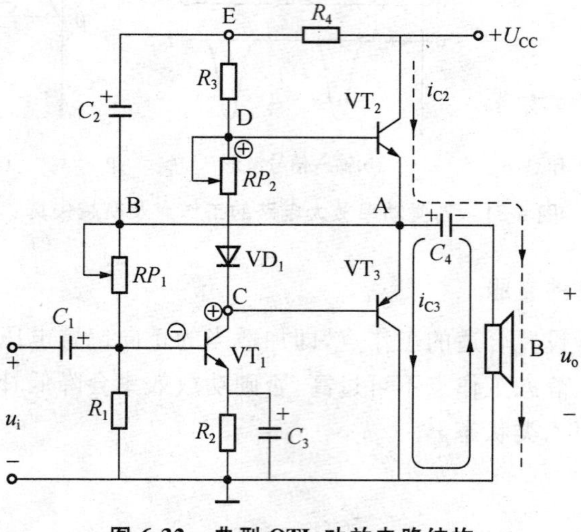

图 6-32 典型 OTL 功放电路结构

2. 电路组成

图中，VT_1 是功放的前置放大级，作用是对输入信号 u_i 进行前级放大。RP_1 和 R_1 是 VT_1 的基极偏置电阻，R_3 是 VT_1 的集电极负载电阻，R_2 是 VT_1 的发射极电阻，C_3 是旁路电容。VT_2 和 VT_3 是两只极性相反，参数完全相同的功放管，构成互补推挽功放。RP_2 和 VD_1 是 VT_2 和 VT_3 的偏置元件，作用是静态时为 VT_2 和 VT_3 提供一个偏置电压，使 VT_2 和 VT_3 静态时即处于微导通状态。C_1、C_4 分别为输入、输出耦合电容。C_2 和 R_4 构成自举升压电路，作用是防止输入大信号时，输出信号正半周产生削顶失真。

(二)典型 OTL 功放工作原理(图 6-33)

1. 输入信号正半周

当 $u_i<0$ 时,u_i 经 C_1 耦合至 VT_1 基极,经 VT_1 放大后从 VT_1 集电极输出。由于 VT_1 的倒相作用,从集电极输出的为正极性信号,因此,D 点和 C 点电位升高。根据三极管的放大原理可知,此时,VT_2 导通,VT_3 截止。信号经 VT_2 放大以后,从 VT_2 的发射极输出。从 VT_2 输出的信号电流 i_{C2} 由直流电源 U_{CC} 供电。i_{C2} 从直流电源 U_{CC} 的正极出发,经 VT_2 的集电极、VT_2 的发射极、输出耦合电容 C_4,自上而下通过扬声器形成回路,同时对 C_4 充电。信号电流 i_{C2} 在扬声器两端产生正半周的输出信号电压 $+u_o$,如图 6-32 中带箭头的虚线所示。

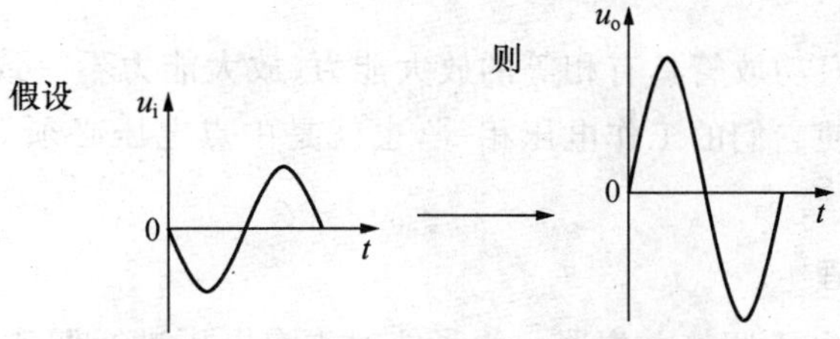

图 6-33 典型 OTL 功放输入、输出波形图

2. 输入信号负半周

当 $u_i>0$ 时,u_i 经 C_1 耦合至 VT_1 基极,经 VT_1 放大后从 VT_1 集电极输出。由于 VT_1 的倒相作用,从集电极输出的为负极性信号,因此,D 点和 C 点电位降低。根据三极管的放大原理可知,此时,VT_3 导通,VT_2 截止。信号经 VT_3 放大以后,从 VT_3 的发射极输出。从 VT_3 输出的信号电流 i_{C3} 由耦合电容 C_4 供电。i_{C3} 从电容 C_4 的正极出发,经 VT_3 的发射极、VT_3 的集电极,自下而上通过扬声器形成回路。信号电流 i_{C3} 在扬声器两端产生负半周的输出信号电压 $-u_o$,如图 6-32 中带箭头的实线所示。

【任务实施】

一、典型 OTL 功放电路静态工作点的调整

(一)调整原理

静态时,VT_1 的集电极电流 I_{CQ1} 自上而下流过 RP_2 和 VD_1,在 RP_2 和 VD_1 两端产生上正下负的直流电压 U_{DC},这个电压就是两只功放管的直流偏置电压。通过调节 RP_2,使 U_{DC} 略大于 VT_2 和 VT_3 的开启电压之和,从而使两只管子静态

时即处于微导通状态。

RP_2 是偏置电阻,用于调节偏置电压的高低。VD_1 是温度补偿二极管,用于提高功放管的热稳定性。

(二)调整方法

若 RP_2 阻值过小,功放管的静态工作点过低,将出现交越失真。若 RP_2 阻值过大,功放管的静态工作点过高,静态电流过大,将使功放静态损耗增大、效率降低、温升过高,甚至将功放管烧毁。在静态工作点的调整过程中,RP_2 不允许断路,否则两只功放管将因直流电流过大而烧毁。

二、典型 OTL 功放电路中点电压的调整

为了保证两只功放管具有相等的放大能力(放大能力不一致,u_o 正、负半周波形不一样),必须使它们的工作电压相等,也就是中点电压必须等于电源电压的一半,即:$U_A=U_{CC}/2$。

(一)调整原理

RP_1 是中点电压调整电位器。为了能对中点电压进行调整,RP_1 的上端接在中点 A。当 RP_1 向上滑动时,VT_1 的基极电流减小,集电极电流减小,集电极电压升高(即 C 点电压升高)。由于 VT_3 处于正向偏置状态,其基极电压的升高将使发射极电压同步升高,即当 RP_1 向上滑动时,中点电压将升高。同理,当 RP_1 向下滑动时,中点电压将降低。所以,通过调节 RP_1,能使中点电压等于电源电压的一半。

(二)调整方法

由于调节 RP_1 会改变 VT_1 的集电极电流,而 VT_1 的集电极电流的变化将会改变 RP_2 和 VD_1 两端的直流电压降。所以,调整中点电压时,将会影响功放管的静态工作点。当然,调整功放管的静态工作点也会影响中点电压的高低。所以,中点电压的调整与功放管静态工作点的调整,均应反复进行几次,直至中点电压与功放管的静态工作点都合适为止。

【任务拓展】

采用复合管的 OTL 功放电路

采用复合管组成功放管,主要原因有两个。一是大功率的互补管很难实现特性对称,采用复合管可以改变大功率管的极性。二是为了提高三极管的 β 值。例

如：在功放中，负载很小（$R_L=4\ \Omega$），要求获得的功率很大（$P_O=16$ W），则此时电路就必须为负载提供很大的电流（计算得出 $I_C=2$ A）。若管子 $\beta=20$，则 $I_B=100$ mA。一般很难从前级获得这样大的电流（I_B 通常只有几十毫安），因此必须设法提高管子的 β 值。此时，通常采用复合管。

1. 复合管的定义

复合管就是将两只或两只以上（通常为两只）三极管适当地连接起来等效为一只三极管。其中，小功率三极管在前面，大功率三极管在后面。

2. 复合方法

用两只三极管组成复合管时，必须使两只三极管相连电极的电流方向一致。具体来说，在串联点，必须保证电流的连续性；在并联点，必须保证总电流等于两个管子电流的代数和。

三极管的复合方法有四种，如图 6-34 所示。

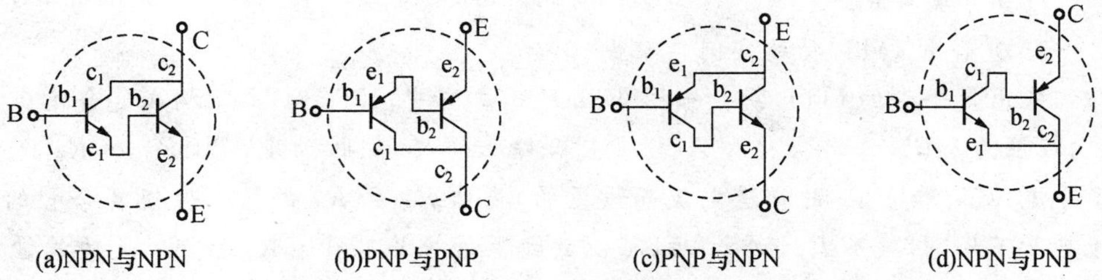

图 6-34　三极管的复合方法

(1)同极性三极管的复合。同极性三极管的复合方法，如图 6-34(a)和(b)所示。利用同极性三极管复合，可以提高三极管的 β 值。

(2)异极性三极管的复合。异极性三极管的复合方法，如图 6-34(c)和(d)所示。利用异极性三极管复合，不仅可以提高三极管的 β 值，还能改变大功率三极管的极性。

3. 复合管的性质及特点

(1)复合管的极性。以图 6-34(d)为例，对复合管进行分析。从图 6-34(d)可以看出，小功率三极管的基极与“上端电极 C”电流均向里，“下端电极 E”的电流向外。根据三极管各极的电流分配关系可知，“上端电极 C”就是复合管的集电极，“下端电极 E”就是复合管的发射极，小功率三极管的基极就是复合管的基极。复合管的极性与前面小功率管的极性一致，都为 NPN。分析图 6-34(c)，可得出同样的结论，复合管的极性与前面小功率管的极性一致，都为 PNP。

(2)复合管的基本特性。

①复合管的β值近似等于原来两只三极管β值的乘积，即：$\beta \approx \beta_1 \cdot \beta_2$；

②复合管的极性与前面小功率管的极性一致。

复合管的三个电极仍叫做：基极B、集电极C和发射极E，使用方法与单个三极管一样。正是由于复合管具有以上两个优异特性，因此，在OTL功放、OCL功放、BTL功放以及直流稳压电路中，得到了广泛应用。

(3)复合管的主要特点。

①放大倍数大(可达几百倍、几千倍)；

②驱动能力强；

③功率大；

④开关速度快；

⑤可做成功率放大模块；

⑥易于集成化。

4. 复合管OTL功放实例

采用复合管的OTL功放如图6-35所示。图中，VT_2和VT_4构成复合输出上管，极性为NPN。VT_3和VT_5构成复合输出下管，极性为PNP。R_5和R_6是为了分流VT_2和VT_3的穿透电流而设置的，虽然R_5和R_6的接入会使复合管的β值有所下降，但接入R_5和R_6后，可使放大器的噪声减小。R_7和R_8是功放管的负反馈电阻，能改善功放管的非线性失真，同时，对功放管也有过载保护作用。

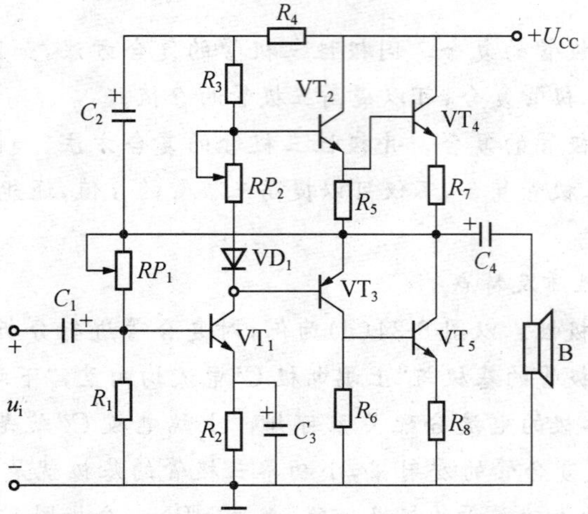

图 6-35 采用复合管的OTL功放

【任务巩固】

1. 简述典型 OTL 功放静态工作点的调整方法。

2. 简述典型 OTL 功放中点电压的调整方法。

3. 简述典型 OTL 功放的工作原理。

4. 图 6-36 所示复合管的接法是否合理? 对接法合理的复合管标出等效管子的类型和电极,写出 β 值。

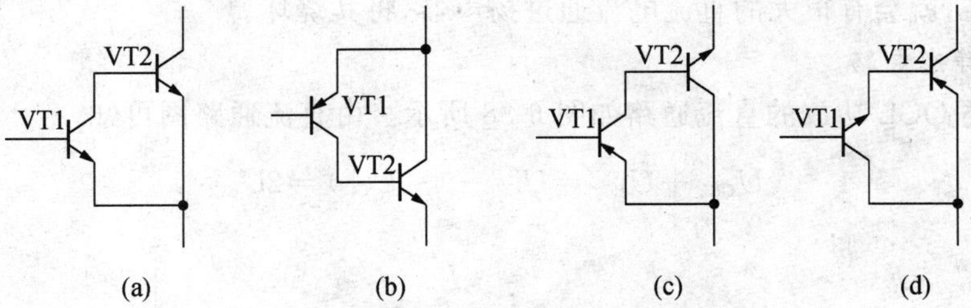

图 6-36 题 4 图

任务 5 甲乙类 OCL 功率放大器电路应用

【任务目标】

1. 掌握 OCL 功放基本的结构和工作原理。

2. 能熟练分析常用 OCL 功放电路。

【任务准备】

一、资料准备

甲乙类 OCL 功率放大器模块一只,模拟电路实训台一台,示波器一只。

二、知识准备

(一)基本的甲乙类 OCL 功放电路

OCL 的含义是没有输出耦合电容。OCL 功放是全频带直接耦合低频功率放大器,在高保真音响系统中应用广泛。

1. 电路结构

OCL 功放的基本结构如图 6-37 所示。OCL 功放采用正、负两组电源供电，上管由正电源供电，下管由负电源供电。由于两只功放管的电路对称，所以两只功放管的输出端(A 点)的直流电位为零，故 A 点称为“零点”。VT_1 和 VT_2 参数相同，极性相反。扬声器连接在输出端与“地”之间，属于直接耦合输出方式。由于扬声器的直流电阻很小，输出端的直流工作电压必定恒为零，若 A 点与地之间有直流电压存在，就会有很大的直流电流通过扬声器，将其烧坏。

2. 静态电路

乙类 OCL 功放的直流通路如图 6-38 所示。由直流通路图可知

$$U_{CE1}+U_{EC2}=U_{CC}-(-U_{CC})=2U_{CC}$$

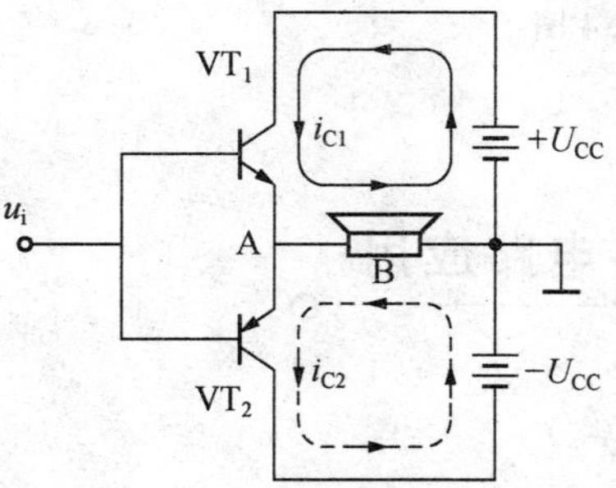

图 6-37 甲乙类 OCL 功放基本结构

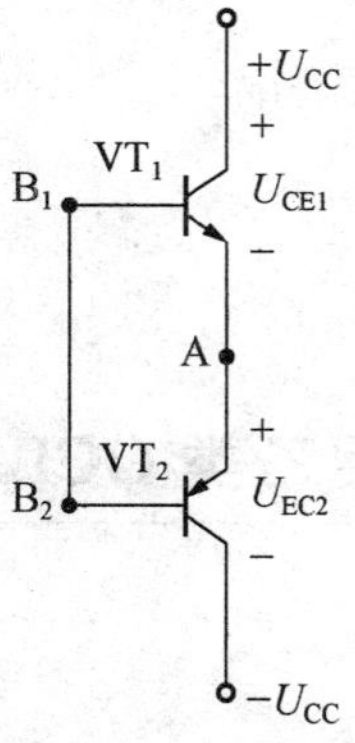

图 6-38 乙类 OCL 功放直流通路

由于两管参数对称，因此 $U_{CE1}=U_{EC2}=U_{CC}$，所以

$$U_A=U_{EC2}+(-U_{CC})=U_{CC}+(-U_{CC})=0$$

由上述分析可知，OCL 电路输出端的静态工作电压为零。

(二)工作原理

1. 基本原理分析

(1)输入信号正半周。当 $u_i>0$ 时，VT_1 导通，VT_2 截止，产生的信号电流由 $+U_{CC}$ 供电，电流如图6-39 中实线所示。由于 VT_1 和扬声器构成射极输出形式，因此 $u_o \approx u_i$。

(2)输入信号负半周。当 $u_i<0$ 时，VT_1 截止，VT_2 导通，产生的信号电流由 $-U_{CC}$ 供电，电流如图6-39 中虚线所示。由于 VT_2 和扬声器也构成射极输出形式，因此 $u_o \approx u_i$。

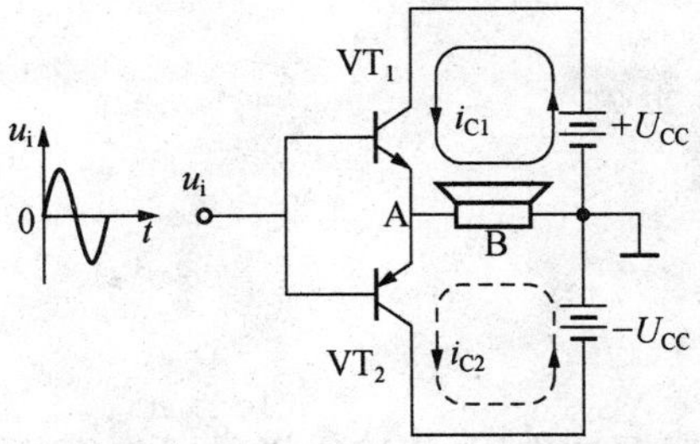

图 6-39　乙类 OCL 功放工作输入、输出波形图

2. 交越失真及其克服

(1)产生交越失真的原因。如图 6-39 所示，由于输入端的信号直接加给两个晶体管的基极，而两个晶体管特性存在非线性，发射结都存在死区电压 u_T，如图 6-40 所示，当开始时的输入信号 $u_i < u_T$ 时晶体管截止，基极电流 i_B 会出现电流为零。

(2)克服交越失真的措施。

①电路组成。在电路中增加 R_1、D_1、D_2、R_2 支路，如图 6-41 所示。

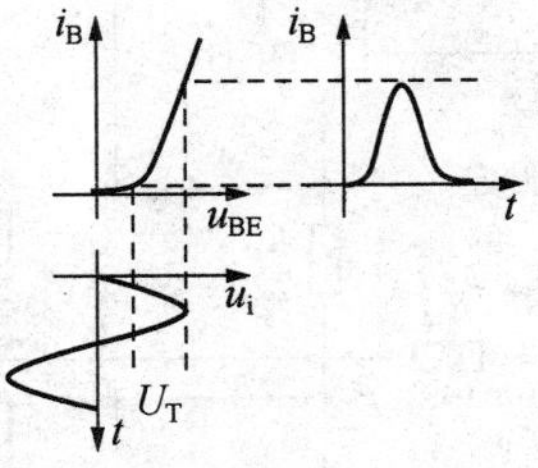

图 6-40　乙类 OCL 功放产生交越失真

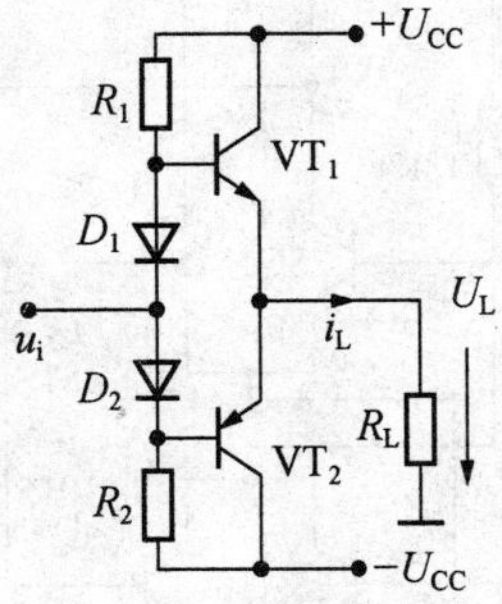

图 6-41　克服交越失真的乙类 OCL 功放

②克服交越失真的原理。由图 6-41 可知，静态时 VT$_1$、VT$_2$ 两管发射结电位分别为二极管 D_1、D_2 的正向导通压降，致使两管均处于微弱导通状态。动态时，设 u_i加入正弦信号。正半周，VT_2截止，VT$_1$基极电位进一步提高，进入良好的导通状态；负半周，VT$_1$ 截止，VT$_2$基极电位进一步提高，进入良好的导通状态。从而克服死区电压的影响，去掉交越失真。

【任务实施】

一、甲乙类 OCL 功放实例

(一)电路组成

1. 原理图

2. 电路组成(图 6-42)

(1)输入级:输入级主要起缓冲作用,该输入级采用差分对管放大电路,通常引入一定量的负反馈,增加整个功放电路的稳定性和降低噪声。这种电路具有很高的稳定性,能抑制“零点漂移”,保证输出级中点电压的稳定。输入级采用小功率管,工作在甲类状态,静态电流较小。电路中,VT_1、VT_2 构成 NPN 差分放大器,VT_3、VT_4 构成 PNP 差分放大器,它们共同组成互补对称的差分输入放大级。R_1~R_8 组成输入级的偏置电路,其中 R_2、R_3 为各管发射极的电流负反馈电阻,用来稳定工作点,保证电路工作的稳定。

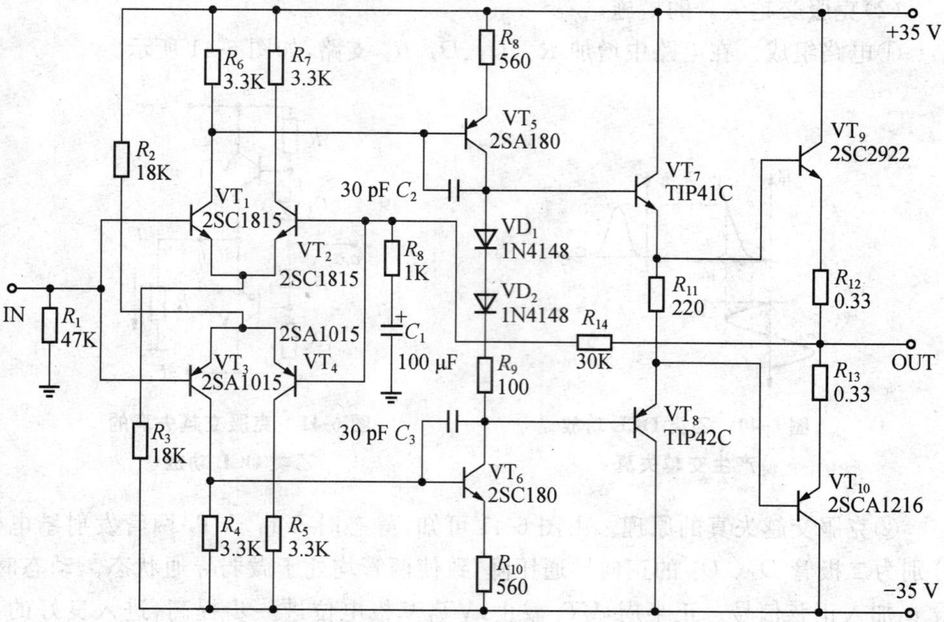

图 6-42 典型甲乙类 OCL 功放

(2)激励级:激励级的作用是给功率输出级提供足够的激励电流及稳定的静态偏压,整个功率放大器的增益主要由这一级提供。激励级采用单管放大电路,激励级也是用小功率管,工作在甲类状态。VT_5、VT_6 构成单端推挽电压放大级,并作为功率放大级的激励级，提供足够的电压增益。

(3)功率输出级：功率输出级简称输出级，主要起电流放大作用，以向扬声器提供足够大的激励电流，推动扬声器放音，因此，功率输出级也称为电流放大级。输出级还可细分为推动级和末级两级。VT_7、VT_8 为功率放大级的推动管，VT_9 与 VT_7 组成 NPN 复合管，VT_{10} 与 VT_8 组成 PNP 复合管，以获得高放大倍数，这两组复合管构成功率输出级。

(4)负反馈电路：R_{14}、R_8 和 C_1 构成负反馈电路，决定整机的闭环增益。

(二)工作原理

当输入的音频信号处于"正半周"时，VT_1 导通、VT_3 截止，"正半周"信号经 VT_1、VT_2 差分放大后，从 VT_1 集电极直接耦合给 VT_5 的基极，经 VT_5 放大到足够的幅度，激励 VT_7 和 VT_9 输出正半周的功率信号。同理，当输入的音频信号处于"负半周"时，VT_3 导通、VT_1 截止，"负半周"信号经 VT_3、VT_4、VT_6 放大，激励 VT_8 和 VT_{10} 输出负半周的功率信号。级间直流负反馈从输出端通过 R_{14} 和 R_8 分压后反馈到 VT_2、VT_4 的基极。

该功放采用全对称式 OCL 电路，使功率放大器的性能得到了进一步的提高。它除了采用复合管，还把 OCL 电路里的差分输入、激励、功率放大三级电路都设计成互补对称形式，充分发挥了 NPN 型和 PNP 型三极管能够互补工作的优点，让信号从输入到输出均处于推挽放大之中，使电路获得了很好的稳定性和保真度。

二、常见故障及维修

由于 OCL 功放电路优越的性能和较高的稳定性和可靠性，长期以来被各生产厂家广泛采用。但在使用中由于种种原因经常出现烧毁功放管、复合管及电阻等元件的现象。因 OCL 电路是直接耦合，电路前后相互牵扯，在维修判断故障时存在一些难度。

首先，检修功放前，应先弄清功放是在什么情形之下损坏、有何故障现象出现等，以便初步判断功放损坏的部位及元件，缩小检修范围。

其次，修理功放时，应把功放的前、后级分离开，这样才容易判断问题出在哪部分。如果是后级部分出问题，应先用万用表测功放管及推动管，看是否损坏。如已损坏，先不要急于换上新管。正确的检修方法是先取下坏管，只把推动管装上即可。此时除功放输出功率变小了之外，丝毫不影响电路的性能，所以我们可利用这点，在维修时取掉功放管，只装推动管，然后检修，待查清问题，通电调试一切正常后，再把功放管装上，这样就可尽量避免损失。另外，检修时最好换用低电压电源，如±12 V、±15 V 等，这样更安全，待正常后再接回原机电源。

【任务拓展】

集成功率放大器

1. 集成功放的组成

(1)功放集成电路的方框图。图 6-43 为功放集成电路的方框图

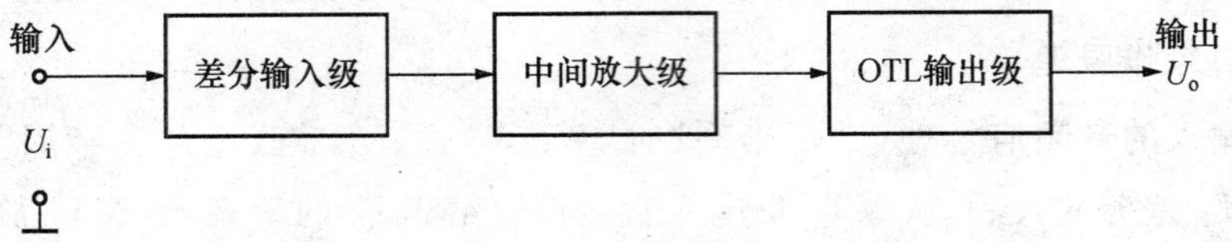

图 6-43 功放集成电路的方框图

(2)LA4112 集成功率放大器。LA4112 单声道 OTL 功放，如图 6-44 所示。LA4112 集成功率放大集成块采用 14 个引脚的双列直插塑料封装结构，内部具有静噪电路及纹波滤波器。LA4112 的输出功率较大，当电源电压为 9 V 时，输出功率可达 2.7 W，实际电路必须带有散热器。LA4112 的内部设有直流稳压电路，稳定电压从 11 脚输出，输出的稳定电流达 30 mA，可供前级小信号放大器使用。

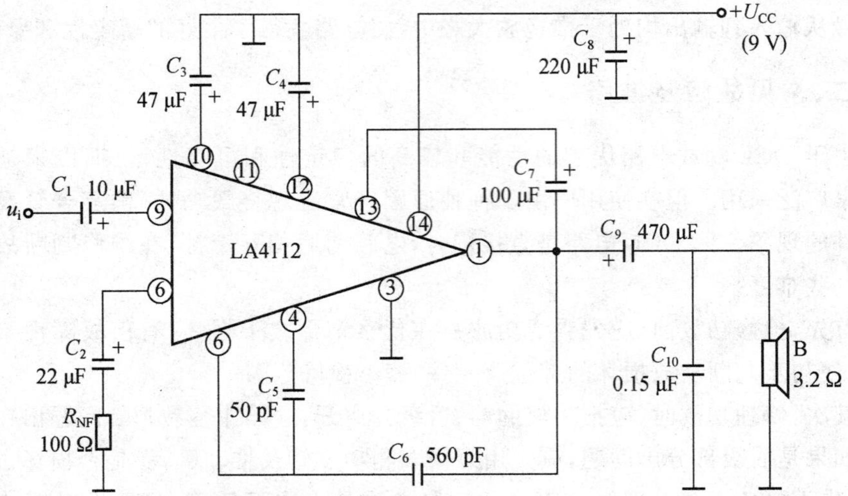

图 6-44 LA4112 单声道 OTL 功率放大器

图 6-44 中，C_1 是输入耦合电容。C_2 和 R_{NF} 是反馈元件；R_{NF} 决定功率放大器的闭环增益，R_{NF} 增大时，增益降低；R_{NF} 减小时，增益升高。C_3 是纹波滤波电容，

可防止交流声窜入前级。C_4 是纹波滤波退耦电容，可使交流纹波旁路。C_5 和 C_6 是寄生振荡消除电容，可防止功率放大器自激。C_7 是自举电容。C_8 是电源滤波电容。C_9 是输出耦合电容。C_{10} 是寄生振荡消除电容。

2. 功率放大器应用中的几个问题

(1)散热问题。功率放大器的工作电压、电流都很大。功放管一般工作在极限状态下，所以在给负载输出功率的同时，功放管也要消耗部分功率，使管子升温发热，致使晶体管损坏。为此，应注意功放管的散热措施，通常是给功放管加装铜、铝等导热性良好的金属材料制成的散热片，由于功放管管壳很小，温升的热量主要通过散热片传送。

(2)二次击穿问题。晶体管在工作时，有时会出现这样的现象：功率放大管的功耗并未超过允许的最大值，功率放大管的温度也不太高时，功率放大管的集—射极之间已经短路或功率放大管的性能已经显著下降，这种损坏往往是由于功率放大管的二次击穿造成的。

功放管工作时，当 U_{CE} 超过允许值后，I_C 会突然增加，这种现象称为“一次击穿”。这时，电路中只要有足够的限流电阻、击穿电压又不太高、持续时间也很短，当 U_{CE} 降低后，功放管还能恢复正常工作，所以一次击穿是可逆的。但是，当功率放大管发生一次击穿后，若集电极电流 I_C 不受限制地继续增大到某一数值，这时 U_{CE} 将急剧减小，I_C 将再次急剧增大，使功率放大管损坏，这种现象称为“二次击穿”。由于二次击穿的时间很短，以致管壳还没有发烫，但功放管已经被烧坏，所以二次击穿是不可逆的。

(3)防止功放管二次击穿的主要措施。

①改善管子散热情况，使其工作在安全区。

②应用时避免电源剧烈波动，输入信号突然大幅度增加，负载开路或短路等，以免出现过压、过流等。

③在负载两端并联二极管和电容，以防止负载的感性引起功放管过压或过流。在功放管的 c、e 端并联稳压管以吸收瞬时过压。

【任务巩固】

1. 请从以下五个方面对比 OTL 功放和 OCL 功放有什么区别和联系：①耦合方式；②供电电源；③输出端的静态工作电压；④放大器的输出组态；⑤功放管的结构。

2. 功率放大器在使用时主要存在什么问题，如何解决？

模块四　稳压电源电路与正弦振荡电路的应用

项目七　直流稳压电源电路的应用

【项目描述】

直流稳压电源电路是所有电子电路工作的必备条件，直流稳压电源电路种类繁多，本项目主要讲解基本的直流稳压电源电路。

本项目分为串联稳压电路的检测和三端集成稳压器的应用2个工作任务。

通过本章任务的学习与实训，要求了解串联稳压电源电路的基本组成和基本工作原理；掌握三端集成稳压器的性能及常用电路的使用；了解开关稳压电源的组成、工作原理。技能上要求能够安装与调试基本的直流稳压电源；会判断并检修直流稳压电源的简单故障；熟练安装三端集成稳压器电路。直流稳压电源电路重点通过安装调试电路，让学生体会实践过程的快乐，培养安全用电意识、理论联系实际的素养。

任务1　串联稳压电路的检测

【任务目标】

1.掌握串联稳压电源基本的工作原理。

2.能够连接测量串联稳压电源。

【任务准备】

一、资料准备

带有放大环节的串联直流稳压电源模块一只，实训台一台，电脑及仿真软件一套。

二、知识准备

(一)稳压及其稳压电路

在电子设备中,稳压电路是一个不可缺少的电路。其作用是在输入电压、负载、环境温度、电路参数等发生变化时仍能保持输出电压恒定。

稳压电源的分类方法繁多,按输出电源的类型分有直流稳压电源和交流稳压电源;按稳压电路与负载的连接方式分有串联稳压电源和并联稳压电源;按调整管的工作状态分有线性稳压电源和开关稳压电源;按电路类型分有简单稳压电源和反馈型稳压电源,等等。

在项目二中学习过的二极管稳压电路就是一个简单的并联型稳压电路,稳压管是利用调节流过自身的电流大小(端电压基本不变)来满足负载电流的改变,并和限流电阻配合将电流的变化转换成电压的变化,以适应电网电压的波动。其电路及其原理这里不再赘述。

硅稳压管稳压电路结构简单,元件少。但输出电压由稳压管的稳定电压值决定,不可随意调节,因此输出电流的变化范围较小,只适用于小型的对电压要求不是太高的电子设备中。

(二)串联稳压电路的设计思路

按图 7-1(a)连接一串联电路。图中 R_L 为负载,R 为可变电阻,二者串联后接到输入电压 U_i 上,经过分压后得到 R_L 上的输出电压 U_O。

按照《电工基础》学习的串联分压基本原理,当 U_i 增加(或减小)时,调整可变电阻 R 的电阻值,保证输入电压的变化量 ΔU_i 全部降在 R 上,从而保证输出电压 U_O 不变;当 U_i 不变,负载电流发生变化时,也调整可变电阻 R 的电阻值,所产生的 ΔU_O 也全部降在 R 上,从而保证输出电压 U_O 不变。因此,不管是输入电压还是负载发生变化或者同时发生变化,只要是调整好 R 的电阻值就可以保证输出电

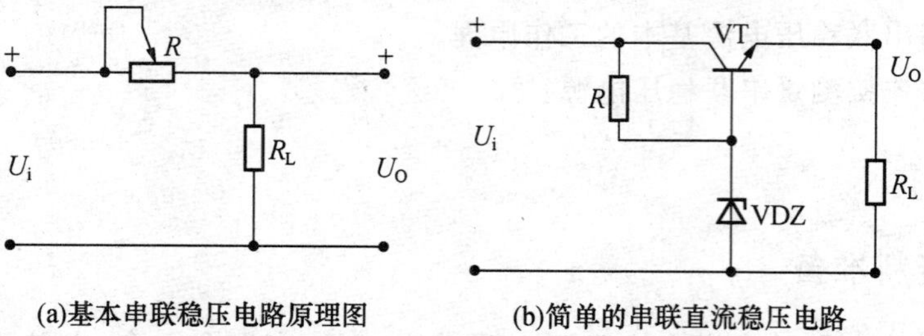

(a)基本串联稳压电路原理图　　(b)简单的串联直流稳压电路

图 7-1　简单的串联稳压电源电路

压 U_O 不变。

由于无论输入电压或输出电流的变化都是瞬间出现的，在稳压过程中仅仅靠可变电阻器实现调整肯定是不可能的，必须采用自动调整的方法才可以实现实时稳压。在实际的串联直流稳压电源电路中，常常采用三极管来代替可变电阻 R 以实现自动、实时调整的目的。

实际电路用图 7-1(b)所示的简单串联稳压电源电路。图中三极管 VT 为调整管，它起到自动可调电阻的作用，利用它进行电压调整以实现稳压输出。

(三)简单串联稳压电路及工作原理

1. 电路组成

图 7-2 为简单串联稳压电路。

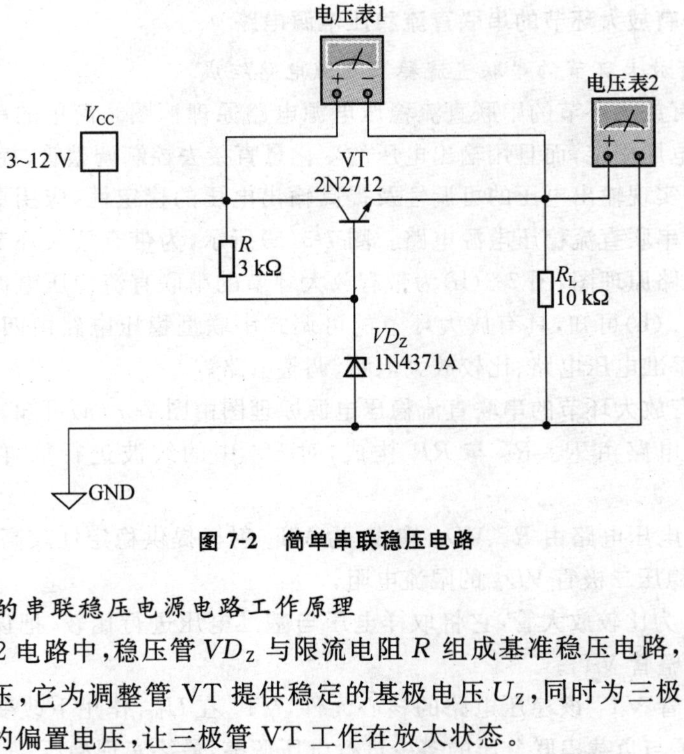

图 7-2 简单串联稳压电路

2. 简单的串联稳压电源电路工作原理

在图 7-2 电路中，稳压管 VD_Z 与限流电阻 R 组成基准稳压电路，输出一个稳定的基准电压，它为调整管 VT 提供稳定的基极电压 U_Z，同时为三极管 VT 发射结提供合适的偏置电压，让三极管 VT 工作在放大状态。

电路的稳压原理为：当输入电压 U_I 升高或负载电阻增大而使输出电压升高时，因 U_Z 不变，则调整管发射结正偏电压 U_{BE} 下降，I_B 下降，I_C 随之减小，U_{CE} 增大，从而使输出电压下降，最终保持输出电压稳定。上述过程可用下式表示：

$$U_I(R_L)\uparrow \rightarrow U_O\uparrow \rightarrow U_{BE}\downarrow \rightarrow I_B\downarrow \rightarrow I_C\downarrow \rightarrow U_{CE}\uparrow \rightarrow U_O\downarrow$$

同理，当输入电压U_I降低或负载电阻减小时，与上述的过程相反，最终保持输出电压稳定。

由以上简单的串联稳压电源电路分析可以看出，串联直流稳压电源电路稳压的实质，是利用放大电路的负反馈原理，以输出电压的变化量来自动控制三极管集电极C和发射极E之间的等效电阻的大小，从而改变两个电极之间的电压U_{CE}，进而改变与负载之间的分压，最终保证输出电压U_O稳定。

在简单的串联稳压电路中，基准稳压电路的负载为三极管的基极电流I_B，而输出电流$I_O=I_E$，因此输出电流比硅稳压管稳压电路的输出电流扩大了很多。电路的输出电压为：

$$U_O=U_Z-U_{BE}\approx U_Z$$

（四）带有放大环节的串联直流稳压电源电路

1. 带有放大环节的串联直流稳压电源电路组成

(1)带有放大环节的串联直流稳压电源电路原理框图。简单的串联稳压电源电路，输出电压固定，而且用输出电压的变化量直接去控制调整管，控制作用小，效果差。为了实现输出电压的可调性及提高输出电压的稳定性，应用更多的是带有放大环节的串联直流稳压电源电路。图7-3(a)所示，为带有放大环节的串联直流稳压电源电路原理图，图7-3(b)为带有放大环节的串联直流稳压电源电路原理框图。由图7-2(b)可知，具有放大环节的可调式串联型稳压电路由四个环节组成：取样电路、基准电压电路、比较放大电路、调整电路。

(2)带有放大环节的串联直流稳压电源原理图由图7-2 (a)可知。

①取样电路由R_1、R_2与RP构成，对U_O中的纹波进行取样并送至VT_2基极；

②基准电压电路由R_3、VD_Z构成，为VT_2射极提供稳定性较高的基准电压，其中R_3是稳压二极管VD_Z的限流电阻；

③VT_2为比较放大管，它将取样电压与基准电压进行比较，把误差电压放大后提供给调整管VT_1；

④调整管VT_1该稳压电路的核心元件，VT_1在U_{BE1}作用下改变U_{CE1}电压的大小，改变了与负载串联分压的多少进行电压调整，最终实现稳压。

2. 带有放大环节的串联直流稳压电源电路工作原理

带有放大环节的串联直流稳压电源电路工作原理如下，当电网电压升高或负载电阻增大而使输出电压有上升的趋势时，取样电路的分压点U_{B2}升高，因U_Z不变，所以U_{BE2}升高，I_{C2}随之增大，U_{C2}降低，则调整管U_{B1}降低，发射结正偏电压

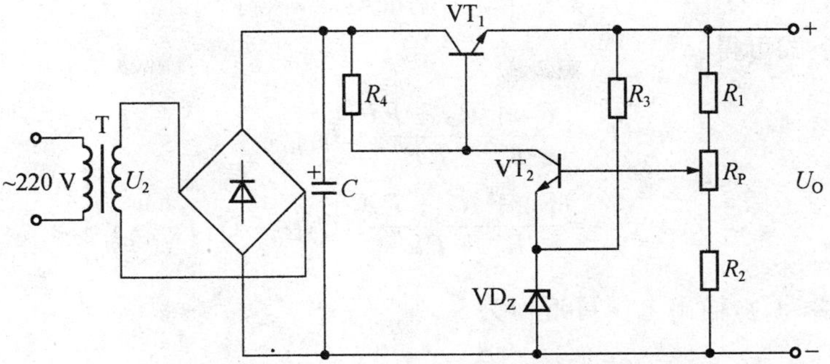

(a)带有放大环节的串联直流稳压电源电路原理图

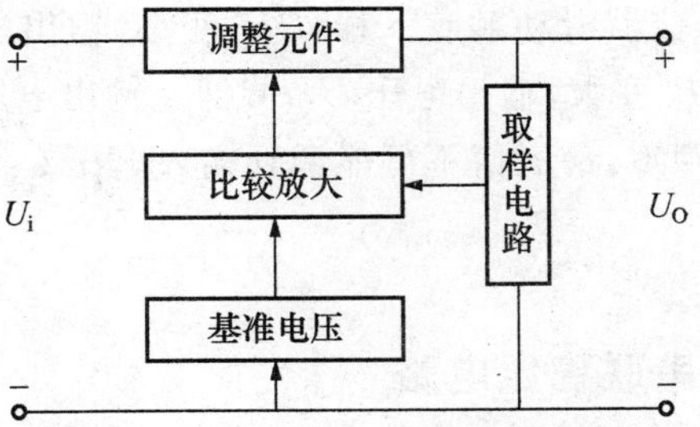

(b)带有放大环节的串联直流稳压电源电路原理框图

图 7-3　带有放大环节的可调式串联型稳压电路

U_{BE1}下降，I_{B1}下降，I_{C1}随之减小，U_{CE1}增大，从而使输出电压下降。因此使输出电压上升的趋势受到遏制而保持稳定，上述过程可用下式表示：

$$U_I(R_L)\uparrow \rightarrow U_O\uparrow \rightarrow U_{B2}\rightarrow U_{BE2}\uparrow \rightarrow I_{B2}\rightarrow I_{C2}\uparrow \rightarrow U_{C2}\downarrow$$

$$\rightarrow U_{B1}\downarrow \rightarrow I_{B1}\downarrow \rightarrow I_{C1}\downarrow \rightarrow U_{CE1}\uparrow \rightarrow U_O\downarrow$$

当电网电压下降或负载变小时，输出电压有下降的趋势，电路的稳压过程与上述情况相反。

3. 带有放大环节的串联直流稳压电源电路输出电压调节

调节电位器 RP 可以调节输出电压的大小，使其在一定的范围内变化。RP'为电位器上部分电阻，RP''为电位器下部分电阻。采样电路分得的电压用 U_{B2} 表示，根据串联分压原理，则由原理图可见：

由于
$$U_{B2}=\frac{R_2+RP''}{R_1+R_2+RP}U_O,$$

由于 $U_{B2}=U_{BE2}+U_Z$，其中 U_Z 为基准电压，保持不变。

整理上式可得：

$$U_o=\frac{R_1+R_2+RP}{R_2+RP''}U_{B2}$$
$$=\frac{R_1+R_2+RP}{R_2+PR''}(U_{BE2}+U_Z)$$

因 $U_{BE}\leqslant U_Z$，输出电压可近似为

$$U_o=\frac{R_1+R_2+RP}{R_2+RP''}U_Z$$

由上式可知，电位器滑动触点下移，RP'' 变小，输出电压 U_O 调高。反之，电位器滑动触点上移，RP'' 变大，输出电压 U_O 调低。输出电压 U_O 调节范围是有限的，其最小值不可能调到零，最大值不可能调到输入电压 U_I。

【任务实施】

一、测量简单串联稳压电路

(一)连接简单串联稳压电路

按照图 7-2 连接简单串联稳压电路。电压表 1 测量三极管 U_{CE} 的电压，R_L 为负载电阻，电压表 2 测量输出电压 U_O，电路设计输出稳定电压为 2 V。

(二)测量简单串联稳压电路的稳压过程

(1)改变输入电压 U_I 从 3～12 V，输出负载电阻 R_L10 kΩ 不变，填写表 7-1。

表 7-1 实验记录表(一)

输入电压 U_I(V)	3	6	9	12
电压表 2 U_{CE}(V)	1.004	4	7	10
电压表 1 U_O(V)	2	2.05	2.07	2.08
$U_{CE}+U_O$	3	6	9	12

从以上实验很容易看出，当输入电压 U_I 增加时，输出电压基本保持不变，可见该电路具有稳定输出电压的作用。

(2)改变负载电阻 R_L 从 1.2～10 kΩ，输入电压不变为 9 V，填写表 7-2。

表 7-2　实验记录表(二)

输出电阻 R_L(kΩ)	1.2	2	4.7	10
电压表 2 U_{CE}(V)	7	7	7	7
电压表 1 U_O(V)	2.01	2.03	2.05	2.07
$U_{CE}+U_O$	9	9	9	9

从以上实验很容易看出，当输出电阻增加时，输出电压仍基本保持不变，可见该电路具有稳定输出电压的作用。

二、测量带有放大环节的串联直流稳压电源电路

(一)按照图 7-4 连接带有放大环节的串联直流稳压电源电路

图中是按照仿真电路的连接实训项目，三个电压表 1、电压表 2 和电压表 3 分别测量输出电压 U_O、基准电压 U_Z 和调整管 U_{CE}。

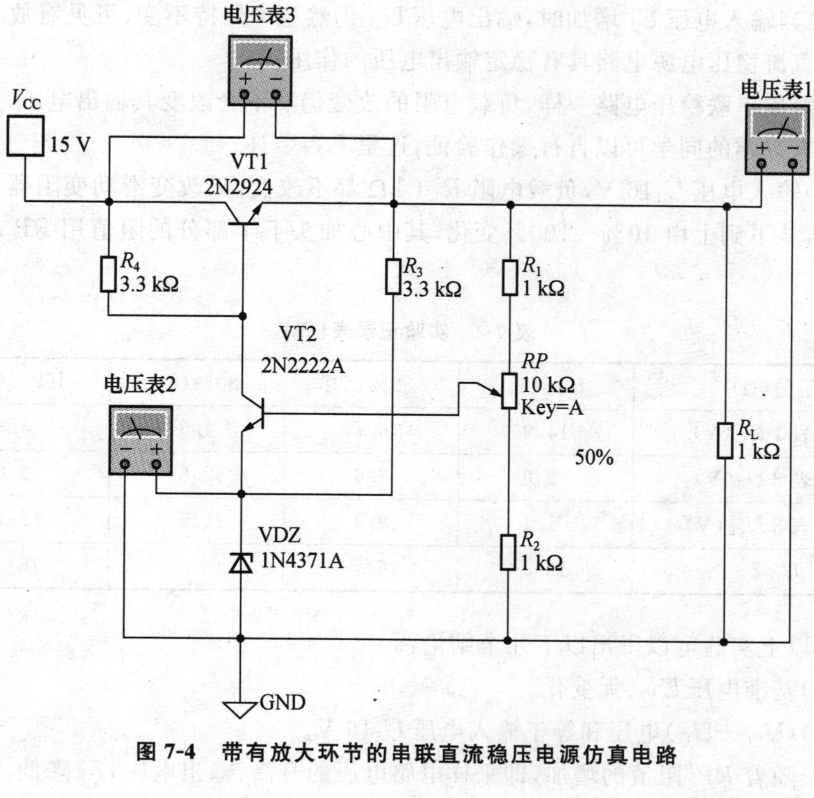

图 7-4　带有放大环节的串联直流稳压电源仿真电路

(二)测量带有放大环节的串联直流稳压电源的稳压过程

改变输入电压 U_I 从 10～18 V,输出负载电阻 R_L1 kΩ 不变,滑动变阻器 RP 放在 50%的位置不动。填写表 7-3。

表 7-3 实验记录表(三)

输入电压 U_I(V)	10	12	16	18
电压表 1 U_O(V)	6.5	6.6	6.7	6.7
电压表 2 U_Z(V)	2.6	2.6	2.6	2.6
电压表 3 U_{CE}(V)	3.5	5.4	9.3	11.3
$U_{CE}+U_O$	10	12	16	18

从以上实验得出以下结论:

(1)基准电压 U_{VDZ}无变化。

(2)($U_{CE}+U_O$)电压和等于输入电压 U_I。

(3)当输入电压 U_I 增加时,输出电压 U_O 仍然基本保持不变,可见有放大环节的串联直流稳压电源电路具有稳定输出电压的作用。

与简单串联稳压电路一样,负载电阻的改变仍然不会改变其输出电压,关于这个实验有兴趣的同学可以自行操作验证,这里不再赘述。

(4)输入电压 U_I16 V,负载电阻 R_L1 kΩ 都不改变,只改变滑动变阻器 RP 的电阻值,从下到上由 10%～100%变化,其中心抽头下半部分的阻值用 RP″填写表 7-4。

表 7-4 实验记录表(四)

RP''阻值(Ω)	10%(1)	50%(5)	80%(8)	100%(10)
电压表 1 U_O(V)	14.9	6.7	4.5	3.3
电压表 2 U_Z(V)	2.6	2.6	2.6	2.6
电压表 3 U_{CE}(V)	1.1	9.3	11.5	12.7
$U_{CE}+U_O$	16	16	16	16

从以上实验可以得出以下几个结论:

(1)基准电压 U_{VDZ}无变化。

(2)($U_{CE}+U_O$)电压和等于输入电压 U_I16 V。

(3)随着 RP''阻值的增加,即采样电路电压的升高,输出电压 U_O 降低。

【任务拓展】

认识开关稳压电源

早期出现的是串联型稳压电源，其调整管工作在线性状态下的稳压电源，由于其静态工作点的存在，线性电源的效率只有30%～40%。而要求较高的电器设备中普遍使用开关稳压电源，其功率晶体管工作于开关状态。随着开关稳压电源脉宽调制(PWM)技术的发展，PWM开关电源的特点是用20 kHz的载波进行脉冲宽度调制，电源的效率可达65%～70%，可大幅度节约能源，它具有效率高，重量轻，可升、降压，输出功率大等优点，在电源技术发展史上被誉为20 kHz革命。随着超大规模集成(Ultra-Large-Scale-Integrated-ULSI)芯片尺寸的不断减小，电源的尺寸与微处理器相比要大得多；而航天、潜艇、军用开关电源以及用电池的便携式电子设备(如手提计算机、移动电话等)更需要小型化、轻量化的电源。因此，对开关电源提出了小型轻量要求，包括磁性元件和电容的体积重量也要小。此外，还要求开关电源效率要更高，性能更好，可靠性更高等。这一切高新要求便促进了开关电源的不断发展和进步。

1. 开关电源的三个重要发展阶段

开关电源40多年来，开关电源经历了三个重要发展阶段。

第一个阶段是功率半导体器件从双极型器件(BPT、SCR、GTO)发展为MOS型器件(功率MOS-FET、IGBT、IGCT等)，使电力电子系统有可能实现高频化，并大幅度降低导通损耗，电路也更为简单。

第二个阶段自20世纪80年代开始，高频化和软开关技术的研究开发，使功率变换器性能更好、重量更轻、尺寸更小。高频化和软开关技术是过去20年国际电力电子界研究的热点之一。

第三个阶段从20世纪90年代中期开始，集成电力电子系统和集成电力电子模块(IPEM)技术开始发展，它是当今国际电力电子界亟待解决的新问题之一。

2. 开关电源基本原理

(1)开关式稳压电源的基本电路框图。由图7-5开关式稳压电源的基本电路框图可知，交流电压经整流电路及滤波电路整流滤波后，变成含有一定脉动成分的直流电压，该电压进入高频变换器被转换成所需电压值的方波，最后再将这个方波电压经整流滤波变为所需要的直流电压。控制电路为一脉冲宽度调制器，它主要由取样器、比较器、振荡器、脉宽调制及基准电压等电路构成。这部分电路目前已集成化，制成了各种开关电源用集成电路。控制电路用来调整高频开关元件的开关时间比例，以达到稳定输出电压的目的。

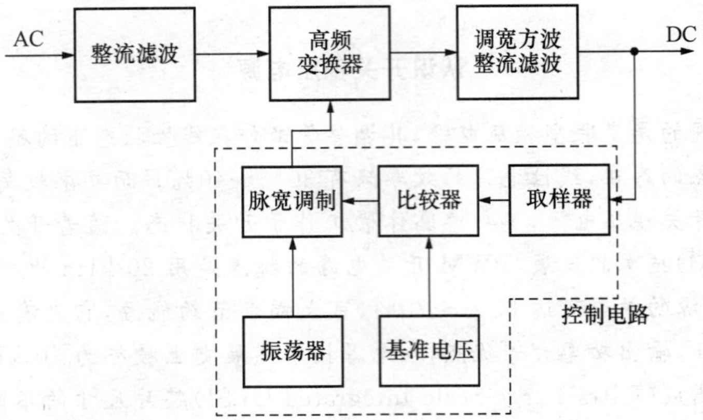

图 7-5 开关式稳压电源的基本电路框图

(2)基本的开关电源工作原理。如图 7-6 基本开关电源原理图所示,电路由开关 K(实际电路中为三极管或者场效应管),续流二极管 D,储能电感 L,滤波电容 C 等构成。

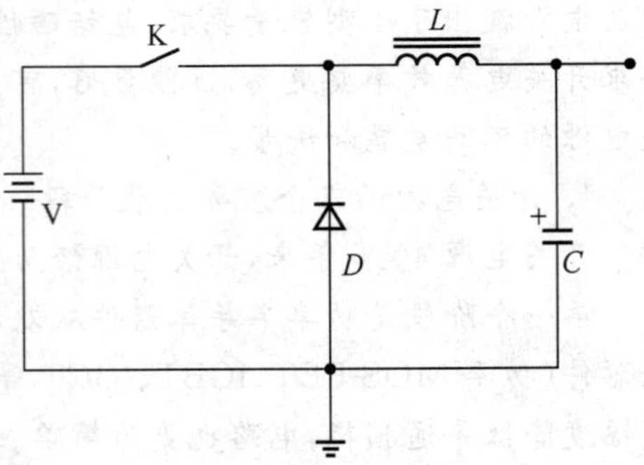

图 7-6 基本开关电源原理图

当开关闭合时,电源通过开关 K、电感 L 给负载供电,并将部分电能储存在电感 L 以及电容 C 中。由于电感 L 的自感,在开关接通后,电流增大得比较缓慢,即输出不能立刻达到电源电压值。开关闭合到一定的时间后,开关断开,由于电感 L 的自感作用(可以比较形象的认为电感中的电流有惯性作用),将保持电路中的电流不变,即从左往右继续流。这电流流过负载,从地线返回,流到续流二极管 D 的正极,经过二极管 D,返回电感 L 的左端,从而形成了一个回路。通过控制开关闭合跟断开的时间(即 PWM——脉冲宽度调制),就可以控制输出电压。如果通过检测输出电压来控制开、关的时间,以保持输出电压不变,这就实现了稳压的目的。在开关闭合期间,电感存储能量;在开关断开期间,电感释放能量,所以电感 L 叫做储能电感。二极管 D 在开关断开期间,负责给电感 L 提供电流通路,所以二极管 D 叫做续流二极管。

在实际的开关电源中,开关 K 由三极管或场效应管代替。当开关断开时,电流很小;当开关闭合时,电压很小,所以发热功率 U×I 就会很小。这就是开关电源效率高的原因。

【任务巩固】

1. 具有放大环节的可调式串联型稳压电路由哪四个环节所组成？各环节的作用是什么？要提高电路的输出电压，如何调节电位器？

2. 带有放大环节的串联直流稳压电源电路与简单的串联稳压电源电路的区别是什么？

任务2　三端集成稳压器的应用

【任务目标】

1. 掌握三端集成稳压器的结构、符号及常见电路。
2. 能够安装调试常见的三端集成稳压器电路。

【任务准备】

一、资料准备

常用的三端稳压块若干只，实训台一台，万用表一只，电脑和仿真软件一套。

二、知识准备

(一)认识常用的三端集成稳压器

1. 三端集成稳压器外观

图 7-7 为常见的三端集成稳压器外观。

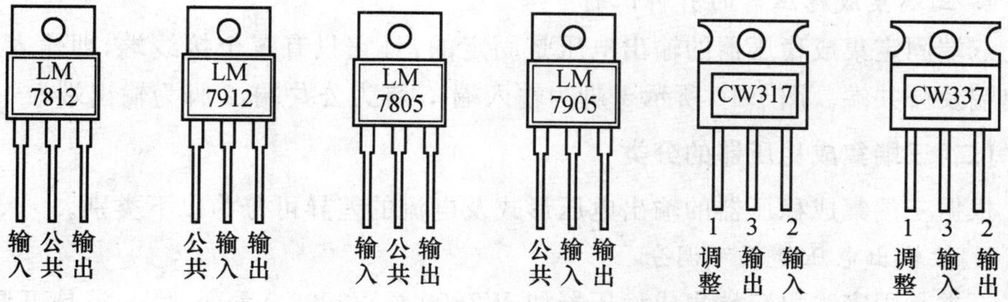

图 7-7　常见的三端集成稳压器外观

2. 三端稳压器的电路符号

三端稳压器的电路符号如图 7-8 所示。

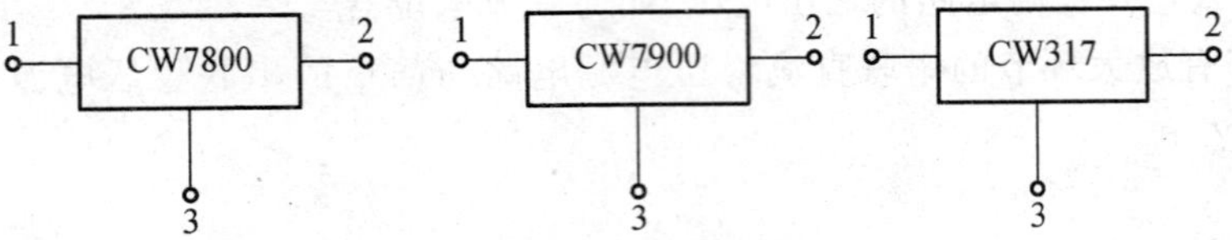

图 7-8 三端稳压器的电路符号

3. 78 系列三端集成稳压器内部电路框图

三端集成稳压器是将功率调整管、取样电路、基准稳压、误差放大、启动和保护电路等全部集成在一个芯片上而形成的一种稳压集成电路，图 7-9 是 78 系列三端集成稳压器内部电路框图。

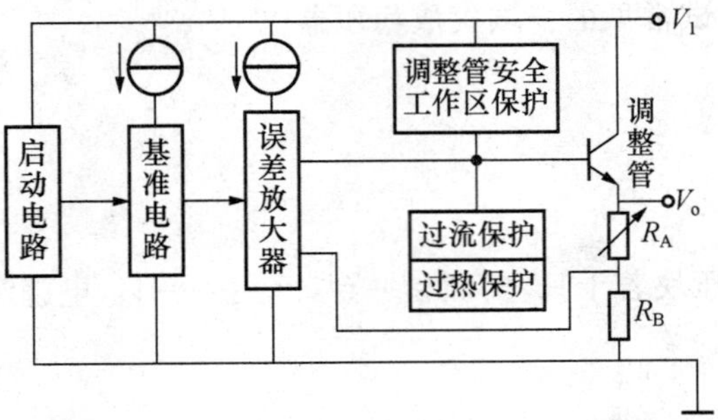

图 7-9 78 系列三端集成稳压器内部电路框图

三端集成稳压器与前面所学的稳压电路相比具有体积小、性能优良、价格低、外围元件少的优点，因此广泛应用在各种电子电路中。

4. 三端集成稳压器的引脚识别

三端固定集成稳压器的输出电压是固定的，且它只有三个接线端，即输入端、输出端及公共端。图 7-10 所示 1 脚为输入端，3 脚为公共端，2 脚为输出端。

(二)三端集成稳压器的分类

根据三端集成稳压器的输出电压形式及电流的差异可分为以下类别。

1. 按输出电压是否可调分

一类是固定输出三端集成稳压器如 W7800（ W7900 ）系列，另一类是可调输出三端集成稳压器如 W317(W337)系列。前者的输出电压是固定不变的，后者在电路上对输出电压进行连续调节。固定输出电压是由制造厂预先调整好的，输

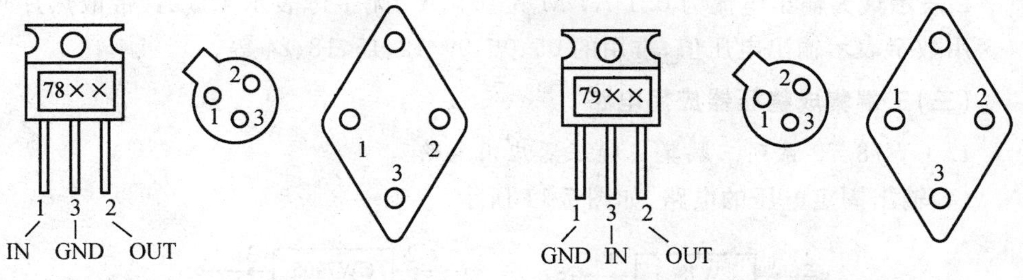

(a)输出正电压的三端固定稳压器　　(b)输出负电压的三端固定稳压器

图 7-10　三端集成稳压器

出为固定值。例如，7805 型集成三端稳压器，输出为固定＋5 V 。可调输出电压式稳压器输出电压可通过少数外接元件在较大范围内调整，当调节外接元件值时，可获得所需的输出电压。例如，CW317 型集成三端稳压器，输出电压可以在 12～37 V 范围内连续可调。

2. 按输出的电压正负分

分为两类，在 CW78××、CW79××系列中，CW78××系列输出是正电压，CW79××系列输出是负电压；在 CW××7 中，CW117 、CW217、CW317 输出是正电压，CW137 、CW237、CW337 输出是负电压。

输出正电压系列(78××)的集成稳压器其电压共分为 5～24 V 七个挡。例如，7805、7806、7809 等，其中字头 78 表示输出电压为正值，后面数字表示输出电压的稳压值。输出电流为 1.5 A。输出负电压系列(79××)的集成稳压器其电压共分为－24～－5 V 七个挡。例如，7905、7906、7912 等，其中字头 79 表示输出电压为负值，后面数字表示输出电压的稳压值。输出电流为 1.5A。

3. 根据输出电流分

三端集成稳压器的输出电流有大、中、小之分，并分别有不同符号表示。

输出为小电流，代号“L”。例如，78L××，最大输出电流为 0.1 A。

输出为中电流，代号“M”。例如，78M××，最大输出电流为 0.5 A。

输出为大电流，代号“S”。例如，78S××，最大输出电流为 2 A。

4. 三端集成稳压器的型号组成及意义

以国产的 CW 78(79)L××为例，各代码的意义分别是：

C 表示国标；

W 表示稳压器；

78 表示输出固定正电压；

79 表示输出固定负电压；

L 表示最大输出电流为 0.1 A，M 为 0.5 A，无字母表示 1.5 A(带散热片)；××用数字表示输出电压值，常用的 05、06、09、12、15、18、24 等。

(三)三端集成稳压器应用电路

1. CW78/79 系列三端集成稳压器应用电路

(1)输出固定电压的电路，如图 7-11 所示。

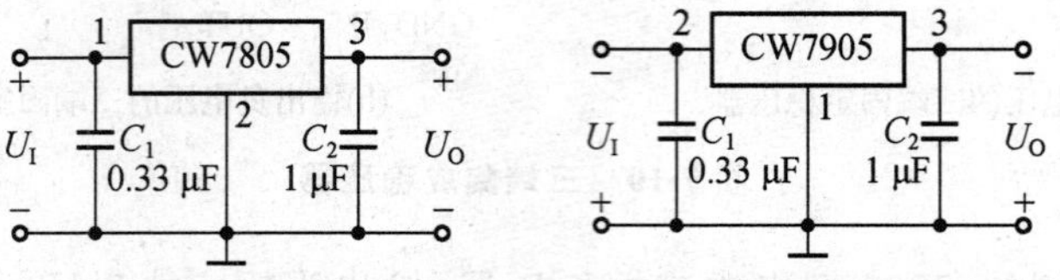

(a)CW7805稳压器基本接线图　　(b)CW7905稳压器基本接线图

图 7-11　三端集成稳压器输出固定电压的电路

图 7-11，电容器 C_1 为防止自激振荡电容器，大小一般为 0.1～0.33 μF。电容器 C_2 为减小高频干扰电容器，改善瞬态特性，大小一般为 1 μF。

(2)提高输出电流的电路，如图 7-12 所示。

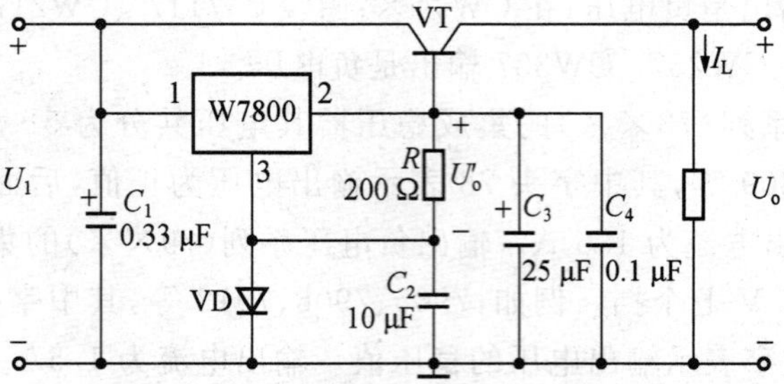

图 7-12　三端集成稳压器提高输出电流的电路

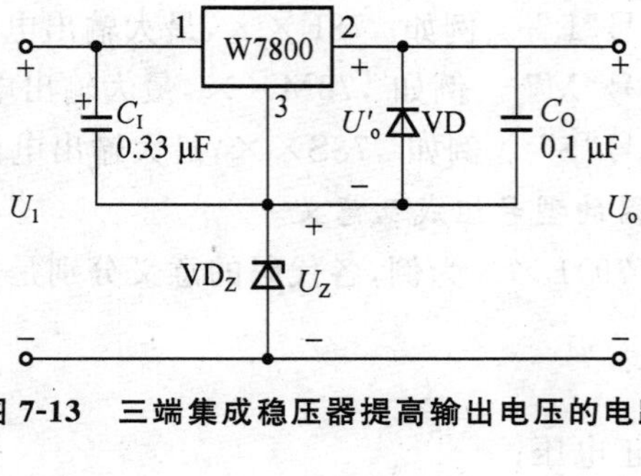

图 7-13　三端集成稳压器提高输出电压的电路

基本的原理是设置二极管 VD 以抵消 VT 管 U_{BE} 压降，扩大的输出电流。若原输出电流是 I_O，现可以近似扩大 β 倍。

(3)提高输出电压的电路，图 7-13 所示。基本的原理是在稳压器的公共端加一个稳压二极管，于是有 $U_O = U'_O + U_Z$。

(4)输出正负电压的电路，图 7-14 所示。

其实就是两个输出固定电压的电路的对称连接。

2. CW××7 三端可调式集成稳压器应用电路

三端可调式集成稳压器可以实现输出电压的连续可调。图 7-15 是三端可调集成稳压器应用电路。

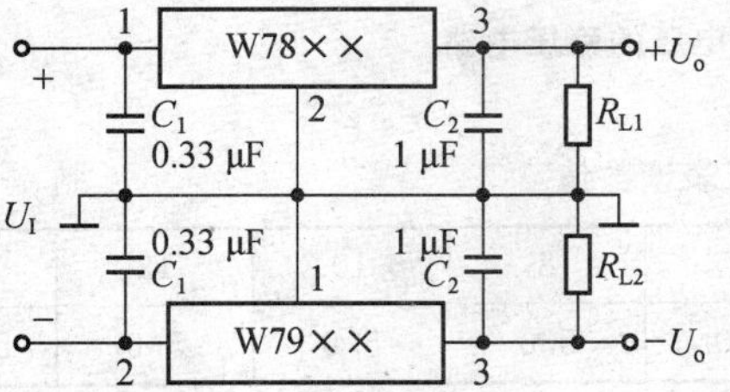

图 7-14　输出正负电压的电路

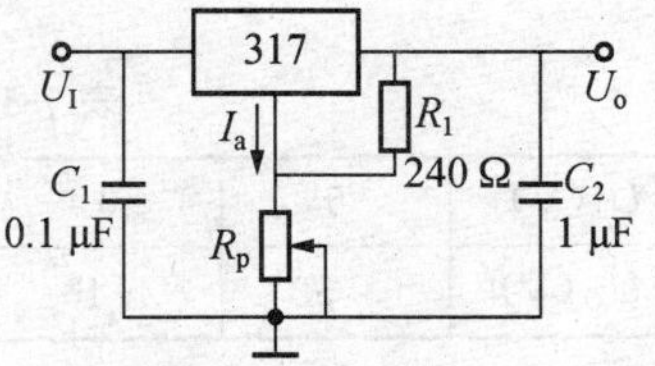

图 7-15　三端可调集成稳压器应用电路

可调输出三端集成稳压器的内部，在输出端和公共端之间是 1.25 V 的参考源，为保证稳压器的输出性能，R_1 应小于 240 Ω，输出电压可通过电位器调节。

$$V_O = V_{REF} + \frac{V_{REF}}{R_1}R_P + I_a R_P \approx 1.25 \times \left(1 + \frac{R_P}{R_1}\right)$$

【任务实施】

一、连接输出固定电压的三端集成稳压电路

(一)连接电路

按图 7-16，用 LM7805 连接基本输出固定电压的稳压电路，验证其功能。输入电源 U_I 电压从 5～15 V 增加，观察输出电压 U_O 的变化，并把数据填入表 7-6中。

(二)测量电路

改变 U_I，观察电压表读值填写表 7-5。

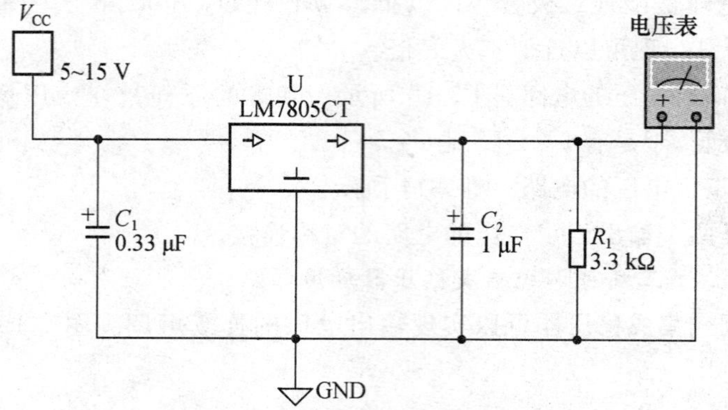

图 7-16 输出固定电压的稳压电路

表 7-5 电压表读数值

输入电压 U_I(V)	5	6	7	8	10	12	15
输出电压 U_O(V)	3.52	4.45	5.0	5.0	5.0	5.0	5.0

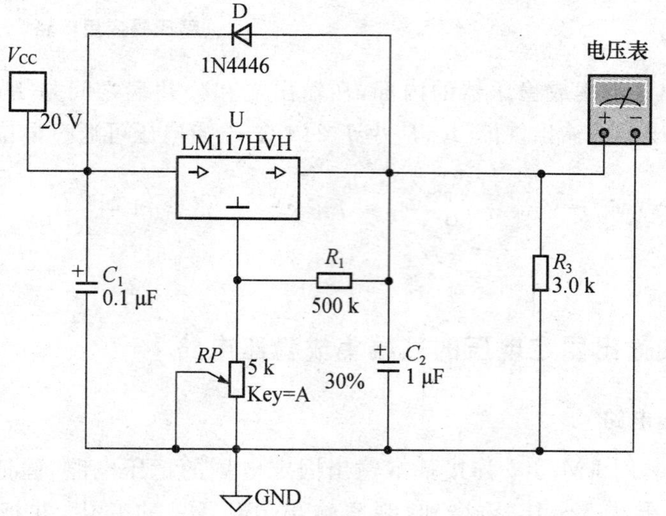

图 7-17 LM117 可调输出三端集成稳压器电路

(1)观察三端稳压电路的输出是不是稳定的 5 V 输出。

(2)由上表分析输入和输出必须相差多大才能有 5 V 的稳定输出电压。

在实际的应用中,固定电压的稳压电路输入与输出之间的电压差不得低于

3 V。

二、连接可调输出三端集成稳压器电路

(一)连接电路

按图 7-17 用 LM117 连接可调输出三端集成稳压器电路，验证其功能。

(二)测量电路

(1)调整输入电源 U_I 电压 20 V 不变，R_1 为 500 Ω，改变滑动变阻器的阻值(注意滑动变阻器的百分比是中心抽头下面部分的百分数)观察记录输出电压，填表 7-6，并与公式计算出的 $U_O \approx 1.25\times(1+RP/R_1)$ 比较。图 7-17 中二极管 D 对集成稳压器起到保护作用。

表 7-6　记录输出电压(一)

RP(kΩ)	4.5	2.5	1.5	0.5
测量 U_O(V)	13.0	8.2	5.5	2.7
估算 $U_O \approx 1.25\times(1+RP/R_1)$(V)	12.5	7.5	4.9	2.5

注：R_1 为 500 Ω

电压表测量的输出电压和利用公式估算出的输出电压是不一样的，估算值偏小一些。这个可以根据前面的公式推导找出原因。

(2)还按图 7-15 用 LM117 连接可调输出三端集成稳压器电路，R_1 为 500 Ω，改变滑动变阻器的阻值使输出电压为一固定值 10 V，调整输入电源 U_I 电压 10～30 V，观察记录输出电压，填表 7-7。

表 7-7　记录输出电压(二)

输入电压 U_I(V)	10.0	12.0	15.0	16.0	20.0	25.0	30.0
输出电压 U_O(V)	8.5	9.7	9.7	10.0	10.0	10.0	10.2

由上表可以看出输入电压只有达到一定的数值时，输出才稳定的输出电压。

三、三端稳压器使用注意事项

(1)集成稳压器电路品种很多，从调整方式上有线性的和开关式的；从输出方式上有固定和可调式的。因三端稳压器优点比较明显，使用操作都比较方便，选用时应优先考虑。

(2)在接入电路之前，一定要分清引脚及其作用，避免接错时损坏集成块。输

出电压大于 6 V 的三端集成稳压器的输入、输出端需接保护二极管，可防止输入电压突然降低时，输出电容迅速放电引起三端集成稳压器的损坏。

(3)为确保输出电压的稳定性，应保证最小输入输出电压差。如三端集成稳压器的最小压差约 2 V，一般使用时压差 应保持在 3 V 以上。同时又要注意最大输入输出电压差范围不超出规定范围。

(4)使用时，要焊接牢固可靠。对要求加散热装置的，必须加装符合要求尺寸的散热装置。

【任务巩固】

1. 三端固定稳压器 CW78L05、CW7809、CW78H12、CW7905、CW79M15 的输出电压 U_O 各为多大？

2. 说说 CW317 电路中 R_1、RP 的作用。

项目八　认知正弦振荡电路

【项目描述】

正弦波振荡器是指不需要输入信号控制就能自动地将直流电转换为特定频率和振幅的正弦交变电压(电流)的电路。也是电子线路中常用的电路之一。

本项目分为认知 LC 振荡电路和认知石英晶体振荡电路 2 个工作任务。

通过本项目的学习和训练，掌握正弦波振荡电路的组成框图及类型；理解自激振荡的条件及振荡电路的工作原理；能够分析 LC 振荡器、RC 桥式振荡器、石英晶体振荡电路。技能上要求能识读 LC 振荡器、RC 桥式振荡器、石英晶体振荡器的电路图；能估算振荡频率，能组装简单的振荡电路。培养学生严谨务实的职业意识，增强团队合作精神。

任务 1　认知 LC 振荡电路

【任务目标】

1. 掌握正弦波振荡器的基本组成和基本的工作原理。
2. 掌握常用的振荡器电路组成和基本的工作原理。

【任务准备】

一、资料准备

常规的电容三点式、电感三点式模块各一只，实训台一台，示波器一台，电脑及仿真软件一套。

二、知识准备

(一)正弦波振荡器的基本知识

许多技术领域中都要用到不同幅度、不同频率的正弦信号。振荡电路能自动地将直流电能转换为交流电能,它广泛应用于生活与生产中,例如:在无线电通信、广播和电视中需要用正弦信号来作为载波,以便把语言、音乐和图像信号调制到载波上,然后转换为电磁波发射出去;又例如:在电子测量中也经常需要用到各种频段的正弦信号发生器。因此,就需要有一种便于产生各种不同大小的正弦信号的电路,这种电路就是我们要学习的正弦波振荡电路。

(二)正弦波振荡电路的组成及工作原理

1. 正弦波振荡电路的组成

图 8-1 是振荡电路的基本组成框图。由图 8-1 可知,正弦波振荡电路由四部分组成,即放大电路、反馈网络、选频网络和稳幅环节。

(1)放大电路具有一定的电压放大倍数,其作用是对选择出来的某一频率的信号进行放大。根据电路需要可采用单级放大电路或多级放大电路。

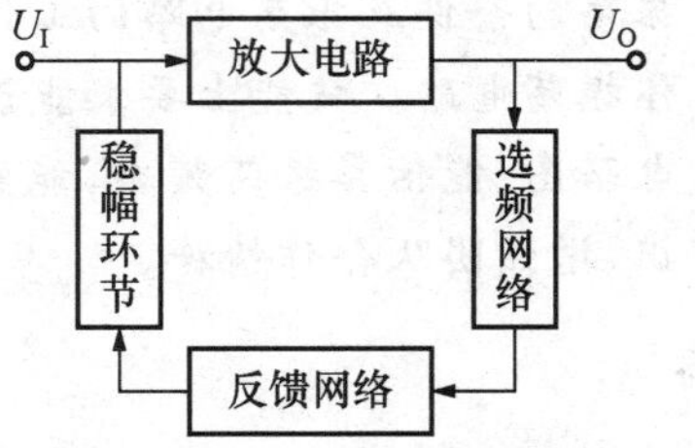

图 8-1 振荡电路组成框图

(2)反馈网络是反馈信号所经过的电路,其作用是将输出信号反馈到输入端,引入自激振荡所需的正反馈,一般反馈网络由线性元件 R、L 和 C 按需要组成。

(3)选频网络具有选频的功能,其作用是选出指定频率的信号,以便使正弦波振荡电路实现单一频率振荡。选频网络分为 LC 选频网络和 RC 选频网络。使用 LC 选频网络的正弦波振荡电路,称为 LC 振荡电路;使用 RC 选频网络的正弦波振荡电路,称为 RC 振荡电路。

选频网络可以设置在放大电路中,也可以设置在反馈网络中。

(4)稳幅环节具有稳定输出信号幅值的作用,以便使电路达到等幅振荡,因此稳幅环节是正弦波振荡电路的重要组成部分。

2. 正弦波振荡器的振荡条件

由上面的分析可以得出电路产生振荡的条件:

(1)幅度平衡条件:电路处于平衡状态时,输入电压与反馈电压的幅度相等。即:

$$U_i = U_f = FU_O = FAU_i$$
$$AF = 1$$

(2)相位平衡条件：电路处于平衡状态时，闭路总相移为零或为 2π 的整数倍，即输入电压与反馈电压的相位相同。它的表达式为：

$$\varphi_{AF} = \varphi_A + \varphi_F = \pm 2n\pi (n = 0, 1, 2, \cdots)$$

只有满足以上两个条件时电路才能正常工作，它们是振荡的必要条件，对于任何类型的反馈式振荡电路都适合，是分析、判断振荡电路的依据。

事实上，不需要外接正弦交流电压，电路也能够产生自激振荡。原因是电路接通电源瞬间产生的电流冲击，含有多种频率成分的正弦交流信号，通过选频、反馈电路将频率为 f_0 的反馈信号回送到放大电路的输入端，如果能够满足振荡的幅度和相位平衡条件，电路就可以产生自激振荡。其中：

$$f_0 = \frac{1}{2\pi\sqrt{LC}}$$

3. 正弦波振荡电路的分类

根据正弦波振荡器的产生方式可分为三类：RC 正弦波振荡器、LC 正弦波振荡器和石英晶体振荡电路，LC 正弦波振荡器又分为变压器反馈式、电感三点式和电容三点式。根据振荡过程是否依赖于外部激励信号的参与，可以分为他激振荡器和自激振荡器。

【任务实施】

一、变压器耦合振荡电路

(一)变压器耦合振荡电路组成

图 8-2 为变压器耦合振荡电路。

在图 8-2 变压器耦合振荡电路中，三极管 VT 起放大作用，是电路的核心。R_{B1} 与 R_{B2} 组成分压式偏置电路，为发射结提供合适的偏置电压，让三极管工作在放大状态。R_E 为发射极直流负反馈电阻，用以稳定静态工作点。C_E 为旁路电容，C_B 为耦合电容，起通交隔直作用。L 与 C 组成 LC 谐振回路，它们的参数决定电路的振荡频率。L 与 L' 为变压器的二个线圈。

可见，变压器耦合振荡电路利用变压器的一次绕组与电容并联组成振荡回路作选频网络，从变压器的二次绕组引回反馈电压并将其加到放大电路的输入端完成振荡。

(二)变压器耦合振荡电路工作原理

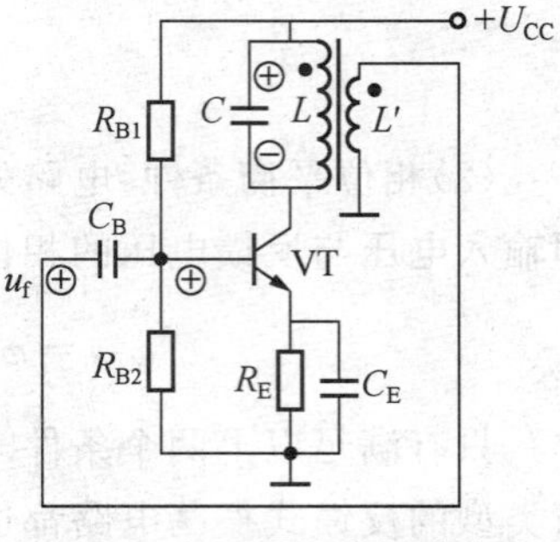

图 8-2 变压器耦合振荡电路

接通电源瞬间,在电路中产生的各正弦交流信号经放大电路放大后,只有频率为 f_0 的正弦交流信号放大倍数最大而且远远大于其他频率的交流信号,LC 回路的交流信号通过变压器的耦合作用,耦合到 L'回送到三极管的基极,如果电路为正反馈电路,正弦交流信号不断增强,形成自激振荡。

用瞬时极性法判断电路反馈类型:如图 8-2 所示,设三极管基极瞬时为正,集电极瞬时为负,变压器的二个线圈上端瞬时为正,回送到基极的反馈信号瞬时为正,因此电路为正反馈电路,符合自激振荡的相位平衡条件。

在振荡电路中计算幅度平衡条件比较麻烦,一般情况下只要三极管能够正常工作,电路具有较高的放大倍数,就可以认为满足幅度平衡条件。

振荡频率为 $f_0=\dfrac{1}{2\pi\sqrt{LC}}$,其中 L 为变压器初级绕组的电感量,C 为与之并联的电容器的电容量。

(三)变压器耦合振荡电路的特点及应用

变压器耦合振荡电路特点是振荡频率调节方便,容易实现阻抗匹配和达到起振要求,输出波形一般,频率稳定度不高,产生正弦波信号的频率为几千赫至几十兆赫,一般适用于要求不高的设备。

二、电感三点式振荡电路

(一)电感三点式振荡电路的电路组成

图 8-3 所示为电感三点式振荡电路及等效电路的组成。

图中三极管 VT 起放大作用,是电路的核心。R_{B1} 与 R_{B2} 组成分压式偏置电路,为发射结提供合适的偏置电压,让三极管工作在放大状态。R_E 为发射极直流负反馈电阻,用以稳定静态工作点。C_E 为旁路电容,C_B 为耦合电容,起通交隔直作用。L_1 与 L_2 串联后与 C 组成 LC 谐振回路,它们的参数决定电路的振荡频率。电感的抽头使线圈分成两部分即线圈 L_1 和线圈 L_2,线圈 L_1 的 3 端接到晶体管的基极 B,线圈 L_2 的 1 端接晶体管的集电极 C,中间抽头 2 接发射极 E。也就是说电感线圈的三端分别接晶体管的三极,所以叫电感三点式振荡器,又称哈特莱振

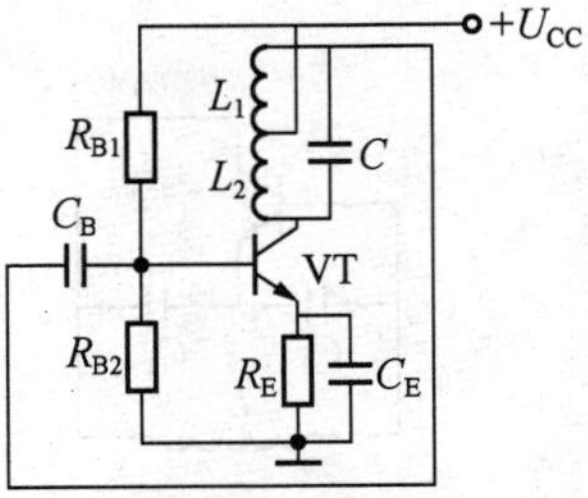

(a)电感三点式振荡电路原理图

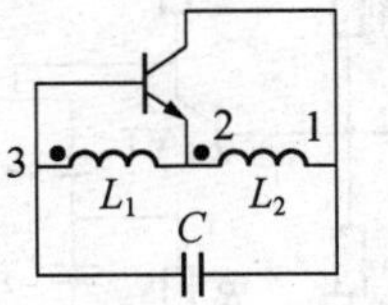

(b)电感三点式振荡电路等效电路

图 8-3　电感三点式振荡电路

荡器。

(二)电感三点式振荡电路的基本原理和振荡频率

在电感三点式振荡电路中 L_1 兼作反馈网络，通过耦合电容 C_B 将 L_1 反馈电压加在晶体管的输入端，经放大后，在 LC 振荡回路中得到高频振荡信号，只要适当选择电感线圈抽头的位置，满足起振条件 AF＞1。使反馈信号大于输入信号，就可以在 LC 回路中获得不衰减的等幅振荡，电路即可产生正弦信号。

电感三点式振荡电路的振动频率为 $f_0 \approx \dfrac{1}{2\pi\sqrt{LC}} = \dfrac{1}{2\pi\sqrt{(L_1+L_2+2M)C}}$，

式中，L_1、L_2 为线圈抽头两边的自感系数；M 为两段电感线圈的互感系数；C 为振荡电容。

(三)电感三点式振荡电路的特点及应用

电感三点式振荡器的特点是振荡频率调节方便，电路容易起振；缺点是输出信号的波形中含有高次谐波，波形较差，频率稳定度不高，可产生正弦波信号的频率为几千赫至几十兆赫。一般用于要求不高的场合或设备中。

三、电容三点式振荡电路

(一)电容三点式振荡电路的电路组成

图 8-4 是电容三点式振荡器的典型电路图和等效电路。

由电容三点式振荡器的典型电路可知其结构与电感三点式振荡器相似，三极管 VT 起放大作用，是电路的核心。R_C 为集电极负载电阻，R_{B1} 与 R_{B2} 组成分压式偏置电路，为发射结提供合适的偏置电压，让三极管工作在放大状态。C_B 为耦合电容，起到通交流隔直流的作用。由于电容支路三个端点分别接于晶体管的三极上，所以把这种电路称为电容三点式 LC 振荡器，又称为柯尔皮兹振荡器。

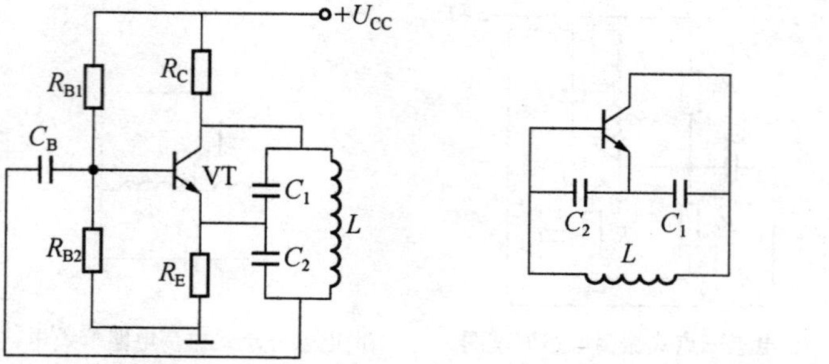

(a)电容三点式振荡电路原理图　　(b)电容三点式振荡电路等效电路

图 8-4　电容三点式振荡电路

(二)电容三点式振荡电路的基本原理和振荡频率

与电感三点式振荡电路比较,只是将 L、C 互换了位置。C_1 与 C_2 串联后与 L 组成 LC 谐振回路,LC 振荡回路中采用两个电容串联成电容支路,两电容中间有一引出端,通过引出端从 LC 振荡回路的电容支路上取一部分电压反馈到放大电路的输入端,满足相位平衡条件,只要合理选择元件参数以满足 AF＞1,电路便可自激振荡,产生正弦信号。

电容三点式振荡电路的振动频率为 $f_0 \approx \dfrac{1}{2\pi\sqrt{LC}}$,其中 $\dfrac{1}{C}=\dfrac{1}{C_1}=\dfrac{1}{C_2}$。

(三)电容三点式振荡电路的特点及应用

电容三点式 LC 振荡器的优点是输出信号的波形好,频率的稳定度较高,可产生几兆赫至 100 MHz 以上的频率;缺点是频率调节不方便。一般用于频率固定或在小范围内频率调节的场合或设备中。

【任务拓展】

RC 振荡电路

1. RC 振荡电路

常用 LC 振荡电路产生的正弦波频率较高,若要产生频率较低的正弦振荡,势必要求振荡回路要有较大的电感和电容,这样不但元件体积大、笨重、安装不便,而且制造困难、成本高。因此,200 kHz 以下的正弦振荡电路,一般采用振荡频率较低的 RC 振荡电路。

RC 振荡电路,是指用电阻器 R、电容器 C 组成选频网络的振荡电路,RC 振荡电路由放大器、正反馈网络和选频网络组成，常见的 RC 振荡电路有 RC 相移振荡电路和 RC 桥式振荡电路。

2. 文氏电桥振荡器

(1)电路实例，图 8-5 为一文氏电桥振荡电路。

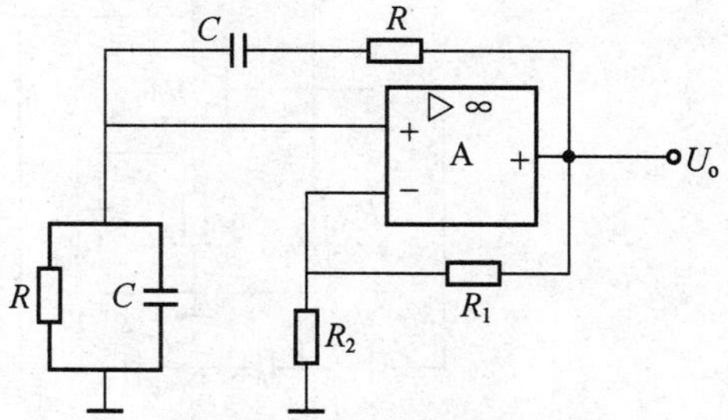

图 8-5　文氏电桥振荡电路

(2)电路组成。图 8-5 所示的电路中，R_1、R_2 引入电压负反馈，与集成运放 A 共同构成负反馈放大器作为正弦波振荡器的放大电路。RC 串并联选频网络引入正反馈，以满足振荡的相位条件。实际的电路中，R_1 常采用具有负温度系数的热敏电阻，由它实现对电路的自动稳幅(外稳幅)。

由于两种反馈网络在集成运放输入端的连接呈桥式结构，故这种电路称为文氏电桥振荡器。

(3)振荡频率。RC 文氏电桥振荡器的振荡频率就是使 RC 串并联电路的选频频率，即 $f_0=\dfrac{1}{2\pi RC}$。

(4)电路特点。

①它的稳定性高、非线性失真小，频率调节方便。只需将 RC 串并联选频网络中的两个电阻采用双连电位器，或两个电容采用双连可变电容，就能方便地实现调节；

②由于电路中利用热敏电阻实现外稳幅，可使集成运放始终工作在线性放大区，输出波形良好，非线性失真小，输出幅度稳定。

3. RC 移相式振荡器

(1)电路实例，图 8-6 为一 RC 移相式振荡电路。

(2)电路组成。图 8-6 所示的电路中，由 VT_1 为核心构成的第一级电路为分压式偏置共射放大电路，它构成了振荡器的放大电路部分；由 VT_2 为核心构成的第二级电路为射极输出器，该电路的作用是利用它电压跟随性好、输入阻抗高(对前级电路影响小)、输出阻抗小(带负载能力强)等优点来改善振荡器的性能；反馈网络由电路图下面的三节 RC 超前型移相电路所组成，其中，第三节的电阻 R 是由第一级电路的输入电阻 R_{i1} 来充当的。

(3)振荡频率。对于图示电路，当若 $R_{i1}=R$，3 节 RC 网络的参数相同时经分析可得，三节移相电路实现 180°相移所需满足的条件是：容抗 $X_c=\sqrt{6}R$，由此可

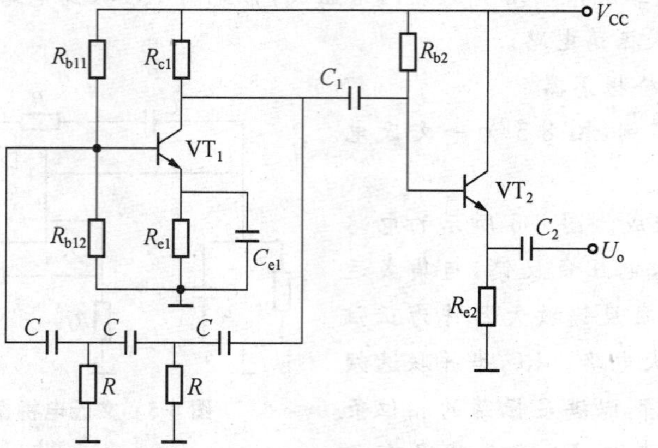

图 8-6 RC 移相式振荡电路

得，电路的振荡频率为 $f_0=\frac{1}{2\sqrt{6}\pi RC}$。

(4)电路特点。RC 相移振荡电路的特点是：电路简单、经济，但稳定性不高，而且调节不方便。一般都用作固定频率振荡器和要求不太高的场合。

【任务巩固】

1. 振荡电路与放大电路的反馈有何区别？
2. 简述振荡电路各部分的作用。
3. 简述电容三点式和电感三点式振荡电路的振荡过程。
4. RC 振荡电路与 LC 振荡电路有什么不同？

任务 2 认知石英晶体振荡电路

【任务目标】

1. 了解石英晶体振荡器的结构和基本的工作原理。
2. 掌握常用的由石英晶体构成的振荡电路。

【任务准备】

一、资料准备

常规的石英晶体振荡器模块一只，实训台一台，示波器一台，电脑及仿真软件一套。

二、知识准备

(一)石英晶体谐振基础知识

石英晶体振荡器是一种高精度和高稳定度的振荡器，被广泛应用于彩电、计算机、遥控器等各类振荡电路中，以及通信系统中用于频率发生器、为数据处理设备产生时钟信号和为特定系统提供基准信号。石英谐振器因具有极高的频率稳定性，故主要用在要求频率十分稳定的振荡电路中作谐振元件，如彩电的色副载波振荡器、电子钟表的时基振荡器及游戏机中的时钟脉冲振荡器等要求较高的电路中。

1. 认识常见的石英晶体谐振器外观

图 8-7 为常见石英晶体振荡器。

图 8-7 常见石英晶体振荡器

在实际应用中，很多振荡电路的振荡频率需要较高的稳定性。如测量设备中由于振荡电路的振荡频率不稳定，产生过大的测量误差；通信设备中由于振荡电路频率不稳，造成通信中断。用于频率标准及时间标准的设备，其内部振荡电路的频率稳定性要求更高，用 LC 或 RC 电路是无法完成的。在这种情况下，往往采用石英晶体振荡器。石英晶体振荡器利用高品质因数的石英晶体振荡器进行选频，从而具有极高的频率稳定度，它也因此得名。其产品一般用金属外壳封装，也有用玻璃壳、陶瓷或塑料封装的。图 8-7 所示。

2. 认识石英晶体谐振器的内部结构

石英是矿物质硅石的一种，它的主要化学成分是 SiO_2，其形状是六棱角锥形晶体。把石英晶体按一定的方向切割成薄片，称为晶片。在晶片的两面喷涂金属并引出电极引线，就构成了石英晶体谐振器，俗称晶振。图 8-8(a)所示。

(二)石英晶体的谐振原理

1. 压电效应

在石英晶片的两个极板间施加压力,则在晶片的相应方向产生电压,若在石英晶体的两个极板间加上电压,则在晶片的相应方向产生机械变形,这种现象称为压电效应。在石英晶体的两个电极外加交流电压时,晶片会随电压的变化产生机械振动,机械振动又会在晶片内表面产生交变电荷,一般情况下机械振动幅度与交变电压幅度很小。只有当外加交流电压的频率为某一值时,晶片的机械振动幅度最大,流过晶片的电流最大,产生了共振现象。该频率称为晶体的固有频率或谐振频率 f_0。

2. 压电谐振

当外加电压的频率与晶片的固有频率相等时,振动幅度将急剧增加,这就是压电谐振。

利用这种特性,就可以用石英谐振器取代 LC(线圈和电容)谐振回路、滤波器等。由于石英谐振器具有体积小、重量轻、可靠性高、频率稳定度高等优点,被应用于家用电器和通信设备中。

(三)等效电路及电路符号

图 8-8(c)为石英晶体谐振器的等效电路,由等效电路可以看出石英晶体谐振器可以等效为一 LC 串联谐振电路。

其中 C_0——晶片静态电容(几皮法~几十皮法)

L_q——晶体的动态电感(10^2~10^3 Hz)

C_q——晶体的动态电容(<0.1 pF)

r_q——等效摩擦损耗电阻

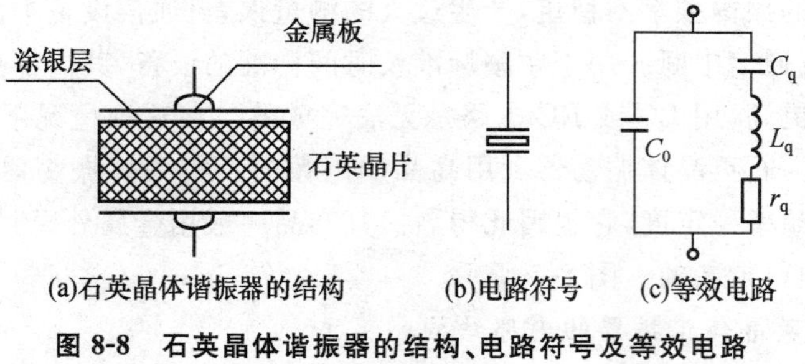

(a)石英晶体谐振器的结构 (b)电路符号 (c)等效电路

图 8-8 石英晶体谐振器的结构、电路符号及等效电路

当石英晶体不振动时,可等效为一个平板电容,称为静态电容 C_0;其值决定于晶片的几何尺寸和电极面积,一般约为几十皮法。当晶片产生振动时,机械振动

的惯性等效为电感 L_q，叫动态电感，其值为几毫亨。晶片的弹性等效为电容 C_q，叫动态电容，其值仅为 0.01～0.1 pF，晶片的摩擦损耗等效为电阻 r_q，叫等效摩擦损耗电阻，其值约为 100 Ω，理想情况下 $r_q=0$。

【任务实施】

一、石英晶体振荡电路

使用石英晶体谐振器的振荡电路，称为石英晶体振荡电路。它的电路形式很多，按照它在电路中的作用可分为两大类：一类是把石英晶体谐振器作为等效电感元件工作在固有频率以上，称为并联谐振石英晶体振荡电路；另一类是把石英晶体谐振器作为串联谐振元件工作在固有频率，称为串联谐振石英晶体振荡电路。

（一）并联谐振石英晶体振荡电路

图 8-9(a)并联谐振石英晶体振荡电路。图中，VT_1、R_{B1}、R_{B2}、R_{E1}、R_{C1} 与 C_{E1} 组成分压式偏置放大电路。VT_2、R_{B3}、R_{E2} 组成射极输出器，以免信号输出影响振荡频率。石英谐振器作为等效电感元件使用，与 C_1、C_2 组成电容三点式振荡电路。

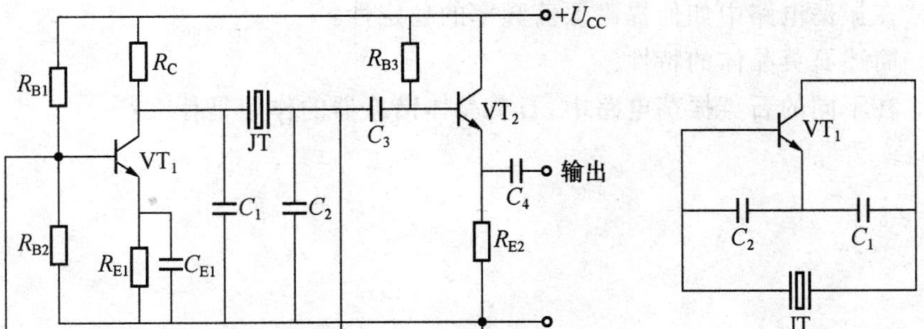

(a)并联型石英晶体振荡电路　　(b)简化交流等效电路

图 8-9 并联谐振石英晶体振荡电路

图 8-9(b)为并联谐振石英晶体振荡电路的简化交流等效电路，由图中可以看出，电路组成为电容三点式振荡电路，电路元件的组合原则符合“射同基反”，满足相位平衡条件。

（二）串联谐振石英晶体振荡电路

在图 8-10 中，VT_1、R_{B1}、R_{B2}、R_{E1} 与 C_{E1} 组成分压式偏置放大电路。VT_2、R_{B3}、R_{E2}、R_{C2} 与 C_{E2} 组成第二级放大电路，R_{B3} 为电压并联负反馈电阻。石英晶体与 R_F

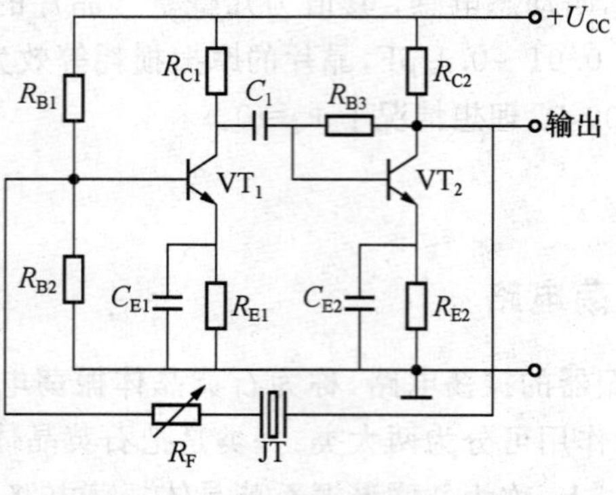

图 8-10　串联谐振石英晶体振荡电路

组成反馈网络，振荡频率由石英晶体谐振器的固有频率决定。电路的实际工作原理为：当回路的谐振频率等于晶体的串联谐振频率时，晶体的阻抗最小，近似为短路，电路满足相位条件和幅度条件，故能正常工作。调节 RF 的大小保证满足幅度平衡条件。

【任务巩固】

1. 在振荡电路中如何提高振荡频率的稳定性？
2. 简述石英晶体的特性。
3. 在不同的石英振荡电路中，石英晶体谐振器的作用是什么？

模块五　认知数字电路与基本逻辑门电路

项目九　认知数字电路

项目十　认知基本逻辑门电路

项目十 认知基本逻辑门电路

【项目描述】

数字电路中基本逻辑门电路是数字电路的基本电路，学会基本逻辑门电路是组合逻辑电路和时序电路的基础，本项目中就涉及数字电路中的基本逻辑门电路和相关的芯片。

本项目分为认知基本门电路及芯片和集成门电路芯片的检测 2 个工作任务。

通过本项目学习，认识与门、或门、非门的基本逻辑，学会测试与分析与门、或门、非门的逻辑功能并学会门电路芯片引脚的识别和判别方法以及芯片的使用注意事项等技能。培养认真严谨、善于思考、沟通协作、节约等能胜任岗位工作的职业素质。

任务 1 认知基本门电路及芯片

【任务目标】

1. 认识与门、或门、非门的基本逻辑。

2. 学会测试与分析与门、或门、非门的逻辑功能。

【任务准备】

一、资料准备

开关（BUTTON）、电池（BATTERY）、灯泡（LAMP）；电脑、Porteus 仿真软件、虚拟脉冲信号；与或门电路功能测试原理图、任务记录单等与本任务相关的教学资料。

二、知识准备

(一)数字信号和模拟信号

人类在社会活动与日常生活中,时时刻刻都涉及信息的获取、存储、传输与再现。什么是"信息"?信息是反映人们得到的"消息"(即原来不知道的知识)。信息一般不能直接传送,它必须借助于一定形式的信号(光信号、声信号、电信号等)才能远距离快速传输和进行各种处理。因此可以说信号是消息的载体,是消息的一种表现形式。

信号广义地说,信号是带有信息的随时间变化的物理量或物理现象,如随时间变化电压或电流就是电信号。本章只讨论应用广泛的电信号,其实其他信号一般也都通过电路转化成电信号进行处理。

电信号按幅度和时间变量的取值是否连续来分,可分为模拟信号和数字信号。

模拟信号是时间和数值上连续变化的信号。如声音、温度、压力等电信号就是模拟信号。处理模拟信号的电路称为模拟电路。

数字信号是时间上和数值上均是离散的信号,一般用矩形脉冲表示,用高电平和低电平表示信号的两种状态,用"1"和"0"二进制对高低电平进行数字量化。处理数字信号的电路称为数字电路。

(二)数字信号的优点

(1)首先是抗干扰的能力强。因为所传送的信息是包含在脉冲的高低中,只要干扰或噪声不超过能判断脉冲"高电平"或"低电平"的限度,就能保证通信质量。

(2)其次是能实现远距离传送,通信距离可以不受限。这是因为数字通信在传输中可将受到损耗或一定程度损伤的数字信号再生成原来的数字信号,而避免干扰和噪声的积累,这就使得通信的质量不受距离的影响。

(3)数字信号能同时适应各种通信业务的要求,即电话、电报、数据、传真、图像等多种信号全都能变成数字信号,在同一个通信网(综合业务数字网)中进行传输。

(4)加强了通信的保密性,因为数字信号可以根据需要进行有规律的加密编码,接收端接收到信号后必须按照同样的规律解密后才能得到需要的信号。

(5)数字化的通信还有便于采用大规模、超大规模集成电路,便于缩小通信设备的体积、增强功能,便于实现通信网的计算机管理等许多优点。

因此,通信的数字化是现代通信技术发展的基础,也是实现综合化、宽带化、智能化等的基础。

【任务实施】

一、识别模拟信号与数字信号

用信号发生器分别产生一个模拟正弦波信号和数字脉冲信号，并用示波器对两个信号分别进行测量，对比两个信号的主要区别是什么？

数字信号和模拟信号如图 9-1 所示，识别图 9-1 中的信号。

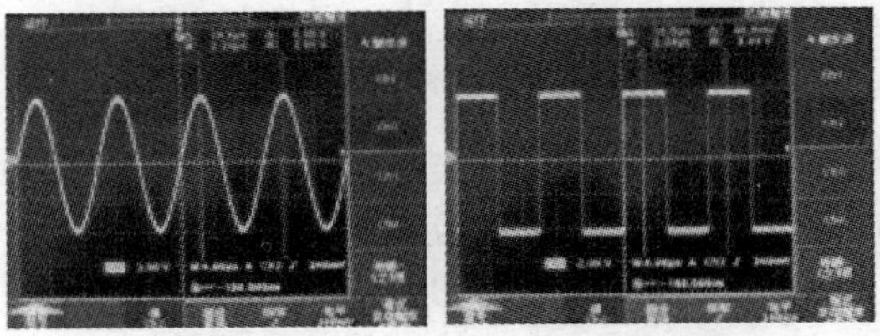

(a)模拟信号波形　　(b)数字信号波形

图 9-1　数字信号和模拟信号

(一)模拟信号的识别

图 9-1(a)中的信号是时间和数值上连续变化的信号，所以为模拟信号。

(二)数字信号的识别

图 9-1(b)中的信号是时间上和数值上均是离散的信号，且用矩形脉冲表示，所以为数字信号。

二、模拟电路与数字电路

一般电子线路有两种电路，处理模拟信号的电路称为模拟电路；处理数字信号的电路称为数字电路。

常见的模拟电路有整流电路、放大电路等，电路中的元器件工作在线性状态，对三极管而言工作在放大状态。

编码器、译码器、寄存器、计数器等属于数字电路，电路中的元器件只有“导通”和“截止”两种状态。

有的电路中既有模拟电路又有数字电路，如 555 定时器是一种应用极为广泛的中规模模拟——数字混合集成电路。

【任务巩固】

1. 什么是模拟信号？什么是数字信号？
2. 从波形上分析模拟信号和数字信号有什么本质上的区别？

3. 举例说明我们常见的模拟信号还有哪些?

4. 为什么现代通信技术都采用数字化通信?

任务2 数制的转换

【任务目标】

1. 理解数制及其表示方法。

2. 掌握二进制、十进制的表示及其互相转换。

【任务准备】

一、资料准备

任务记录单等与本任务相关的教学资料。

二、知识准备

(一)数制

数制是计数进位制的简称,就是计数的规则和方法。按照不同的进位方法就有不同的计数体制。例如,有"逢二进一"的二进制计数,有"逢八进一"的八进制计数,有"逢十进一"的十进制计数等。

日常生活中计数方法是十进制;数字电路中通常使用的数制是二进制。

(二)十进制数

十进制数其特点如下:

(1)采用十个基本数码:0、1、2、3、4、5、6、7、8、9。

(2)按"逢十进一"的计数原则。

对于十进制的任一正整数A,可以写成以10为底的幂次方求和的展开形式:

$(1369)_{10}=1\times10^3+3\times10^2+6\times10^1+9\times10^0$。

(三)二进制数

二进制数其特点如下:

(1)采用两个基本数码:0、1。

(2)按"逢二进一"的计数原则。

对于二进制的任一正整数 B，可以写成以 2 为底的幂次方求和的展开形式，如：$(1011)_2=1\times2^3+0\times2^2+1\times2^1+1\times2^0$。

(3)二进制的加减运算

例：求$(10101)_2+(1101)_2=?$

解：在加运算时，要注意“逢二进一”的原则，即遇到 2 就向相邻高位进 1，本位为 0。

$$(10101)_2+(1101)_2=(100010)_2$$

$$\begin{array}{r} 10101 \\ +\quad 1101 \\ \hline 100010 \end{array}$$

例：求$(1101)_2-(110)_2=?$

解减法运算时，运算法则是“借一当二”，即遇到 0 减 1 时，本位不够，需向高位借一，在本位作二使用。

$$(1101)_2-(110)_2=(111)_2$$

$$\begin{array}{r} 1\,1\,0\,1 \\ -\quad 1\,1\,0 \\ \hline 1\,1\,1 \end{array}$$

(四)二进制数转换成十进制数

将每一位二进制数乘以位权，然后相加，可得结果。

(五)十进制数转换成二进制数

采用“连除以 2 取余”法将十进制的整数部分转换成二进制。

【任务实施】

一、二进制数转换成十进制数

将二进制数$(10011)_2$、$(100011)_2$ 转换成十进制数。

将每一位二进制数乘以位权，然后相加，可得

$(10011)_2=1\times2^4+0\times2^3+0\times2^2+1\times2^1+1\times2^0=(19)_{10}$

$(100011)_2=1\times2^5+0\times2^4+0\times2^3+0\times2^2+1\times2^1+1\times2^0=(36)_{10}$

二、十进制数转换成二进制数

将十进制数$(23)_1$ 转换成二进制数。

采用“连除以 2 取余”法将十进制的整数部分转换成二进制，步骤如下：

2|23 ……余 1 b_0

2|11 ……余 1 b_1

2|5 ……余 1 b_2

2|2 ……余 0 b_3

2|1 ……余 1 b_4

0

↑读取次序

所以：$(23)_{10}=(10111)_2$

三、其他数制间的转换

1. 八进制转换成十进制

八进制就是逢 8 进 1。

八进制数采用 0～7 这八个数来表达一个数。

八进制数第 0 位的权值为 8 的 0 次方，第 1 位权值为 8 的 1 次方，第 2 位权值为 8 的 2 次方……

所以，设有一个八进制数：1507，转换为十进制为：

用竖式表示：

1507 换算成十进制。

第 0 位 $7\times8^0=7$

第 1 位 $0\times8^1=0$

第 2 位 $5\times8^2=320$

第 3 位 $1\times8^3=512$

839

同样，我们也可以用横式直接计算：

$7\times8^0+0\times8^1+5\times8^2+1\times8^3=839$

结果是，八进制数 1507 转换成十进制数为 839。

2. 十进制转换成十六进制

十进制数转换成十六进制的方法，和十进制转换为二进制的方法类似，唯一变化：除数由 2 变成 16。

同样是 120，转换成十六进制则为：

被除数	计算过程	商	余数
120	120/16	7	8
7	7/16	0	7

120 转换为十六进制，结果为：78。

3. 十六进制转换成十进制

16 进制就是逢 16 进 1，除了 0～9 十个数字，用 A，B，C，D，E，F 六个字母来分别表示 10，11，12，13，14，15。字母不区分大小写。

十六进制数的第 0 位的权值为 16 的 0 次方，第 1 位的权值为 16 的 1 次方，第 2 位的权值为 16 的 2 次方……

所以，在第 N(N 从 0 开始)位上，如果是数 X(X 大于等于 0，并且 X 小于等于 15，即：F)表示的大小为 X×16 的 N 次方。

例：十六进数 2AF5 换算成 10 进制

用竖式计算：

2AF5 换算成 10 进制：

第 0 位：$5\times16^0=5$

第 1 位：$F\times16^1=240$

第 2 位：$A\times16^2=2560$

第 3 位：$2\times16^3=8192$

10997

直接计算就是：

$5\times16^0+F\times16^1+A\times16^2+2\times16^3=10997$

(在计算中，A 表示 10，而 F 表示 15)

所以所有进制换算成 10 进制，关键在于各自的权值不同。

十进数 1234

$1234=1\times10^3+2\times10^2+3\times10^1+4\times10^0$

【任务巩固】

1. 完成下列二进制数的加、减运算。

$(1)(1001)^2+(11)^2=$　　　　　　　　；$(2)(11001)^2-(110)^2=$

2. 将下列二进制数转换成十进制数。

$(1)(101001)^2$；$(2)(10110)^2$

3. 分别求出 10～20 所对应的二进制数。

任务3 车门报警电路的逻辑代数表示

【任务目标】

1. 理解逻辑变量,掌握逻辑代数的基本规律。
2. 学会简单电路的逻辑代数表示。

【任务准备】

一、资料准备

车门报警电路原理图、逻辑关系表、任务记录单等与本任务相关的教学资料。

二、知识准备

(一)逻辑代数的概念

逻辑代数又称布尔代数或二值代数,它是分析和设计逻辑电路的数学基础,其变量只有0和1。这里的0和1并不表示数量的大小,只表示两种对立的状态,即两种逻辑关系,如开关的通与断、灯的亮与灭、电位的高与低、一件事情的是与非、信号的有无等。

(二)逻辑体制

在逻辑电路中,输入与输出一般都用电平来表示。若把高电平用“1”表示,低电平用“0”表示,则为正逻辑;反之,若把低电平用“1”表示,高电平用“0”表示,则为负逻辑。对于同一电路,可以采用正逻辑,也可采用负逻辑,但是功能不一样。若无特别说明,一般采用正逻辑体制。

(三)基本逻辑运算

基本的逻辑运算有与运算、或运算、非运算三种。

1. 与运算

当决定一件事情的条件全部具备之后,这件事情才会发生。我们把这种因果关系称为与逻辑。相应的运算为与运算。用逻辑表达式来描述,则可写为

$$L=A\cdot B$$

2. 或运算

当决定一件事情的几个条件中，只要有一个或一个以上条件具备，这件事情就会发生。我们把这种因果关系称为或逻辑。相应的运算为或运算。用逻辑表达式来描述或逻辑，写为 $L=A+B$

3. 非运算

非运算是某事情发生与否，仅取决于一个条件，而且是对该条件的否定。即条件具备时事情不发生；条件不具备时事情才发生。若用逻辑表达式来描述，则可写为：$L=\overline{A}$

在后面的基本逻辑门电路中还会对基本的逻辑运算进行具体的阐述。

（四）逻辑代数的基本定律

1. 逻辑代数的基本公式

(1)常量与常量的关系：$0\cdot 0=0, 0\cdot 1=0, 1\cdot 1=1; 0+0=0, 0+1=1, 1+1=1;$

(2)常量和变量的逻辑或：$A+0=A$，$A+1=1$；

(3)常量和变量的逻辑与：$A\cdot 0=0$，$A\cdot 1=A$；

(4)变量和反变量的逻辑或和逻辑与：$A+\overline{A}=1 \quad A\cdot\overline{A}=0$

2. 逻辑代数的基本定律

(1)交换律：$A+B=B+A, AB=BA$；

(2)结合律：$A+(B+C)=(A+B)+C$；$A\cdot(B\cdot C)=(A\cdot B)\cdot C$；

(3)分配律：$A+B\cdot C=(A+B)\cdot(A+C)$；$A\cdot(B+C)=A\cdot B+A\cdot C$；

(4)互补律：$A+\overline{A}=1 \quad A\cdot\overline{A}=0$

(5)反演律（又称摩根定律）：$\overline{A\cdot B}=\overline{A}+\overline{B}$；$\overline{A+B}=\overline{A}\cdot\overline{B}$

【任务实施】

一、简单车门报警逻辑电路要求

如图 9-2 所示，是一个应用于简单车门报警的逻辑电路。图中的两个开关分别装在两道车门上，要求：只要其中一个开关处于开路状态（即输入为逻辑“1”，那么输出也是逻辑“1”），发光二极管（警报灯）就发光。请根据要求，在电路的虚线框中画出电路的符号，并完成关系表，写出输出与输入的关系。

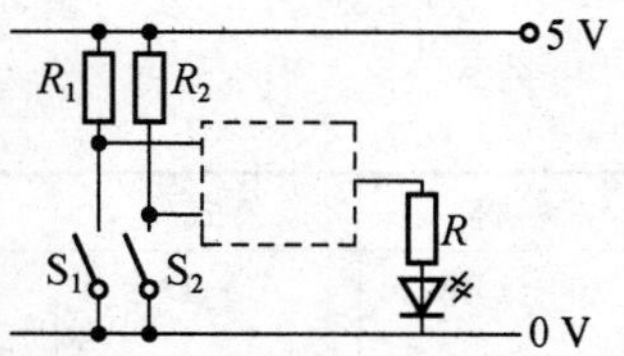

图 9-2 车门报警逻辑电路

二、简单车门报警逻辑电路分析

(一)逻辑变量表示

当开关断开时,输入电平为高电平,闭合时,输入的电平为低电平,设 S_1 为输入 A,S_2 为输入 B,二极管的亮暗情况为输出 Y。则 S_1 闭合、S_2 闭合时,二极管不亮,即 A 为 0、B 为 0 时,Y 为 0;同理,A、B 与 Y 的关系如表 9-1 所示。

表 9-1　A、B 与 Y 的逻辑关系表

输入	输入	输出	输入	输入	输出
A	B	Y	A	B	Y
0	0	0	1	0	1
0	1	1	1	1	1

(二)逻辑门的设计

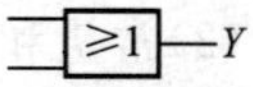

图 9-3　或门

通过表 9-1 可以看出,只要两个输入中有一个是"1",输出就为"1"。这个门电路一定为"或"门,该电路中门电路的符号如图 9-3 所示。

(三)输出与输入的关系

$Y=A+B$ 或 $Y=B+A$(交换律)

【任务巩固】

1. 在举重比赛中,有甲、乙、丙三名裁判、乙、丙为副裁判,当主裁判和一名以上(包括一名)副裁判认为运动员上举合格后,才可发出合格信号,列出真值表。

2. 下列逻辑代数定律中,和普通代数相似是(　　)。

A. 否定律　　B. 反定律　　C. 重叠律　　D. 分配律

3. 填写逻辑代数的基本公式表 9-2。

表 9-2　逻辑代数的基本公式

名称	公式 1	公式 2	名称	公式 1	公式 2
0—1 律	$A\cdot1=$	$A+0=$	分配律	$A(B+C)=$	$A+BC=$
	$A\cdot0=$	$A+1=$	反演律	$\overline{AB}=$	$\overline{A+B}=$
互补律	$A\overline{A}=$	$A+\overline{A}=$	吸收律	$A(A+B)=$	$A+AB=$
重叠律	$AA=$	$A+A=$		$A(\overline{A}+B)=$	$A+\overline{A}B=$
交换律	$AB=$	$A+B=$	非非律	$\overline{\overline{A}}=$	
结合律	$A(BC)=$	$A+(B+C)=$			

4. 证明分配律：$A+B\cdot C=(A+B)\cdot(A+C)$。

5. 证明吸收律：$A+A\cdot B=A$，$A\cdot(A+B)=A$，$AB+C+BC=AB+C$。

6. 证明摩根定律。

7. 证明　$A+\overline{A}B=A+B$

任务4　机床继电接触器控制电路逻辑表达式化简

【任务目标】

1. 理解逻辑表达式化简方法。
2. 会用逻辑表达式化简方法进行化简。

【任务准备】

一、资料准备

机床继电接触器控制电路原理图、任务记录单等与本任务相关的教学资料。

二、知识准备

在实际应用中，我们常常要对逻辑表达式进行化简，最简逻辑表达式的标准是：一是乘积项最少；二是在保证乘积项最少的前提下，乘积项中的因子要尽可能少。公式化简法是一种较为常用的方法，公式化简法有吸收法、并项法、消去法、配项法四种，具体描述如下：

(一)吸收法

吸收法是利用 $A+AB=A$ 的公式，消去多余的项，如：

$$Y=A\overline{B}+A\overline{B}(C+DE)=A\overline{B}$$

(二)并项法

利用 $A+\overline{A}=1$ 的公式，将两项并为一项，消去一个变量，如：

$$Y=AB\overline{C}+ABC=AB(\overline{C}+C)=AB$$

$$\begin{aligned}Y&=A(BC+\overline{B}\,\overline{C})+A(B\overline{C}+\overline{B}C)\\&=ABC+A\,\overline{BC}+AB\,\overline{C}+A\,\overline{B}C\end{aligned}$$

$$=AB(C+\overline{C})+A\,\overline{B}(C+\overline{C})$$
$$=AB+A\,\overline{B}=A(B+\overline{B})=A$$

（三）消去法

利用 $A+\overline{A}B=A+B$ ，消去多余的因子，如：

$$Y=AB+\overline{A}C+\overline{B}C=AB+(\overline{A}+\overline{B})C$$
$$=AB+\overline{AB}C=AB+C$$

（四）配项法

利用 $A=A(B+\overline{B})$ 的关系，将其配项，然后消去多余的项。如：

$$AB+\overline{A}C+BC=AB+\overline{A}C+(A+\overline{A})BC$$
$$=AB+ABC+\overline{A}CB+\overline{A}C$$
$$=AB+\overline{A}C$$

在化简逻辑函数时，要灵活运用上述方法，才能将逻辑函数化为最简。下面再举几个例子。

【例 1】 化简逻辑函数 $Y=A\overline{B}+A\overline{C}+A\overline{D}+ABCD$

解： $Y=A(\overline{B}+\overline{C}+\overline{D})+ABCD=A\,\overline{BCD}+ABCD=A(\overline{BCD}+BCD)=A$

【例 2】 化简逻辑函数 $L=AD+A\overline{D}+AB+\overline{A}C+BD+A\overline{B}EF+\overline{B}EF$

解： $Y=A+AB+\overline{A}C+BD+A\,\overline{B}EF+\overline{B}EF$（利用 $A+\overline{A}=1$）$=A+\overline{A}C+BD+\overline{B}EF$（利用 $A+AB=A$）$=A+C+BD+\overline{B}EF$（利用 $A+\overline{A}B=A+B$）

由上例可知，逻辑函数的化简结果不是唯一的。

代数化简法的优点是不受变量数目的限制。缺点是：没有固定的步骤可循；需要熟练运用各种公式和定理；需要一定的技巧和经验；有时很难判定化简结果是否最简。

【任务实施】

一、电路组成

有一机床继电接触器控制电路如图 9-3 所示，用逻辑表达式化简该电路。

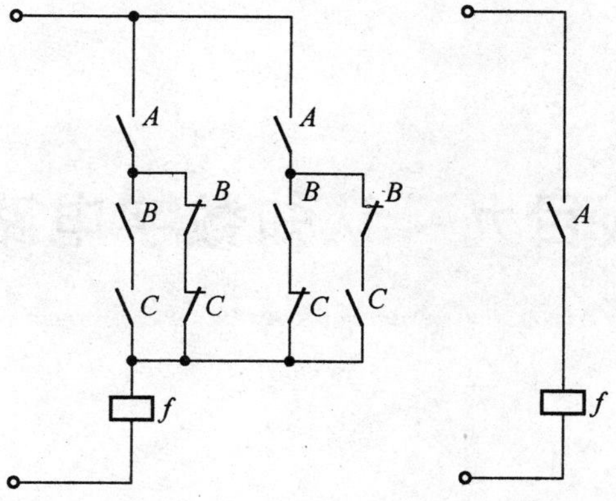

(a)　　　　　　(b)

图 9-3　机床继电接触器控制电路

二、用逻辑表达式化简电路

(一)写出电路图的逻辑表达式

由图 9-3(a)可得逻辑表达式：$F=\overline{A}\,\overline{B}\,\overline{C}+\overline{A}BC+\overline{A}\,\overline{B}C+\overline{A}B\overline{C}$

(二)化简逻辑表达式

根据知识准备中的公式化简法，化简逻辑表达式

$$
\begin{aligned}
F&=\overline{A}\,\overline{B}\,\overline{C}+\overline{A}BC+\overline{A}\,\overline{B}C+\overline{A}B\overline{C}\\
&=(\overline{A}\,\overline{B}\,\overline{C}+\overline{A}\,\overline{B}C)+(\overline{A}BC+\overline{A}B\overline{C})\\
&=\overline{A}\,\overline{B}(\overline{C}+C)+\overline{A}B(C+\overline{C})\\
&=\overline{A}\,\overline{B}+\overline{A}B=\overline{A}(\overline{B}+B)=\overline{A}
\end{aligned}
$$

化简后的电路如 9-3(b)图所示。

【任务巩固】

1. 若逻辑表达式 $F=\overline{A+B}$，则下列表达式中与 F 相同的是(　　)。

A. $F=\overline{A}\,\overline{B}$　　B. $F=\overline{AB}$　　C. $F=\overline{A}+\overline{B}$

2. 若逻辑函数 $Y=A+ABC+BC+\overline{B}C$ 则 L 可简化为(　　)。

A. $Y=A+BC$　　B. $Y=A+C$　　C. $Y=AB+\overline{B}C$　　D. $Y=A$

项目九　认知数字电路

【项目描述】

数字电路中的基本概念对于数字电路的学习十分重要，本项目中就涉及数字电路中的一些常用概念及运算。

本项目分为数字信号与模拟信号的识别、数制的转换、车门报警电路的逻辑代数表示和机床继电接触器控制电路逻辑表达式化简4个工作任务。

通过本项目学习，了解数字信号与模拟信号的概念、理解数制及其表示方法和理解逻辑表达式化简方法，学会识别数字信号与模拟信号、二进制、十进制的表示及其互相转换、简单电路的逻辑代数表示和用逻辑表达式化简方法进行化简等技能。培养认真严谨、善于思考、沟通协作、节约等能胜任岗位工作的职业素质。

任务1　数字信号与模拟信号的识别

【任务目标】

1. 了解数字信号与模拟信号的概念。
2. 学会识别数字信号与模拟信号。

【任务准备】

一、资料准备

信号发生器、示波器等工具，任务记录单等与本任务相关的教学资料。

二、知识准备

(一)正逻辑与反逻辑

在逻辑电路中,点位的高低是相互对立的逻辑状态,可用逻辑1和用逻辑0分别表示。有两种不同的表示方法,规定如下:

若将高电平表示有信号,并用逻辑1表示;低电平表示无信号,并用逻辑0表示,称为正逻辑体制,简称正逻辑。

反之,若将低电平表示有信号,并用逻辑1表示;高电平表示无信号,并用逻辑0表示,称为反逻辑体制,简称反逻辑。

对于同一个电路,可以采用正逻辑也可以采用负逻辑,但应事先规定。因为即使同一种电路,由于选择的正、负逻辑体制不同,本书若无特殊说明,均采用正逻辑。

(二)基本概念及基本逻辑运算

自然界中,许多现象总是存在着对立的双方,为了描述这种相互对立的逻辑关系,往往采用仅有两个取值的变量来表示,这种二值变量就称为逻辑变量。例如,电平的高低,灯泡的亮灭等现象都可以用逻辑变量来表示。

逻辑变量和普通代数中的变量一样,可以用字母A、B、C、…X、Y、Z等来表示。但逻辑变量表示的是事物的两种对立的状态,只允许取两个不同的值,分别是逻辑0和逻辑1。这里的0和1不表示具体的数值,只表示事物相互对立的两种状态。

逻辑代数就是用以描述逻辑关系,反映逻辑变量运算规律的数学,它是按照一定的逻辑规律进行运算的。

所谓逻辑关系是指一定的因果关系。基本的逻辑关系只有"与"、"或"、"非"三种。实现这三种逻辑关系的电路分别叫做与门"与门(AND)""或门(OR)""非门(NOT)"。因此,在逻辑代数中有三种基本逻辑运算就是通过这三种基本运算,即"与"运算、"或"运算和"非"运算。其他逻辑运算就是通过这三种基本运算来实现的。

1. 与逻辑以及与逻辑关系的表达方式

(1)只有当决定某一种结果的所有条件都具备时,这个结果才能发生,这种逻辑关系。称为与逻辑关系,简称与逻辑,逻辑符号如图10-1(b)所示。

(2)与运算的规则为:"有0出0;全1出1"。

(3)与运算逻辑表达式,可写为$L=A\cdot B$,并且与运算可以推广到多变量:

A	*B*	*L*
0	0	0
0	1	0
1	0	0
1	1	1

(a)与逻辑真值表

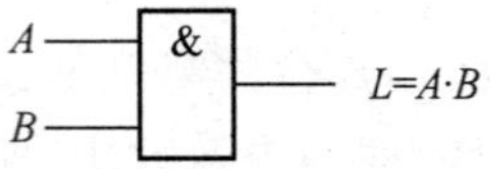

(b)与逻辑符号

图 10-1 与逻辑

$$L = A \cdot B \cdot C$$

(4)与逻辑真值表，如图 10-1(a)所示。

A	*B*	*L=A+B*
0	0	0
0	1	1
1	0	1
1	1	1

(a)或逻辑真值表

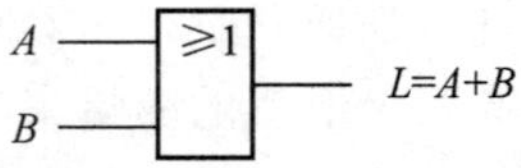

(b)或逻辑符号

图 10-2 或逻辑

2. *或逻辑以及或逻辑关系的表达方式*

(1)当决定某一结果的 N 个条件中，只要有一个或一个以上的条件具备，结果就发生，

这种逻辑关系，就称为或逻辑关系，简称或逻辑，逻辑符号如图 10-2(b)所示。

(2)或运算的规则为："全 0 出 0，有 1 出 1"。

(3)或运算逻辑表达式可写为 $L=A+B$，并且或运算可以推广到多变量的逻辑表达式为：

$$L = A + B + C$$

(4)或逻辑真值表，如图 10-2(a)所示。

3. *非逻辑以及非逻辑关系的表达方式*

(1)如果条件与结果的状态都是相反，则这样的逻辑关系称为非逻辑关系，简称非逻辑，逻辑符号如图 10-3(b)所示。

A	$L=\overline{A}$
0	1
1	0

(a)非逻辑真值表

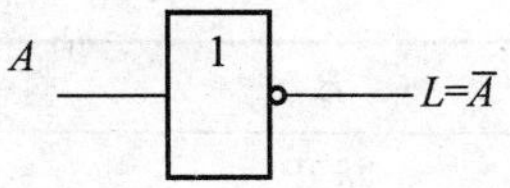

(b)非逻辑符号

图 10-3　非逻辑

(2)非运算的规则为："进 1 出 0；进 0 出 1"。

(3)非运算逻辑表达式，可写为 $L=\overline{A}$。

(4)用列表的方式表示与逻辑关系，称为真值表，如图 10-3(a)所示。

【任务实施】

一、Proteus 仿真与门电路并测试功能

(一)在 Proteus 仿真软件中绘制电路图

在 Proteus 仿真软件中绘制电路图的步骤如下：

(1)打开 Proteus 仿真软件。

(2)拾取元器件电池、按键等，并把元器件放置在编辑区内。

(3)按图 10-4 所示电路，正确连接各元器件。

(4)检查电路。

绘制完的电路图如图 10-5 所示。

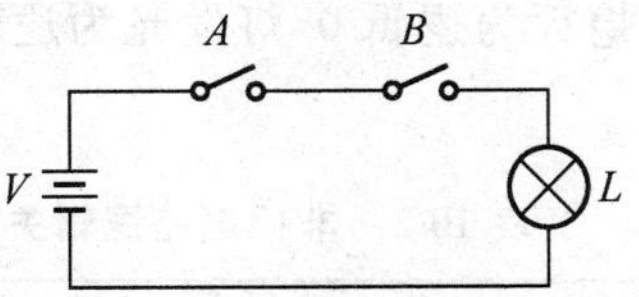

图 10-4　A、B 开关串联电路

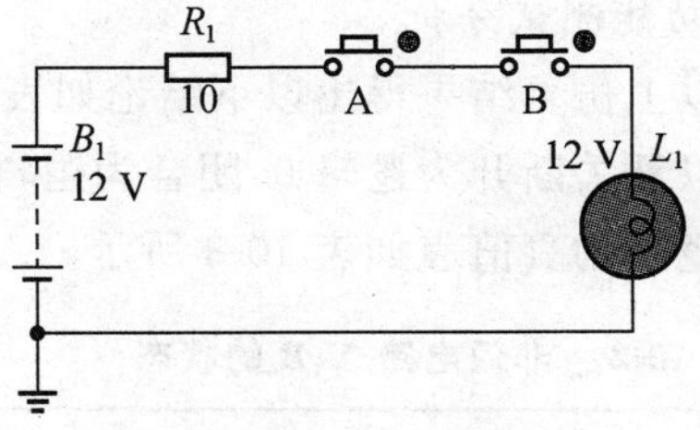

图 10-5　Proteus 仿真电路

(二)功能测试

对于绘制完毕的电路图，运行，测试如下功能。

1. 按表格 10-1 中 A、B 的状态调试电路

如图 10-6(a)、(b)、(c)和(d)所示。

表 10-1 非门电路 *A*、*B* 的状态

A	*B*	灯 *L*	*A*	*B*	灯 *L*
断开	断开		断开	闭合	
闭合	断开		闭合	闭合	

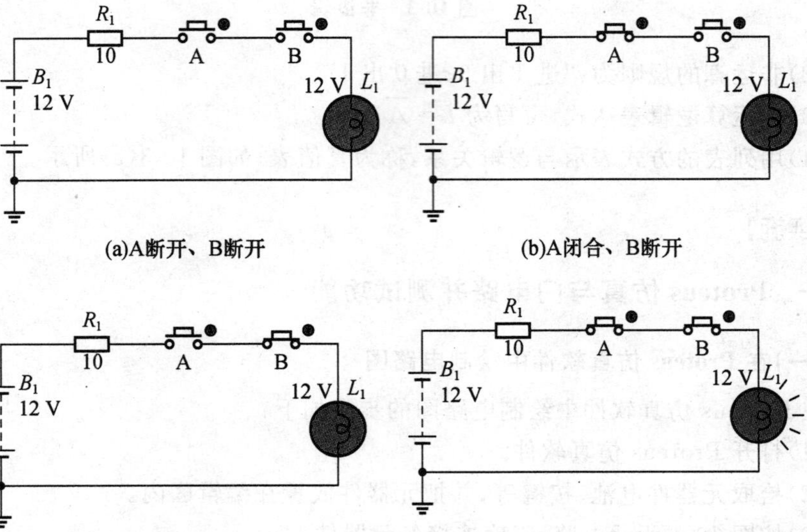

(a)A断开、B断开　　(b)A闭合、B断开

(c)A断开、B闭合　　(d)A闭合、B闭合

图 10-6 与门功能测试电路

2. 功能测试分析

按以上仿真结果得出以下结论如表 10-2 所示。

若以开关断开为逻辑 0,闭合为逻辑 1;灯熄灭为逻辑 0,灯发光为逻辑 1,得出以下与逻辑的真值表如表 10-3 所示。

表 10-2 非门电路 *A*、*B* 的状态

A	*B*	灯 *L*
断开	断开	不亮
闭合	断开	不亮
断开	闭合	不亮
闭合	闭合	亮

表 10-3 非门电路逻辑关系

A	*B*	灯 *L*
0	0	0
1	0	0
0	1	0
1	1	1

由以上可知：与门为“有 0 出 0，全 1 出 1”。

二、Proteus 仿真或门电路并测试功能

（一）在 Proteus 仿真软件中绘制电路图

在 Proteus 仿真软件中绘制电路图的步骤如下：

（1）打开 Proteus 仿真软件。

（2）拾取元器件电池、按键等，并把元器件放置在编辑区内。

（3）按图 10-7 所示电路，正确连接各元器件。

（4）检查电路。

电路图如图 10-8 所示。

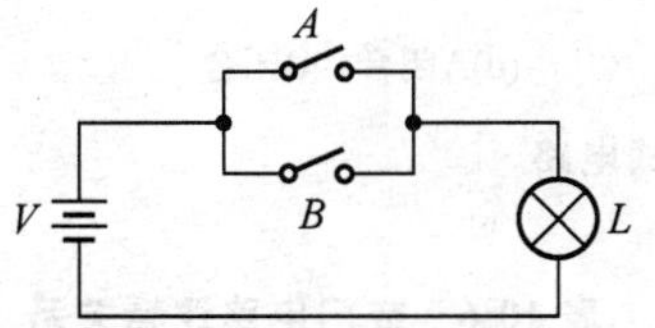

图 10-7　A、B 开关并联电路

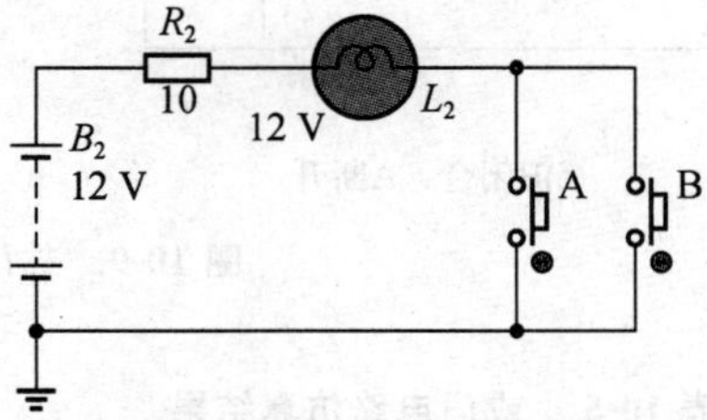

图 10-8　Proteus 仿真电路

（二）功能测试

对于绘制完毕的电路图，运行，测试如下功能。

1. 按表 10-4 中 A、B 的状态调试电路，如图 10-9(a)、(b)、(c)和(d)所示。

表 10-4　或门电路 A、B 的状态

A	B	灯 L
断开	断开	
闭合	断开	
断开	闭合	
闭合	闭合	

2. 功能测试分析

按以上仿真结果得出以下结论如表 10-5 所示。

若以开关断开为逻辑 0，闭合为逻辑 1；灯熄灭为逻辑 0，灯发光为逻辑 1，得出以下与逻辑的真值表如表 10-6 所示。

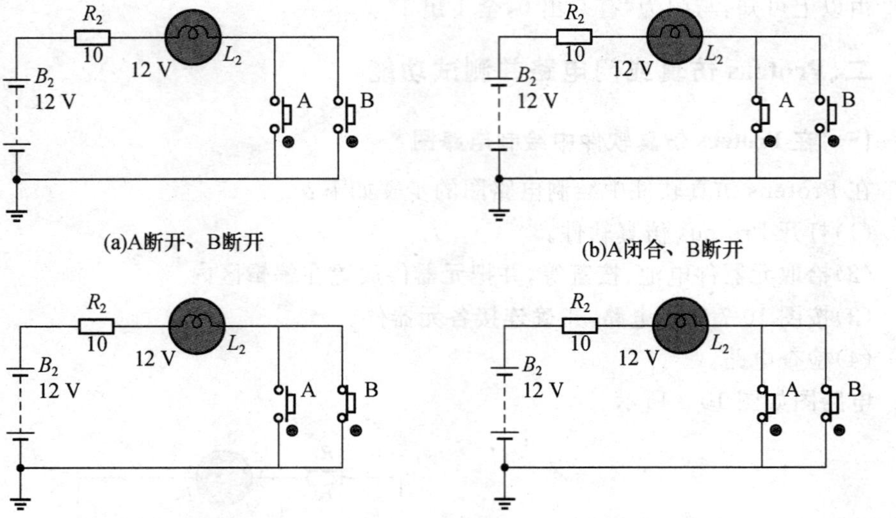

(a)A断开、B断开　(b)A闭合、B断开

(c)B闭合、A断开　(d)A闭合、B闭合

图 10-9　或门功能测试电路

表 10-5　或门电路仿真结果

A	B	灯 L
断开	断开	不亮
闭合	断开	亮
断开	闭合	亮
闭合	闭合	亮

表 10-6　或门电路逻辑关系

A	B	灯 L
0	0	0
1	0	1
0	1	1
1	1	1

由以上可知:或门为“有 1 出 1,全 0 出 0”。

三、Proteus 仿真非门电路并测试功能

(一)在 Proteus 仿真软件中绘制电路图

在 Proteus 仿真软件中绘制电路图的步骤如下:

(1)打开 Proteus 仿真软件。

(2)拾取元器件电池、按键等,并把元器件放置在编辑区内。

(3)按图 10-10 所示电路,正确连接各元器件。

(4)检查电路。

绘制完的电路图如图 10-11 所示。

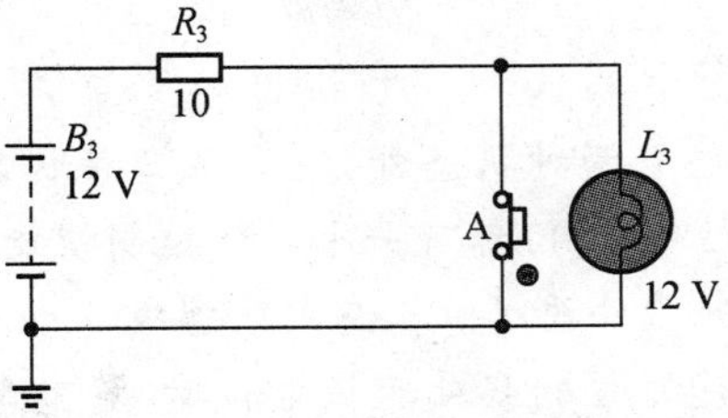

图 10-10 *A*、*B* 开关并联电路

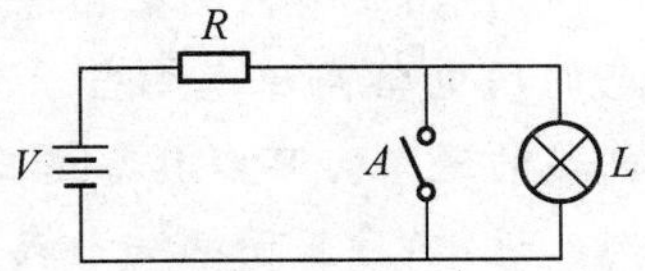

图 10-11 *A*、*B* 开关并联电路

(二)功能测试

对于绘制完毕的电路图,运行,测试如下功能。

1. 按表 10-7 中 A 的状态调试电路,如图 10-12 所示。

表 10-7 *A* 的状态

A	灯 L
断开	
闭合	

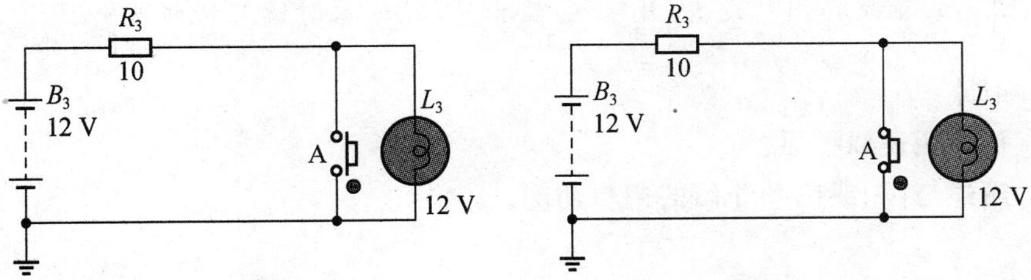

(a)开关断开 (b)开关闭合

图 10-12 非门功能测试电路

2. 功能测试分析

按以上仿真结果得出以下结论如表 10-8 所示。

表 10-8 非门电路仿真结果

A	灯 L
闭合	不亮
断开	亮

表 10-9 非门电路逻辑关系

A	灯 L
0	1
1	0

若以开关断开为逻辑 0,闭合为逻辑 1;灯熄灭为逻辑 0,灯发光为逻辑 1,得出以下与逻辑的真值表如表 10-9 所示。

由以上可知:或门为“有 1 出 0,有 0 出 1”。

【任务拓展】

什么是三态门?

三态门,是指逻辑门的输出除有高、低电平两种状态外,还有第三种状态——高阻状态的门电路高阻态相当于隔断状态。三态门都有一个EN控制使能端,来控制门电路的通断。可以具备这三种状态的器件就叫做三态(门,总线,……)。

举例来说:内存里面的一个存储单元,读写控制线处于低电位时,存储单元被打开,可以向里面写入;当处于高电位时,可以读出,但是不读不写,就要用高电阻态,既不是+5 V,也不是0 V计算机里面用1和0表示是,非两种逻辑,但是,有时候,这是不够的,比如说,他不够富有但是他也不一定穷啊,她不漂亮,但也不一定丑啊,处于这两个极端的中间,就用那个既不是+也不是—的中间态表示,叫做高阻态。

高电平,低电平可以由内部电路拉高和拉低。而高阻态时引脚对地电阻无穷,此时读引脚电平时可以读到真实的电平值。

高阻态的重要作用就是I/O(输入/输出)口在输入时读入外部电平用。

【任务巩固】

1. 什么叫逻辑关系?
2. 简述与门、或门和非门的逻辑功能。

任务2 集成门电路芯片的检测

【任务目标】

1. TTL/CMOS门电路芯片引脚的识别和判别方法以及芯片的使用注意事项。

2. 学会74LS08与门、CD4071B或门集成芯片识别与检测。

【任务准备】

一、资料准备

虚拟信号发生器、虚拟示波器等工具,任务记录单等与本任务相关的教学资料。

二、知识准备

(一)TTL 门电路

TTL 门电路是双极型的 TTL 门电路简称,主要由 NPN 或 PNP 型三极管、二极管、电阻、电容等元器件组成,工艺较为复杂。这种门电路于 20 世纪 60 年代问世,至今仍广泛应用于各种数字电路或系统中。

(二)TTL 门电路引脚的识别方法

TTL 门电路的封装多为双列直插式,双列直插式的集成电路引脚排列次序为:从识别标记(通常为凹口)开始,沿逆时针方向往下依次为 1、2、3……。在实际使用时要查阅相关技术手册。

1. TTL 门电路的电源引脚的判别

一般有型号的门电路可以较为方便地判断其正、反面,若有文字、型号或标志的为正面。

若有型号且有相关资料时,可以根据资料判别电源引脚。若无任何标志的门电路,则可以用万用表进行检测判别电源引脚。选择万用表的"R×1 k"欧姆挡,将红表笔、黑表笔分别接于对边角的两个引脚测量阻值,然后更换表笔再测量一次。一般来说,一次测量阻值为十几千欧,另一次为几千欧,则测量阻值较大那次,黑表笔接电源正极,红表笔接接地端。

2. 输入端的判别

将 5 V 电源接入 TTL 门电路,将万用表拨到"5 mA"挡,将黑表笔接地,红表笔依次与各管脚连接,在电流表上有 0.1～0.2 mA 电流指示的引脚为输入端。

3. 输出端的判别

将 5 V 电源接入 TTL 门电路,将万用表拨至直流电压"10 V"挡,将黑表笔接地,红表笔依次与各管脚连接,在电压表上有 0.2～0.4 V 电压指示的引脚为输出端。

(三)TTL 集成门电路使用注意事项

(1)TTL 集成电路的电源电压 V_{CC} 要求在＋4.5～＋5.5 V 之间,超过＋5.5 V 会损坏器件,低于＋4.5 V 将使器件的逻辑功能不正常。因此必须使用＋5 V 的稳压电源。

(2)接电源时切勿将电源和地的极性接反,否则会造成器件损坏。

(3)不要加超过电源电压的信号至输入端。

(4)多余的输入端悬空容易受到干扰,对与门可直接或通过一个大于或等于

1 kΩ的电阻与电源相连;对或门可直接接地。

(四)常见的 TTL 集成门电路

常见的 TTL 集成门电路有 74LS08 与门集成芯片、74LS32 或门集成芯片和 74LS04 非门集成芯片,其管脚图如图 10-13 所示。

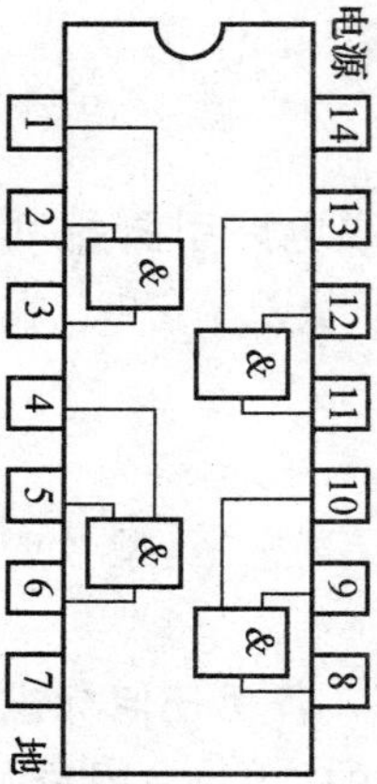

(a)74LS08与门集成芯片

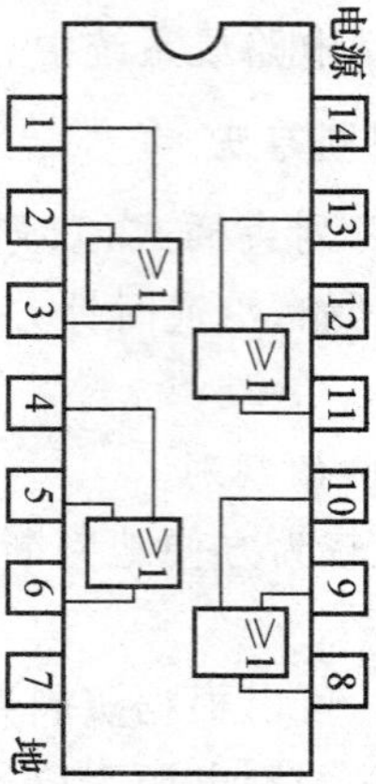

(b)74LS32或门集成芯片

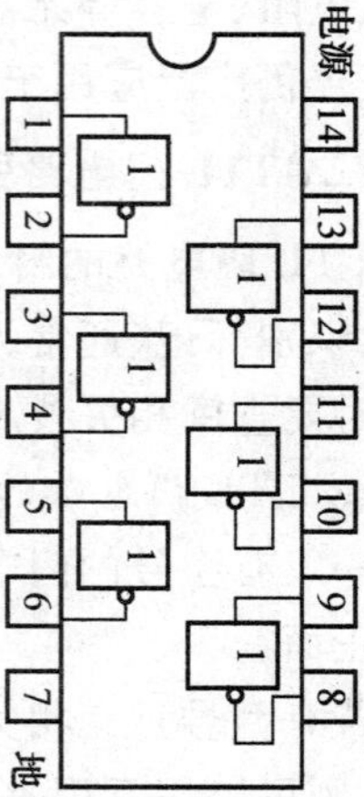

(c)74LS04非门集成芯片

图 10-13 常见的 TTL 集成门电路

(五)CMOS 门电路

CMOS 门电路是单极型的 CMOS 门电路的简称,由 PMOS 管和 NMOS 管构成的一种互补对称场效应管集成门电路。常用的 CMOS 门电路有:3 输入三与门 CD4073B,4 输入二与门 CD4082B,2 输入四或门 CD4071B,六反相器 CC4049UB、CC4069 等。

(六)CMOS 门电路的使用常识

1. 电源电压

CMOS 门电路的电源电压范围比 TTL 门电路的范围宽,如 CC4000 系列的集成电路可在 3～18 V 电压下正常工作。CMOS 门电路使用的标准电压一般为 5 V、10 V、15 V 三种,使用时需注意电源极性不能接反。

2. CMOS 门电路多余端(不用端)的处理方法

CMOS 门电路的多余端不能悬空,应根据实际情况接上适当的电平值。一般可以根据门电路的逻辑功能将多余端接高电平 1 或接低电平 0。与门、与非门的多余端可以接到高电平或电源 V_{DD}上;或门、或非门的多余端则应接地或接低电平。

3. CMOS 门电路的安全问题

(1)除了 CMOS 门电路的输入端不能悬空外，其在存放和运送过程中，应用铝锡纸包好并放入屏蔽盒中，操作人员应尽量避免穿着易产生静电荷的化纤物，以免产生静电感应，要防止静电损坏。

(2)焊接时应使用小功率(小于 20 W)并有良好接地保护的电烙铁。

【任务实施】

一、74LS08 与门集成芯片识别与检测

(一)74LS08 与门集成芯片识别

芯片 74LS08 属于哪类芯片？识别 74LS08 的外部引脚？

芯片 74LS08 属于 TTL 门电路，如图 10-14 所示，从识别标记(通常为凹口)开始，沿逆时针方向往下依次为 1～14 管脚。

图 10-14　74LS08 芯片

(二)74LS08 与门集成芯片检测

1. 芯片 74LS08 的电源引脚的判别

芯片 74LS08 有文字、型号或标志的为正面。

可以根据资料判别电源引脚。也可以用万用表进行检测判别电源引脚。

选择万用表的“R×1 k”欧姆挡，将红表笔、黑表笔分别接于对边角的两个引脚测量阻值，然后更换表笔再测量一次。一般来说，一次测量阻值为十几千欧，另一次为几千欧，则测量阻值较大那次，黑表笔接电源正极，红表笔接接地端。

2. 输入端的判别

将 5 V 电源接入 74LS08 芯片，将万用表拨到“5 mA”挡，将黑表笔接地，红表笔依次与各管脚连接，在电流表上有 0.1～0.2 mA 电流指示的引脚为输入端。

3. 输出端的判别

将 5 V 电源接入 74LS08 芯片，将万用表拨至直流电压“10 V”挡，将黑表笔接地，红表笔依次与各管脚连接，在电压表上有 0.2～0.4 V 电压指示的引脚为输出端。

(三)74LS08 芯片的逻辑功能

74LS08 芯片的逻辑功能同任务 1 与门的逻辑功能，这就不再赘述了。74LS08 芯片为四与门，如图 10-13(a)所示，与门 1：输入管脚 2、3，输出管脚 1；与

门2:输入管脚5、6,输出管4;与门3:输入管脚8、9,输出管脚7;与门4:输入管脚11、12,输出管脚10。

二、CD4071B集成芯片识别与检测

(一)CD4071B集成芯片识别

芯片CD4071B属于哪类芯片?识别CD4071B的外部引脚?

芯片CD4071B属于CMOS门电路,如图10-15所示,从识别标记(通常为凹口)开始,沿逆时针方向往下依次为1～14管脚。

图10-15 CD4071B芯片

(二)CD4071B集成芯片检测

1. CMOS门电路电源引脚的识别

芯片CD4071B的引脚排列与TTL门电路一致。例如,CMOS与非门较常见的为双列14脚,一般7脚接V_{SS}(电源负极),14脚接V_{DD}(电源正极)。

2. 输入、输出端的识别

将万用表拨至"R×1 k"挡,黑表笔接7脚,红表笔依次接1～6及8～13脚,比较各次的阻值大小,阻值较大的为输入端,阻值较小的为输出端。有些管脚在测量时可能阻值为∞或0,若为∞,则管脚内部可能断路或空脚;若为0,则说明内部短路(被击穿)。

(三)CD4071B芯片的逻辑功能

CD4071B芯片的逻辑功能同任务1或门的逻辑功能,这就不再赘述了。CD4071B芯片为四或门,同芯片74LS32管脚图,或门1:输入管脚2、3,输出管脚1;或门2:输入管脚5、6,输出管4;或门3:输入管脚8、9,输出管脚7;或门4:输入管脚11、12,输出管脚10。

【任务拓展】

TTL逻辑门电路和CMOS逻辑门电路介绍

TTL全称Transistor-Transistor Logic,即BJT—BJT逻辑门电路,是数字电子技术中常用的一种逻辑门电路,应用较早,技术已比较成熟。TL主要有BJT(Bipolar Junction Transistor即双极结型晶体管,晶体三极管)和电阻构成,具有速

度快的特点。最早的 TTL 门电路是 74 系列，后来出现了 74H 系列、74L 系列、74LS、74AS、74ALS 等系列。但是由于 TTL 功耗大等缺点，正逐渐被 CMOS 电路取代。

CMOS(Complementary Metal Oxide Semiconductor)，互补金属氧化物半导体，电压控制的一种放大器件。是组成 CMOS 数字集成电路的基本单元。

自 1958 年美国德克萨斯仪器公司(TI)发明集成电路(IC)后，随着硅平面技术的发展，20 世纪 60 年代先后发明了双极型和 MOS 型两种重要的集成电路，它标志着由电子管和晶体管制造电子整机的时代发生了量和质的飞跃。

MOS 是：金属-氧化物-半导体(Metal-Oxide-Semiconductor)结构的晶体管简称 MOS 晶体管，有 P 型 MOS 管和 N 型 MOS 管之分。由 MOS 管构成的集成电路称为 MOS 集成电路，而由 PMOS 管和 NMOS 管共同构成的互补型 MOS 集成电路即为 CMOS-IC(Complementary MOS Integrated Circuit)。目前数字集成电路按导电类型可分为双极型集成电路(主要为 TTL)和单极型集成电路(CMOS、NMOS、PMOS 等)。CMOS 电路的单门静态功耗在毫微瓦(nw)数量级。CMOS 发展比 TTL 晚，但是以其较高的优越性在很多场合逐渐取代了 TTL。以下比较两者性能，大家就知道其原因了。

(1)CMOS 是场效应管构成，TTL 为双极晶体管构成。

(2)CMOS 的逻辑电平范围比较大(5～15 V)，TTL 只能在 5 V 下工作。

(3)CMOS 的高低电平之间相差比较大、抗干扰性强，TTL 则相差小，抗干扰能力差。

(4)CMOS 功耗很小，TTL 功耗较大(1～5 mA/门)。

(5)CMOS 的工作频率较 TTL 略低，但是高速 CMOS 速度与 TTL 差不多相当。

【任务巩固】

1. TTL 门电路的电源引脚的判别方法。

2. TTL 集成电路 74LS04 是非逻辑的集成门，有________个非门。

3. TTL 集成与门 74LS08 所用的电源是________，有________个________输入的与门？

4. 简述 TTL 集成门电路和 CMOS 门电路的使用注意事项。

模块六　组合逻辑电路的设计和连接

项目十一　组合逻辑电路的分析与应用

【项目描述】

本项目介绍了组合逻辑电路的分析和设计的方法，设计了三人表决器；介绍了译码器，仿真了 3-8 译码器驱动 LED 灯，BCD 译码器驱动数码管等。

本项目分为组合逻辑电路的分析、设计并连接组合逻辑电路和译码器的应用 3 个工作任务。

通过本项目学习掌握了组合逻辑电路的分析方法，能够设计并连接组合逻辑电路，了解译码器的工作原理及其逻辑功能；学会仿真检测译码器。培养认真严谨、善于思考、沟通协作等能胜任岗位工作的职业素质。

任务 1　组合逻辑电路的分析

【任务目标】

1. 熟悉组合逻辑电路的定义。
2. 学会组合逻辑电路的分析方法。

【任务准备】

一、资料准备

双向开关（SW-PDT）、集成与非门 74LS00（7400）、发光二极管（LED-RED）、电池（BATTERY）；电脑、Proteus 软件、组合逻辑电路图、任务评价表等与本任务相关的信息资源。

二、知识准备

(一)组合逻辑电路的基本知识

数字电路分为组合逻辑电路和时序逻辑电路。

组合逻辑电路:t 时刻输出仅与 t 时刻输入有关,与 t 时刻以前电路的状态无关。

时序逻辑电路:t 时刻输出 Y 不仅与 t 时刻输入 X 有关,还与电路过去的状态 Qn 有关。

(二)组合逻辑电路的特点

功能特点:输出只取决于当前输入,与电路过去的状态无关,无记忆作用。

组成特点:能用基本门构成,即任何组合逻辑电路都能用三种基本门实现。

结构特点:电路的输入与输出之间无反馈。

(三)组合逻辑电路分析步骤

组合逻辑电路分析步骤如图 11-1 所示。

图 11-1 逻辑电路的分析步骤

(1)根据所给的逻辑电路图,写出输出逻辑函数表达式。

从输入端向输出端逐级写出各个门输出对其输入的逻辑表达式,从而写出整个逻辑电路的输出对输入变量的逻辑函数式。

(2)对逻辑表达式进行化简,得到最简式。

(3)通过最简式列出真值表。

(4)根据真值表分析,确定电路的逻辑功能,通常通过分析真值表的特点来说明电路的逻辑功能。

【任务实施】

一、写出输出逻辑函数表达式并化简

根据所给的逻辑电路图如图 11-2 所示,写出输出逻辑函数 Y_1、Y_2、Y_3、Y 的表达式,并化简。

Y_1 是 A、B 相与后然后取反,$Y_1=\overline{AB}$

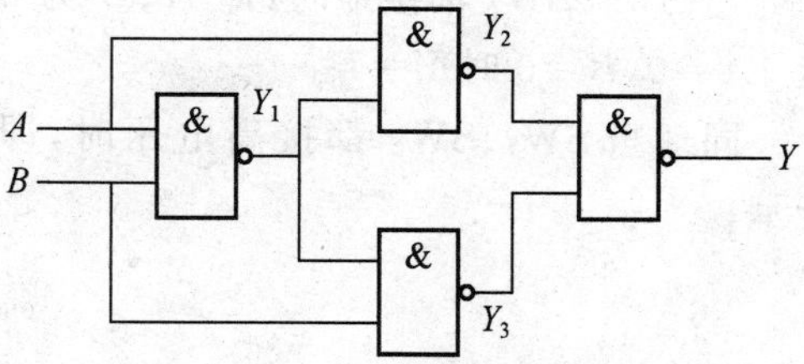

图 11-2　组合逻辑图

Y_2 是 A、Y_1 相与后然后取反，$Y_2 = \overline{AY_1} = \overline{A\,\overline{AB}}$

Y_3 是 B、Y_1 相与后然后取反，$Y_3 = \overline{BY_1} = \overline{B\,\overline{AB}}$

Y 是 Y_2、Y_3 相与后然后取反，$Y = \overline{Y_2Y_3} = \overline{\overline{A\,\overline{AB}}\ \overline{B\,\overline{AB}}} = \overline{A}B + A\,\overline{B} = A \oplus B$

二、列出真值表

根据化简结果，列出其真值表如表 11-1 所示。

表 11-1　真值表

输入		输出
A	B	Y
0	0	0
0	1	1
1	0	1
1	1	0

三、逻辑功能的分析

由上表可看出，图 11-2 所示的 A、B 两个输入中两个相异时，输出 Y 为 1，否则 Y 为 0。因此，图 11-3 所示电路为异或功能仿真电路。

四、验证功能

仿真电路图并运行软件，验证组合逻辑电路的功能。

在 Proteus 仿真软件中绘制电路图的步骤如下：

(1)打开 Proteus 仿真软件。

(2)拾取元器件，并把元器件放置在编辑区内。

(3)正确连接各元器件。

(4)检查电路。

运行仿真电路图，仿真过程如图 11-3 所示。

当 SW_1、SW_2 都接地时，即 A、B 为 0、0 时，D_2 亮，如图 11-3(a)所示验证表 11-1 $A=0$，$B=0$ 时 $Y=1$。

同理当 SW_1、SW_2 都接高电压时，即 A、B 为 1、1 时，D_1 亮，如图 11-3(b)所示；

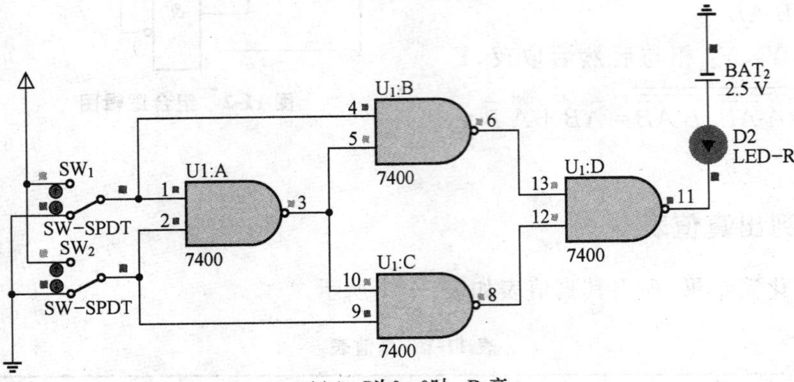

(a)A、B为0、0时，D_1亮

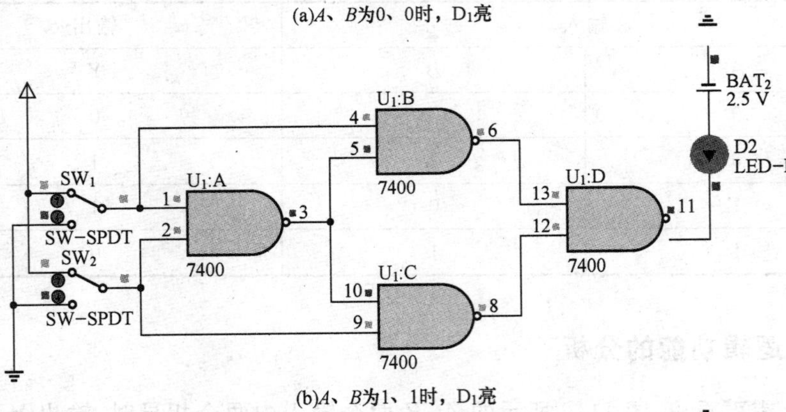

(b)A、B为1、1时，D_1亮

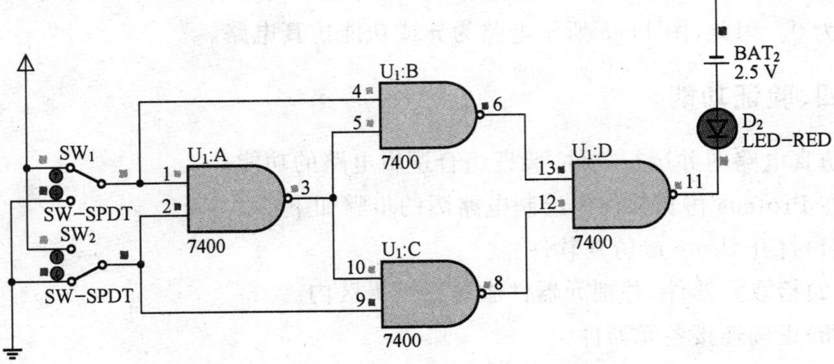

(c)A、B为1、0时，D_1不亮

图 11-3　组合逻辑电路仿真图(一)

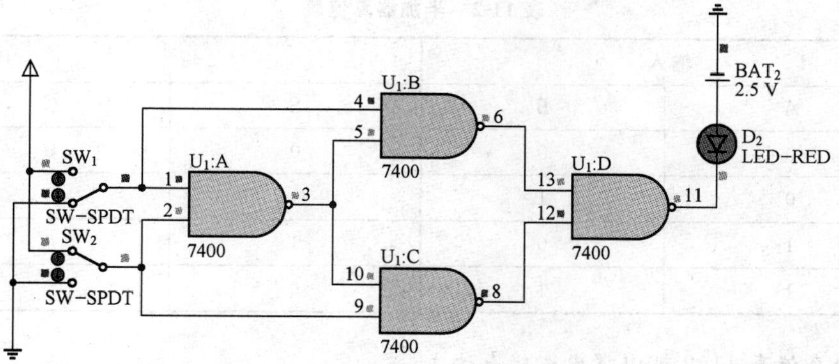

(d)A、B为0、1时，D_1不亮

图 11-3　组合逻辑电路仿真图(二)

当 SW_1 接高电压，SW_2 接地时，即 A、B 为 1、0 时，D_1 不亮，如图 11-3(c)所示；

当 SW_1 接地，SW_2 接高电压时，即 A、B 为 0、1 时，D_1 不亮，如图 11-3(d)所示。

验证表 11-1 其他部分。通过仿真可知此仿真电路为异或功能电路，与分析相符。

【任务拓展】

加法器

加法是算术运算的基本内容，在计算机中四则运算——加、减、乘、除都是分解成加法运算进行的。因此，加法器是计算机中最基本的运算单元。常用的加法器可分为半加器和全加器。

1. 半加法器

两个一位二进制数相加，不考虑低位来的进位，叫做半加，实现半加功能的电路为半加器。

设 A、B 为两个一位二进制数，S 为本位和，C 表示向高位的进位，则半加器输入信号 A、B；输出信号为 S、C。

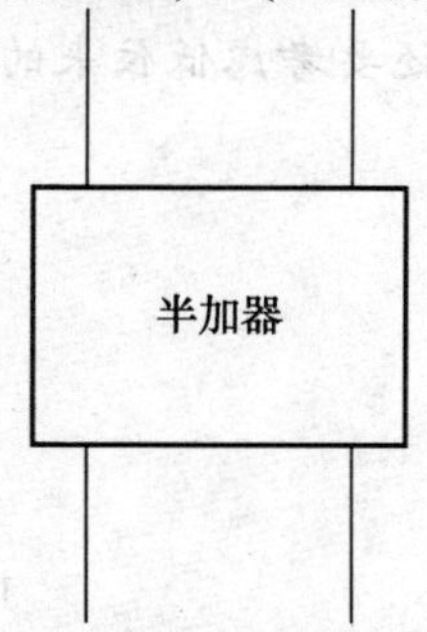

图 11-4　半加器框图

半加器框图如图 11-4 所示：

根据二进制加法可得半加器真值表：

表 11-2 半加器真值表

输入		输出	
A	B	S	C
0	0	0	0
0	1	1	0
1	0	1	0
1	1	0	0

由真值表 11-2 可以得出逻辑表达式：

$$S=\overline{A}B+A\overline{B}=A\oplus B$$
$$C=AB$$

根据逻辑表达式可得出半加器的逻辑电路图，如图 11-5 所示。

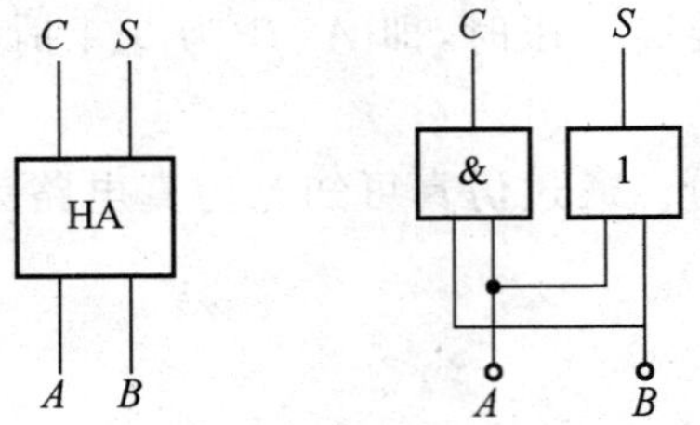

图 11-5 半加器逻辑符号和逻辑电路图

2. 全加器

实际二进制数相加时，一般两个加数不是一位的，因此在实现二进制数相加时，还要考虑低位来的进位。例如两个三位二进制数，相加，其运算如下：

第 第 第
2 1 0
位 位 位

	1	0	1	——A_n
+	1	1	1	——B_n
1	1	1		——来自低位的进位 C_{n-1}
1	1	0	0	

可见，全加器是实现二进制数全加的运算电路，它除了把本位的两个数相加

外，还要再加上低位送来的进位数。所以全加器有三个输入信号（被加数 A_n，加数 B_n，低位来的进位 C_{n-1}）；两个输出端（本位 S_n，向高位的进位 C_n）。

全加器框图如图 11-6 所示：

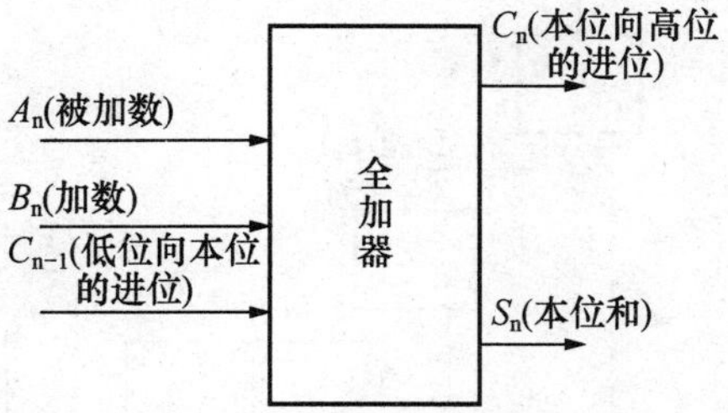

图 11-6　全加器框图

故全加器的框图和真值表 11-3 为：

表 11-3　全加器真值表

输入			输出	
A_n	B_n	C_{n-1}	S_n	C_n
0	0	0	0	0
0	0	1	1	0
0	1	0	1	0
0	1	1	0	1
1	0	0	1	0
1	0	1	0	1
1	1	0	0	1
1	1	1	1	1

由全加器真值表可以得到输出表达式：

$$
\begin{aligned}
S_n &= \overline{A}_n\overline{B}_nC_{n-1} + \overline{A}_nB_n\overline{C}_{n-1} + A_n\overline{B}_n\overline{C}_{n-1} + A_nB_nC_{n-1} \\
&= \overline{A}_n(\overline{B}_nC_{n-1} + B_n\overline{C}_{n-1}) + A_n(\overline{B}_n\overline{C}_{n-1} + B_nC_{n-1}) \\
&= \overline{A}_n(B_n \oplus C_{n-1}) + A_n(\overline{B_n \oplus C_{n-1}}) \\
&= A_n \oplus B_n \oplus C_{n-1} \\
C_n &= \overline{A}_nB_nC_{n-1} + A_n\overline{B}_nC_{n-1} + A_nB_n\overline{C}_{n-1} + A_nB_nC_{n-1} \\
&= C_{n-1}(\overline{A}_nB_n + A_n\overline{B}_n) + A_nB_n(\overline{C}_{n-1} + C_{n-1})
\end{aligned}
$$

$$=C_{n-1}(A_n \oplus B_n)+A_nB_n$$

根据逻辑表达式可得出全加器的逻辑电路图,如图 11-7 所示。

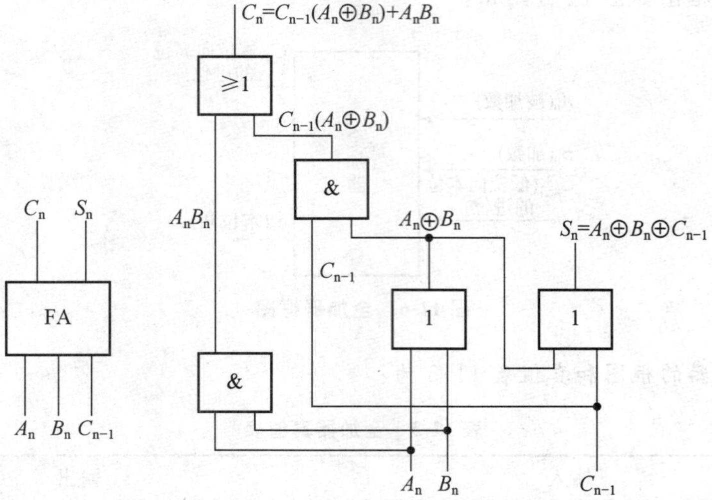

图 11-7　全加器逻辑符号和逻辑电路图

【任务巩固】

1. 组合逻辑电路任何时刻的输出信号,与该时刻的输入信号________,与以前的输入信号________。

2. 在组合逻辑电路中,当输入信号改变状态时,输出端可能出现瞬间干扰窄脉冲的现象称为________。

3. 组合逻辑电路的分析,是指通过________的分析明确该电路的基本功能的过程。

任务 2　设计并连接组合逻辑电路

【任务目标】

1. 能根据要求设计组合逻辑电路,完成三人表决器原理电路的设计。

2. 会根据原理电路选择所需元器件。

【任务准备】

一、资料准备

双向开关（SW-SPDT）、集成与非门 74LS00（74LS00）、集成三输入与非门 74LS10（74LS10）、发光二极管（LED-RED）、电池（BATTERY）；电脑、Proteus 软件、课本、三人表决器逻辑图、任务评价表等与本任务相关的信息资源。

二、知识准备

（一）组合逻辑电路的设计

与组合逻辑电路的分析相反，逻辑电路的设计是根据给定的逻辑功能要求，设计出实现该功能的逻辑电路。

（二）组合逻辑电路的设计步骤

组合逻辑电路的设计步骤如图 11-8 所示。

图 11-8　组合逻辑电路的设计步骤

（1）逻辑状态赋值。

（2）根据事件的因果关系，列出输入和输出对应的真值表。

（3）按真值表写出逻辑表达式。

（4）将逻辑表达式化简变换成合理的逻辑表达式。

（5）根据化简或变换后合理的逻辑表达式，画出逻辑电路图。

【任务实施】

一、设计描述

设计三人表决器，根据少数服从多数的原则，大家都不同意或者只有一人同意不通过，两人或三人都同意则通过，用与非门实现。

根据组合逻辑电路的设计步骤，设计过程如下：

二、设计过程

（一）引入逻辑变量

设三人 A、B、C 为输入，输出用 Y 表示。

(二)分析逻辑功能列出输入输出的真值表

根据题意列出真值表 11-4,输入同意用 1 表示,不同意用 0 表示,输出通过用 1 表示,没有通过用 0 表示。

表 11-4 真值表

A	B	C	Y
0	0	0	0
0	0	1	0
0	1	0	0
0	1	1	1
1	0	0	0
1	0	1	1
1	1	0	1
1	1	1	1

(三) 根据真值表推导逻辑表达式

$$Y_1=\overline{AB},Y_2=\overline{BC},\ Y_3=\overline{AC}$$

$$Y=\overline{Y_1\cdot Y_2\cdot Y_3}=\overline{\overline{AB}\cdot\overline{BC}\cdot\overline{AC}}$$

(四)逻辑表达式化简

$$Y=\overline{\overline{AB}\cdot\overline{BC}\cdot\overline{AC}}=AB+BC+AC$$

(五)设计连接逻辑电路

设计连接逻辑电路如图 11-9 所示。

(六)验证电路逻辑功能

仿真电路图并运行软件,验证三人表决器电路逻辑功能如图 11-10 所示。

在 Proteus 仿真软件中绘制电路图的步骤如下:

(1)打开 Proteus 仿真软件。

(2)拾取元器件,并把元器件放置在编辑区内。

(3)正确连接各元器件。

(4)检查电路。

当 3 人都同意时,A、B、C 都接地,$ABC=000$,LED 灯亮如图 11-10(a)所示验

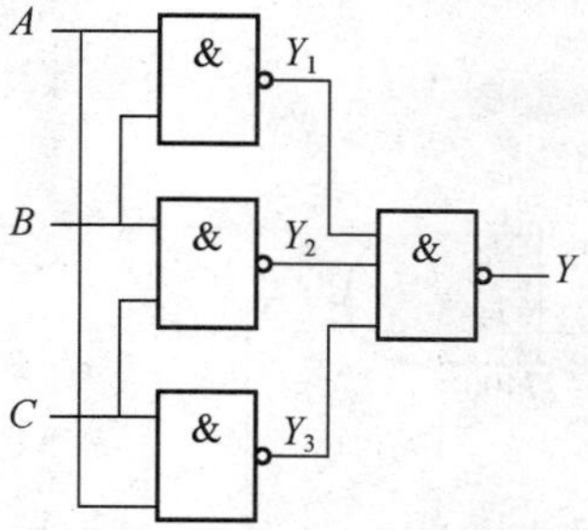

图 11-9　三人表决器逻辑图

证表 11-4 中 $A=0,B=0,C=0$ 时，$Y=1$。

同理当两人同意时，A、B 接地，C 接高电平，$ABC=001$ 时，LED 灯亮，如图 11-10(b)所示；

当两人同意时，A、B 接地，C 接高电平，$ABC=010$ 时，LED 灯亮，如图 11-3(c)所示；

当一人同意时，A 接地，B、C 接高电平，$ABC=011$ 时，LED 灯不亮，如图 11-3(d)所示；

当两人同意时，A 接高电平，B、C 接地，$ABC=100$ 时，LED 灯亮，如图 11-3(e)所示；

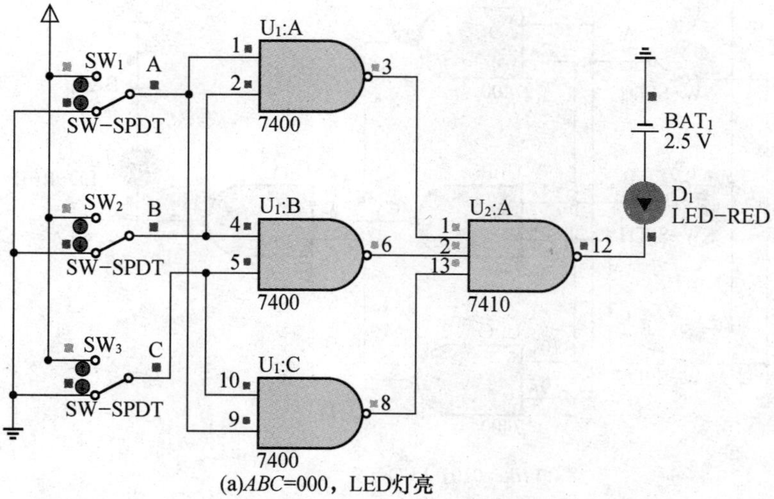

(a)ABC=000，LED灯亮

图 11-10　三人表决器仿真图(一)

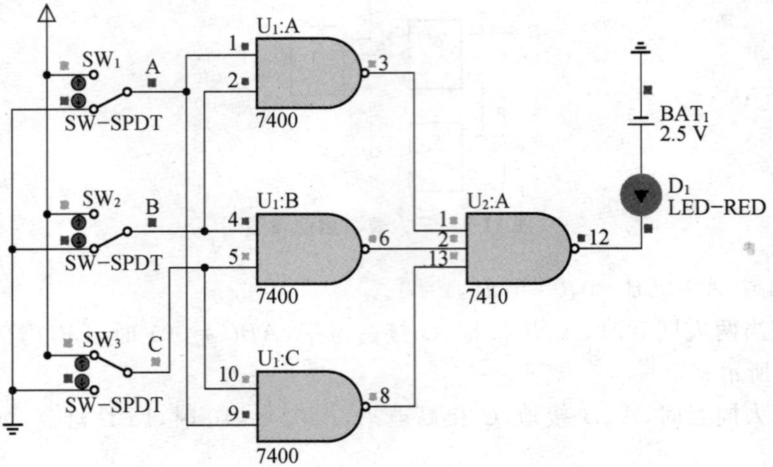

(b)ABC=001，LED灯亮

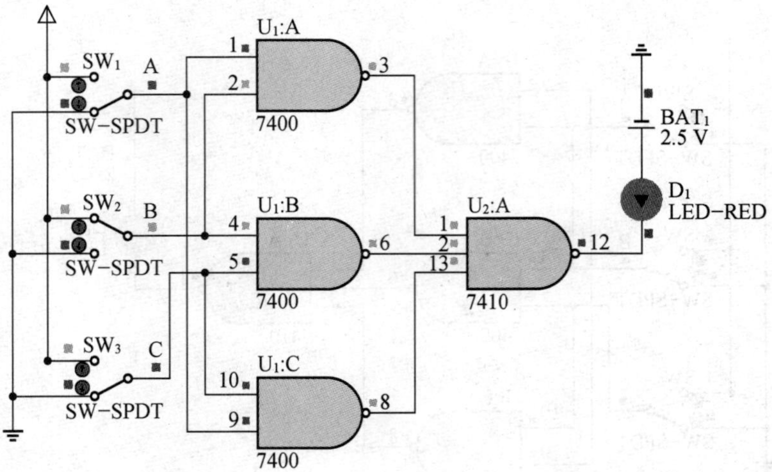

(c)ABC=010，LED灯亮

图 11-10　三人表决器仿真图(二)

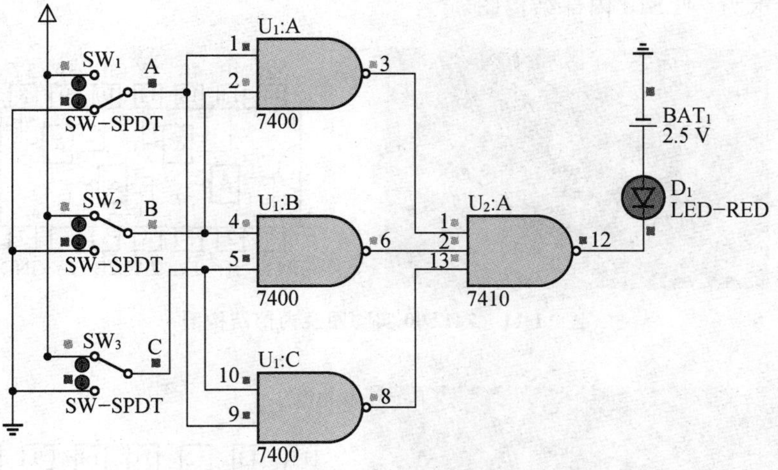

(d)ABC=011时，LED灯不亮

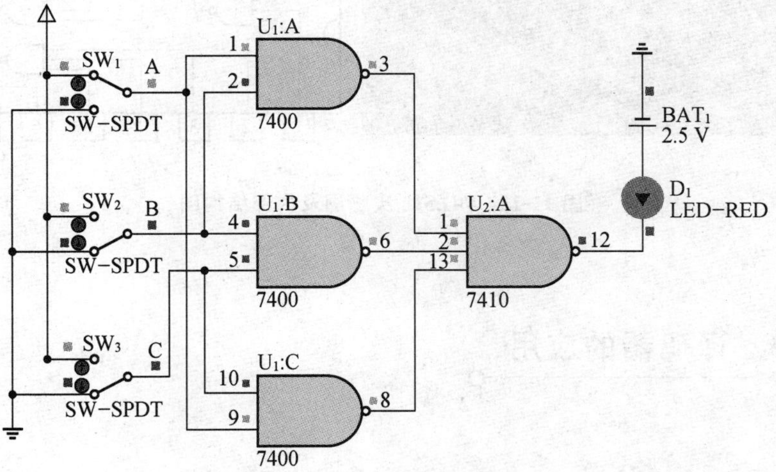

(e)ABC=100时，LED灯亮

图 11-10 三人表决器仿真图(三)

验证表 11-4 其他部分。通过仿真可知此仿真电路为三人表决器功能电路，与分析相符。

【任务巩固】

利用 74LS00 和 74LS10 绘制仿真三人表决器电路图。74LS00 是一种典型的与非门器件，内部含有 4 个 2 输入端与非门，共有 14 个引脚，74LS00 实物及内部结构及引脚图如图 11-11 所示。74LS10 是一个内部含有 4 个 3 输入端与非门，图

11-12 所示为 74LS10 内部结构图。

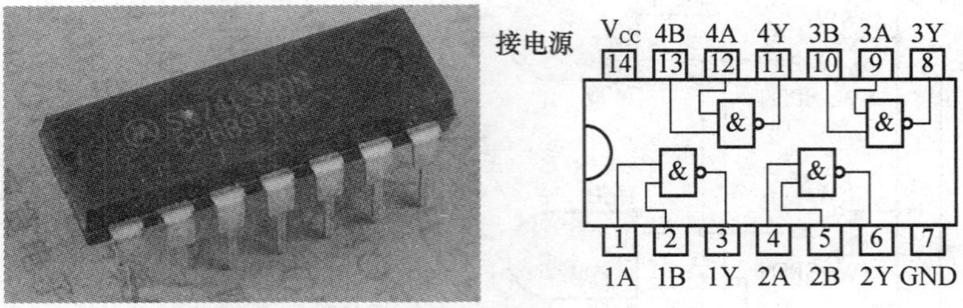

图 11-11 74LS00 实物图及内部结构图

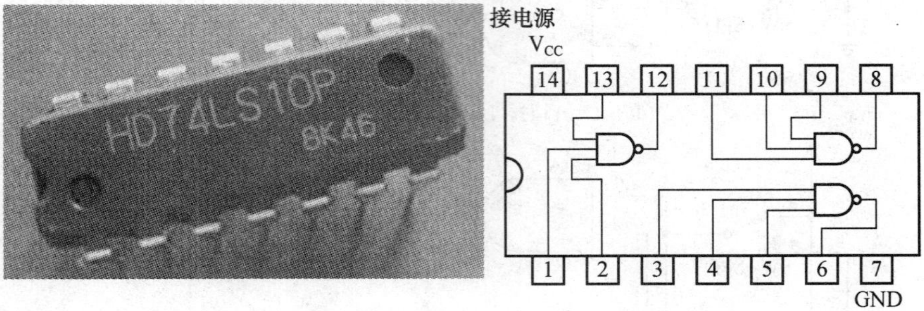

图 11-12 74LS10 实物图及内部结构图

任务 3 译码器的应用

【任务目标】

1. 了解译码器的工作原理及其逻辑功能。
2. 学会仿真检测译码器。

【任务准备】

一、资料准备

双向开关(SW-SPDT)、3-8 线译码器 74LS138(74LS138)、发光二极管(LED—RED)、电池(BATTERY);电脑、Proteus 软件、课本、任务评价表、3-8 线译码器 74LS138 控制 LED 灯循环闪烁原理图、BCD 译码器 74LS47 驱动数码管的显示。

二、知识准备

译码是编码的逆过程，它是将输入的二进制数码按其原意翻译成相应的特定输出信号。能实现译码功能的逻辑电路称为译码器。译码器大多由门电路构成，它是具有多个输入端和输出端的组合电路，如图 11-13 所示。

按逻辑功能可分为：二进制译码器和显示译码器。二进制译码器主要用来完成各种码制之间的转换；显示译码器主要用来译码并驱动显示器显示。

按输入端数 n 和输出端数 m 的关系可分为：完全译码和部分译码，当输出 $m=2n$ 时，为完全译码；当 $m<2n$ 时为部分译码。

(一)二进制译码器

二进制译码器是将 n 位二进制数翻译成 $2n$ 个输出信号的电路。图 11-14 所示为二位二进制译码器的示意图，输入变量为 A、B，输出变量为 Y_0、Y_1、Y_2、Y_3，故为 2 线输入，4 线输出译码器，设输出高电平有效，其真值表如表 11-5 所示。

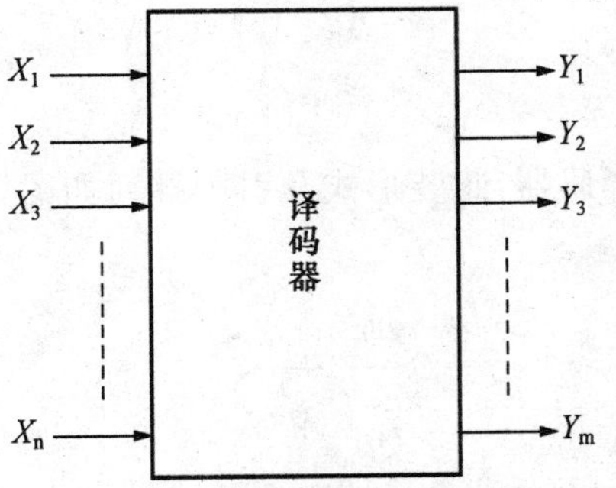

图 11-13　译码器的框图

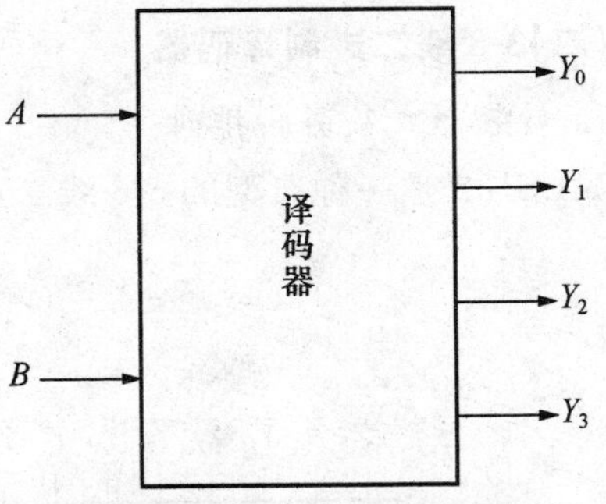

图 11-14　二位二进制译码器

表 11-5　二位二进制译码器真值表

输入		输出			
B	A	Y_3	Y_2	Y_1	Y_0
0	0	0	0	0	1
0	1	0	0	1	0
1	0	0	1	0	0
1	1	1	0	0	0

由真值表可写出输出表达式：

$Y_0=\overline{A}\,\overline{B}$　　$Y_1=A\,\overline{B}$　　$Y_2=\overline{A}B$　　$Y_3=AB$

由输出表达式可作出二位二进制译码器的逻辑电路图，如图 11-15 所示。

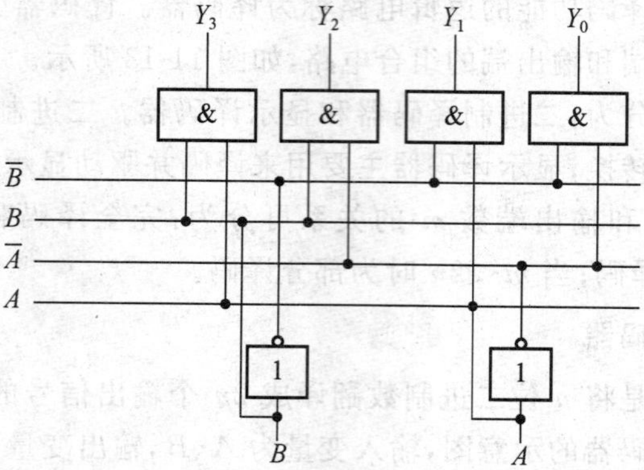

图 11-15　二位二进制译码器的逻辑电路图

(二)3-8 线二进制译码器

1. 封装形式及引脚排列

74LS138 是一种典型的 3-8 线二进制译码器，封装形式及引脚排列如图 11-16 所示。

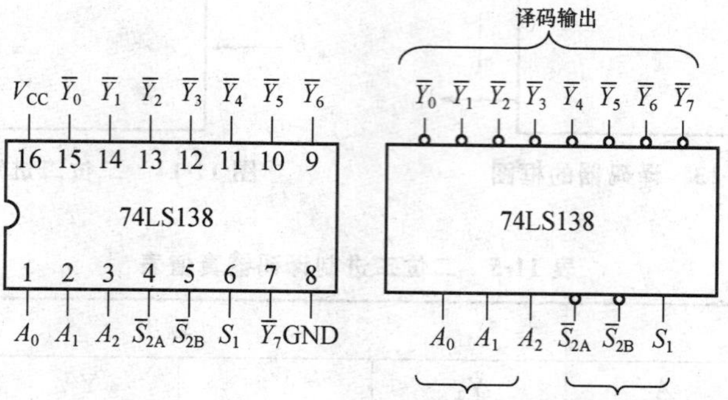

图 11-16　74LS138 封装形式及引脚排列

2. 功能表

74LS138 的功能可以由表 11-6 所示的功能表体现出来。

表 11-6　3-8 线译码器 74LS138 的逻辑功能

输入						输出							
S_1	$\overline{S}_{2A}$	$\overline{S}_{2B}$	A_2	A_1	A_0	$\overline{Y}_0$	$\overline{Y}_1$	$\overline{Y}_2$	$\overline{Y}_3$	$\overline{Y}_4$	$\overline{Y}_5$	$\overline{Y}_6$	$\overline{Y}_7$
×	1	×	×	×	×	1	1	1	1	1	1	1	1
×	×	1	×	×	×	1	1	1	1	1	1	1	1
0	×	×	×	×	×	1	1	1	1	1	1	1	1
1	0	0	0	0	0	0	1	1	1	1	1	1	1
1	0	0	0	0	1	1	0	1	1	1	1	1	1
1	0	0	0	1	0	1	1	0	1	1	1	1	1
1	0	0	0	1	1	1	1	1	0	1	1	1	1
1	0	0	1	0	0	1	1	1	1	0	1	1	1
1	0	0	1	0	1	1	1	1	1	1	0	1	1
1	0	0	1	1	0	1	1	1	1	1	1	0	1
1	0	0	1	1	1	1	1	1	1	1	1	1	0

当 $S_1\,\overline{S}_{2A}\overline{S}_{2B}=100$ 时，译码器处于译码工作状态，一个地址码 $A_2A_1A_0$ 指定 $\overline{Y}_0\sim\overline{Y}_7$ 中一个对应的输出端输出有效电平(为 0)，而其他输出端均输出无效电平(全为 1)。$S_1=0$ 或 $\overline{S}_{2A}+\overline{S}_{2B}=1$ 时，译码器被禁止，所有输出同时为高电平 1。当 $S_1\,\overline{S}_{2A}\overline{S}_{2B}=100$ 时，其逻辑表达式为

$$\overline{Y}_0=\overline{\overline{A}_2\,\overline{A}_1\,\overline{A}_0}\qquad \overline{Y}_4=\overline{A_2\,\overline{A}_1\,\overline{A}_0}$$

$$\overline{Y}_1=\overline{\overline{A}_2\,\overline{A}_1\,A_0}\qquad \overline{Y}_5=\overline{A_2\,\overline{A}_1\,A_0}$$

$$\overline{Y}_2=\overline{\overline{A}_1\,A_1\,\overline{A}_0}\qquad \overline{Y}_6=\overline{A_2\,A_1\,\overline{A}_0}$$

$$\overline{Y}_3=\overline{\overline{A}_2\,A_1\,A_0}\qquad \overline{Y}_7=\overline{A_2\,A_1\,A_0}$$

可见，74LS138 可输出 $A_2A_1A_0$ 的全部三变量与项的反函数。

(三)4-10 线二-十进制译码器

1. 封装形式及引脚排列

74LS42 是一种典型的 4-10 线集成二-十进制译码器，又叫 BCD 译码器，封装

形式及引脚排列如图 11-17 所示。

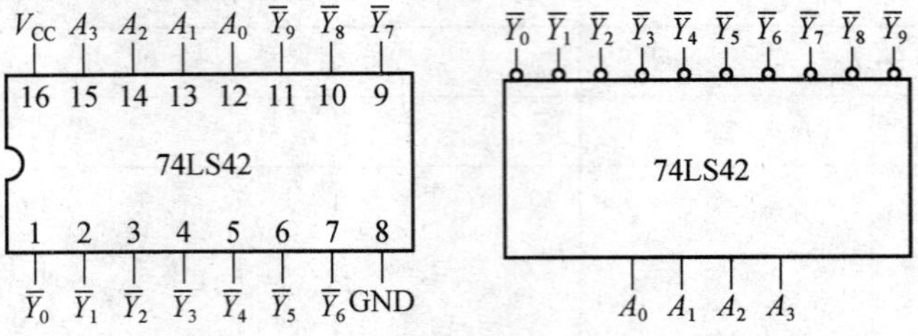

图 11-17 74LS42 封装形式及引脚排列

2. 功能表

74LS42 的功能可以由表 11-7 所示的功能表体现出来。

表 11-7 BCD 译码器功能表

十进制	BCD 码输入				输出									
	A_3	A_2	A_1	A_0	$\overline{Y}_0$	$\overline{Y}_1$	$\overline{Y}_2$	$\overline{Y}_3$	$\overline{Y}_4$	$\overline{Y}_5$	$\overline{Y}_6$	$\overline{Y}_7$	$\overline{Y}_8$	$\overline{Y}_9$
0	0	0	0	0	0	1	1	1	1	1	1	1	1	1
1	0	0	0	1	1	0	1	1	1	1	1	1	1	1
2	0	0	1	0	1	1	0	1	1	1	1	1	1	1
3	0	0	1	1	1	1	1	0	1	1	1	1	1	1
4	0	1	0	0	1	1	1	1	0	1	1	1	1	1
5	0	1	0	1	1	1	1	1	1	0	1	1	1	1
6	0	1	1	0	1	1	1	1	1	1	0	1	1	1
7	0	1	1	1	1	1	1	1	1	1	1	0	1	1
8	1	0	0	0	1	1	1	1	1	1	1	1	0	1
9	1	0	0	1	1	1	1	1	1	1	1	1	1	0
伪码	1	0	1	0	1	1	1	1	1	1	1	1	1	1
	1	0	1	1	1	1	1	1	1	1	1	1	1	1
	1	1	0	0	1	1	1	1	1	1	1	1	1	1
	1	1	0	1	1	1	1	1	1	1	1	1	1	1
	1	1	1	0	1	1	1	1	1	1	1	1	1	1
	1	1	1	1	1	1	1	1	1	1	1	1	1	1

可见 74LS42 的功能是将输入的一位 BCD 码译成 10 个高、低电平输出信号，因此也叫 4-10 译码器。

(四)译码显示器

1. 译码显示器的实物及其功能

(1)实物图及其可显示的数字符号，如图 11-18 所示。

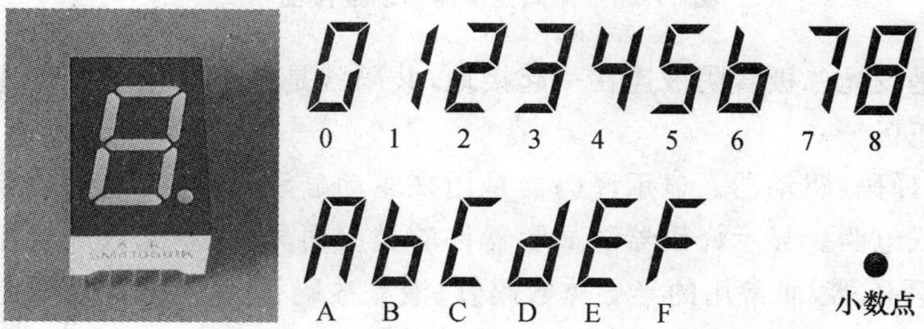

图 11-18　实物图及其可显示的数字符号

(2) 译码显示器的功能。译码显示器又叫 LED 数码管，由图 11-18 可知，译码显示器的功能就是显示 0～9 十个十进制数、0～F 十六个十六进制数以及小数点。

2. 译码显示器结构原理

(1)译码显示器结构。常用的译码显示器是由发光二极管、液晶数码管和荧光数码管等构成的，一个单位数码管包括小数点由 8 个发光管构成，图 11-19 为译码显示器的发光线段分布图。如果为发光二极管，发光二极管阳极接高电平，阴极接低电平时发光二极管发光，控制不同的段发光就会显示出不同的数字。

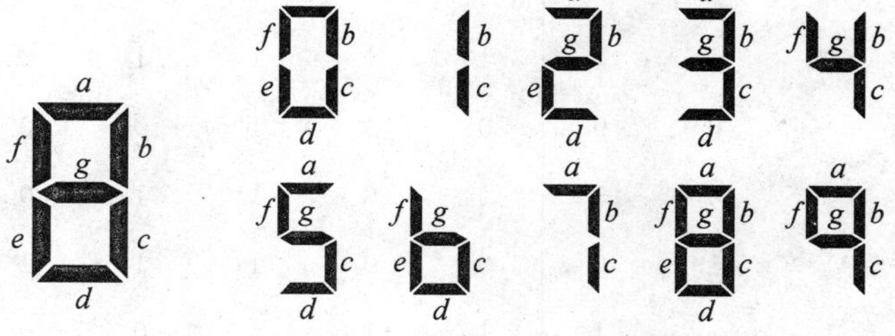

图 11-19　译码显示器的发光线段分布图

(2)译码显示器驱动方式。为了使数码管发光，必须给数码管加上驱动，即使其加上高电平正向导通，根据数码管驱动电路连接方式不同，数码管有共阳极和共阴极两种连接方式。如图 11-20 所示。

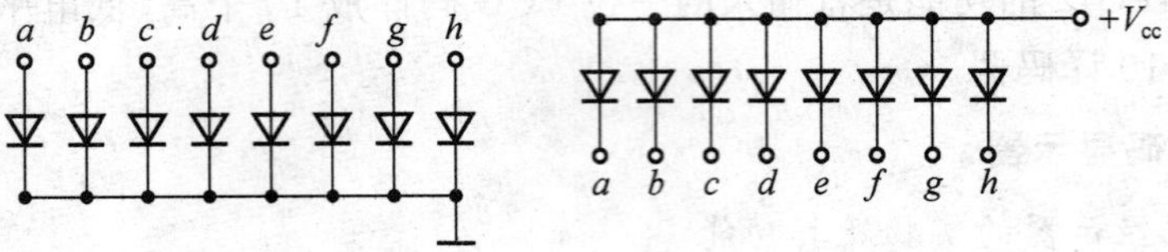

共阴极　　共阳极

图 11-20　译码显示器驱动连接图

共阴就是发光二极管阴极连在一起接地，共阳就是发光二极管阳极连在一起接到电源的正极。

(3)七段译码/驱动器。显示译码器是用来驱动显示器件，以显示数字或字符的中规模集成电路。显示译码器随显示器件的类型而异，与辉光数码管相配的是BCD十进制译码器，而常用的半导体数码管、液晶数码管、荧光数码管等是由7个或8个字段构成字形的，因而与之相配的有BCD七段或BCD八段显示译码器。

输入为8421BCD码 A_3、A_2、A_1、A_0，输出为七段码 abcdefg。输出有效电平时，驱动数码管发光显示输入BCD码对应的十进制数，如表11-8所示。

表 11-8　BCD码对应的十进制数

十进制数	输入				输出						
	A_3	A_2	A_1	A_0	a	b	c	d	e	f	g
0	0	0	0	0	1	1	1	1	1	1	0
1	0	0	0	1	0	1	1	0	0	0	0
2	0	0	1	0	1	1	0	1	1	0	1
3	0	0	1	1	1	1	1	1	0	0	1
4	0	1	0	0	0	1	1	0	0	1	1
5	0	1	0	1	1	0	1	1	0	1	1
6	0	1	1	0	0	0	1	1	1	1	1
7	0	1	1	1	1	1	1	0	0	0	0
8	1	0	0	0	1	1	1	1	1	1	1
9	1	0	0	1	1	1	1	0	0	1	1

【任务实施】

一、3-8 线译码器控制 LED 灯循环闪烁

(一)电路组成

控制电路主要由 3-8 线译码器 74LS38、LED 发光二极管和开关组成。如图 11-21 所示。

3-8 线译码器 74LS138 的引脚图和逻辑符号如图 11-16 所示，功能表如表 11-6 所示。

(二)功能分析

仿真电路图并运行软件，3-8 线译码器控制 LED 灯循环闪烁如图 11-21 所示。

在 Proteus 仿真软件中绘制电路图的步骤如下：

(1)打开 Proteus 仿真软件。

(2)拾取元器件，并把元器件放置在编辑区内。

(3)正确连接各元器件。

(4)检查电路。

仿真电路图并运行软件，验证 3-8 线译码器电路逻辑功能。

当 $S_1\overline{S}_{2A}\overline{S}_{2B}=100$ 时，一个地址码 $A_2A_1A_0$(在仿真软件中对应 CBA)，指定 $\overline{Y}_0 \sim \overline{Y}_7$ 中一个对应的输出端输出有效电平(为 0)，而其他输出端均输出无效电平(全为 1)，LED 灯循环闪烁。

当 CBA＝000 时，D_1 亮其他不亮，即 $D_1 \sim D_8$ 为 10000000，$\overline{Y}_0 \sim \overline{Y}_7$ 为 10000000，如图 11-21(a)所示，结果与表 11-6 $A_2A_1A_0=000$ 时一致；

当 CBA＝001 时，D_2 亮其他不亮，即 $D_1 \sim D_8$ 为 01000000，$\overline{Y}_0 \sim \overline{Y}_7$ 为 01000000，如图 11-21(b)所示，结果与表 11-6 $A_2A_1A_0=001$ 时一致；

当 CBA＝010 时，D_3 亮其他不亮，即 $D_1 \sim D_8$ 为 00100000，$\overline{Y}_0 \sim \overline{Y}_7$ 为 00100000，如图 11-21(c)所示，结果与表 11-6 $A_2A_1A_0=010$ 时一致；

当 CBA＝011 时，D_4 亮其他不亮，即 $D_1 \sim D_8$ 为 00010000，$\overline{Y}_0 \sim \overline{Y}_7$ 为 00100000，如图 11-21(d)所示，结果与表 11-6 $A_2A_1A_0=011$ 时一致；

当 CBA＝100 时，D_5 亮其他不亮，即 $D_1 \sim D_8$ 为 00001000，$\overline{Y}_0 \sim \overline{Y}_7$ 为 00010000，如图 11-21(e)所示，结果与表 11-6 $A_2A_1A_0=100$ 时一致；

当 CBA＝101 时，D_6 亮其他不亮，即 $D_1 \sim D_8$ 为 00000100，$\overline{Y}_0 \sim \overline{Y}_7$ 为 00001000，如图 11-21(f)所示，结果与表 11-6 $A_2A_1A_0=101$ 时一致；

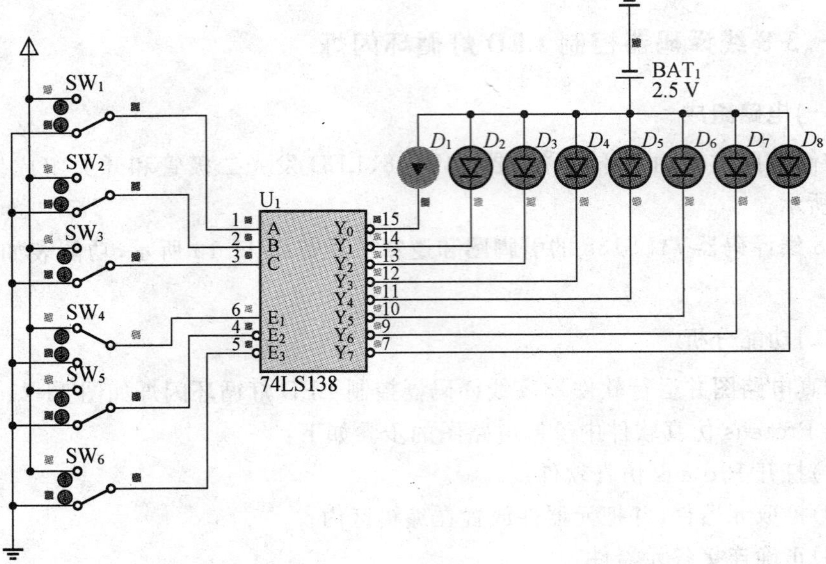

(a)CBA=000，D_1亮

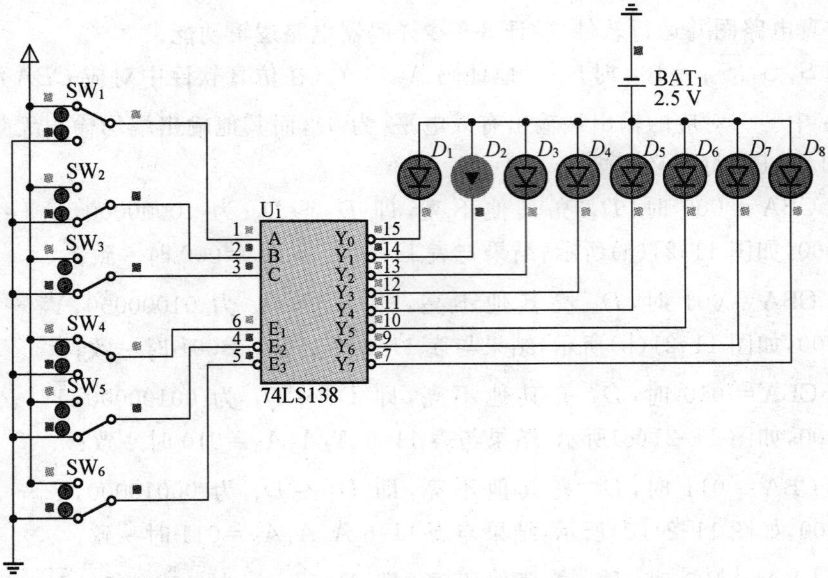

(b)CBA=001时，D_2亮

图 11-21 3-8 线译码器驱动 LED 仿真图(一)

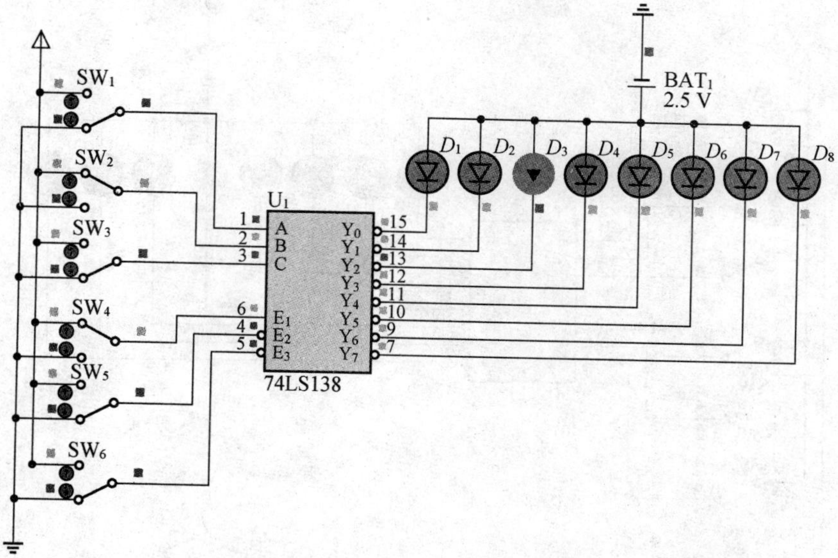

(c)CBA=010时，D_3亮

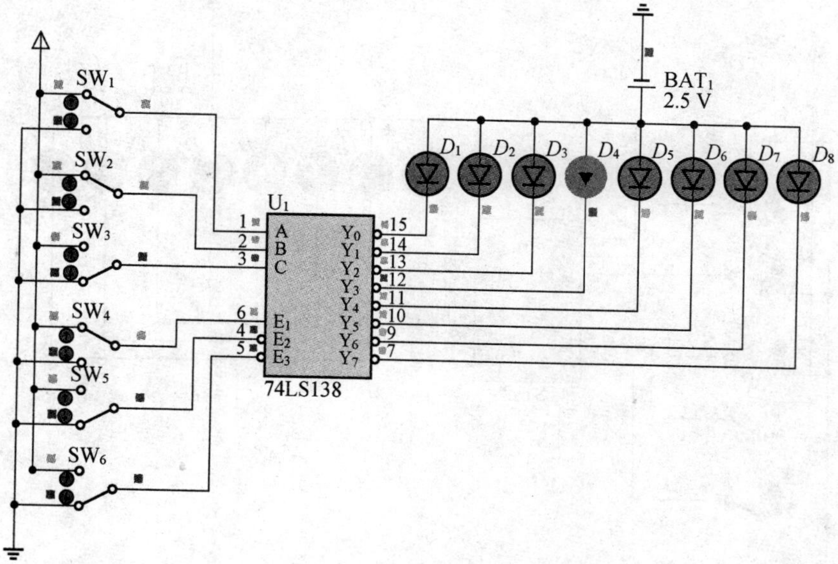

(d)CBA=011时，D_4亮

图 11-21　3-8 线译码器驱动 LED 仿真图(二)

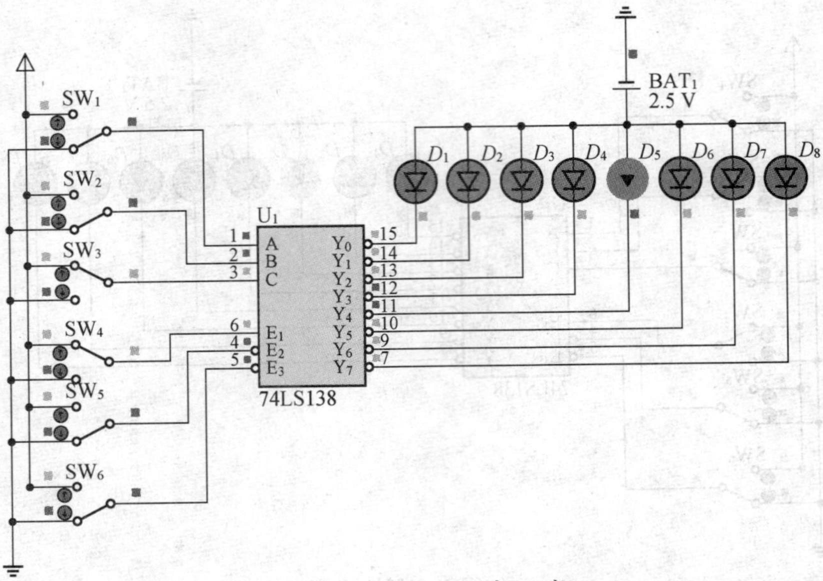

(e)CBA=100时，D_5亮

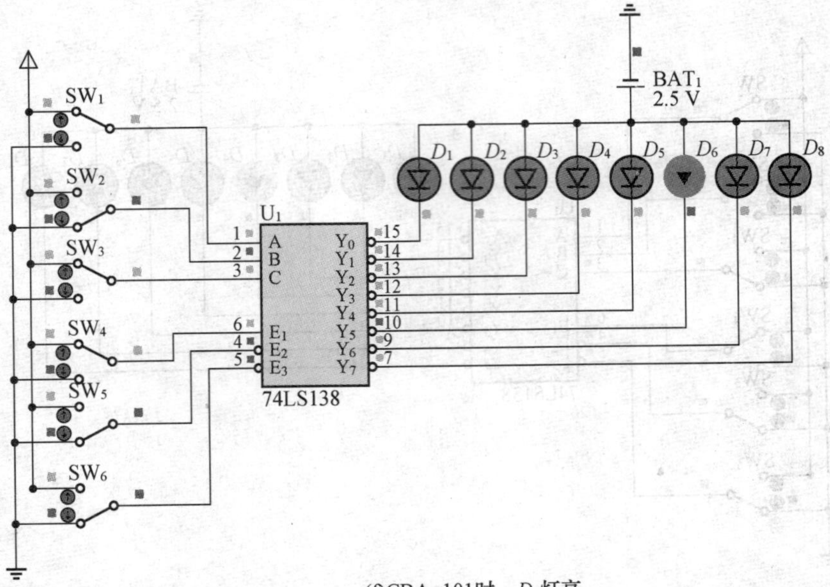

(f)CBA=101时，D_6灯亮

图 11-21　3-8 线译码器驱动 LED 仿真图(三)

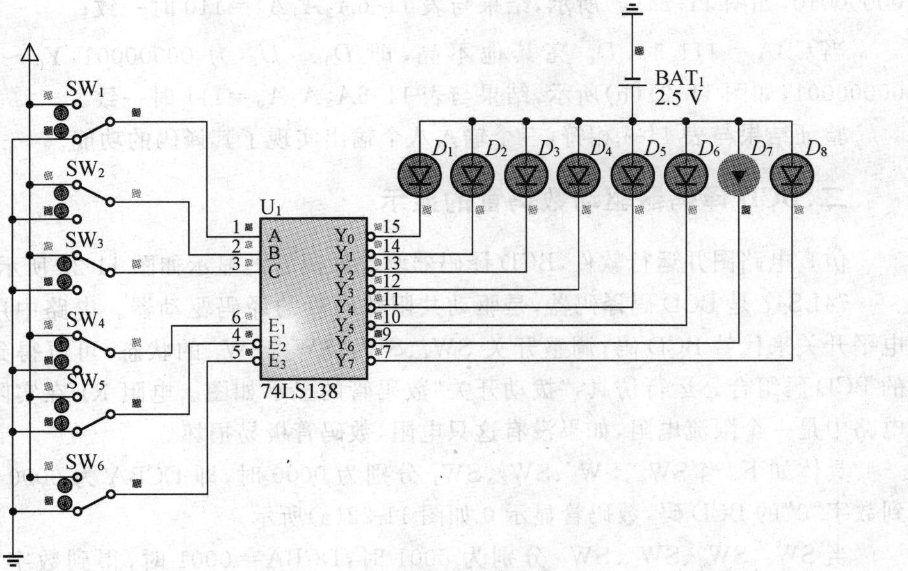

(g)CBA=110时，D_7亮

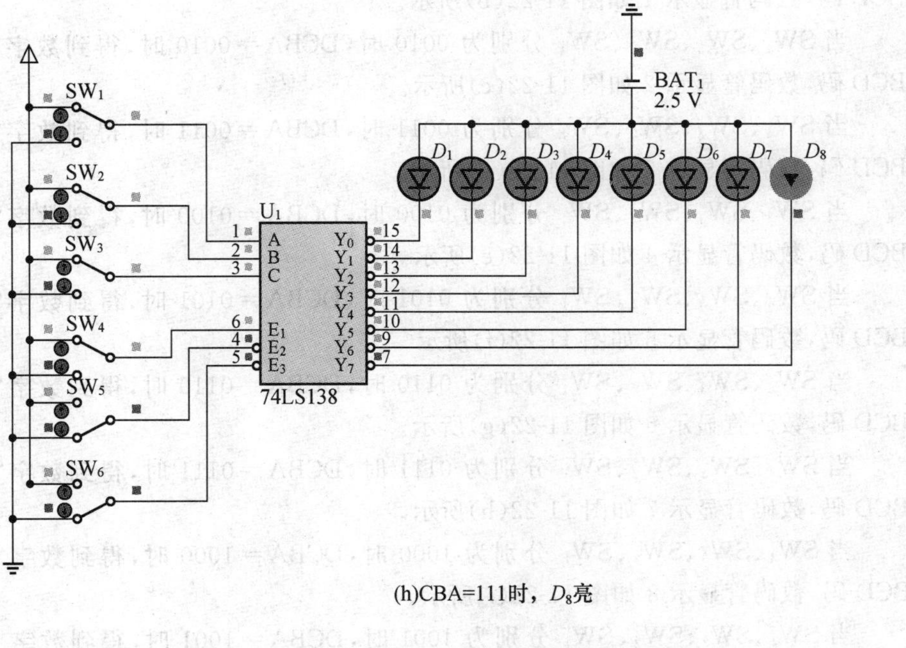

(h)CBA=111时，D_8亮

图 11-21　3-8 线译码器驱动 LED 仿真图(四)

当 CBA＝110 时，D_7 亮其他不亮，即 $D_1 \sim D_8$ 为 00000010，$\overline{Y}_0 \sim \overline{Y}_7$ 为 00000010，如图 11-21(g)所示，结果与表 11-6$A_2A_1A_0$＝110 时一致；

当 CBA＝111 时，D_8 亮其他不亮，即 $D_1 \sim D_8$ 为 00000001，$\overline{Y}_0 \sim \overline{Y}_7$ 为 00000001，如图 11-21(h)所示，结果与表 11-6$A_2A_1A_0$＝111 时一致。

验证结果与表 11-6 相符，三个输入八个输出实现了其译码的功能。

二、BCD 译码器驱动数码管的显示

仿真电路图并运行软件，BCD 译码器驱动数码管的显示如图 11-22 所示。

74LS47 是 BCD 码译码器，是驱动共阳数码管的译码驱动器。电路中用逻辑电平开关来代替 BCD 码；调整开关 SW_1、SW_2、SW_3、SW_4 的状态，可以得到不同的 BCD 码组合。运行仿真，“拨动开关”数码管的显示如图。电阻 R1 在实际应用电路中是一个限流电阻，如果没有这只电阻，数码管极易损坏。

具体如下，当 SW_4、SW_3、SW_2、SW_1 分别为 0000 时，即 DCBA 为 0000 时，得到数字“0”的 BCD 码，数码管显示 0 如图 11-22(a)所示。

当 SW_4、SW_3、SW_2、SW_1 分别为 0001 时，DCBA＝0001 时，得到数字“1”的 BCD 码，数码管显示 1 如图 11-22(b)所示。

当 SW_4、SW_3、SW_2、SW_1 分别为 0010 时，DCBA＝0010 时，得到数字“2”的 BCD 码，数码管显示 2 如图 11-22(c)所示。

当 SW_4、SW_3、SW_2、SW_1 分别为 0011 时，DCBA＝0011 时，得到数字“3”的 BCD 码，数码管显示 3 如图 11-22(d)所示。

当 SW_4、SW_3、SW_2、SW_1 分别为 0100 时，DCBA＝0100 时，得到数字“4”的 BCD 码，数码管显示 4 如图 11-22(e)所示。

当 SW_4、SW_3、SW_2、SW_1 分别为 0101 时，DCBA＝0101 时，得到数字“5”的 BCD 码，数码管显示 5 如图 11-22(f)所示。

当 SW_4、SW_3、SW_2、SW_1 分别为 0110 时，DCBA＝0110 时，得到数字“6”的 BCD 码，数码管显示 6 如图 11-22(g)所示。

当 SW_4、SW_3、SW_2、SW_1 分别为 0111 时，DCBA＝0111 时，得到数字“7”的 BCD 码，数码管显示 7 如图 11-22(h)所示。

当 SW_4、SW_3、SW_2、SW_1 分别为 1000 时，DCBA＝1000 时，得到数字“8”的 BCD 码，数码管显示 8 如图 11-22(i)所示。

当 SW_4、SW_3、SW_2、SW_1 分别为 1001 时，DCBA＝1001 时，得到数字“9”的 BCD 码，数码管显示 9 如图 11-22(j)所示。

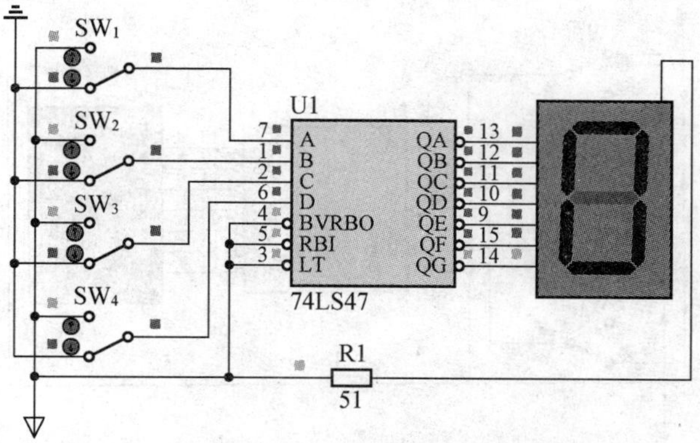

(a)DCBA=0000时，数码管显示0

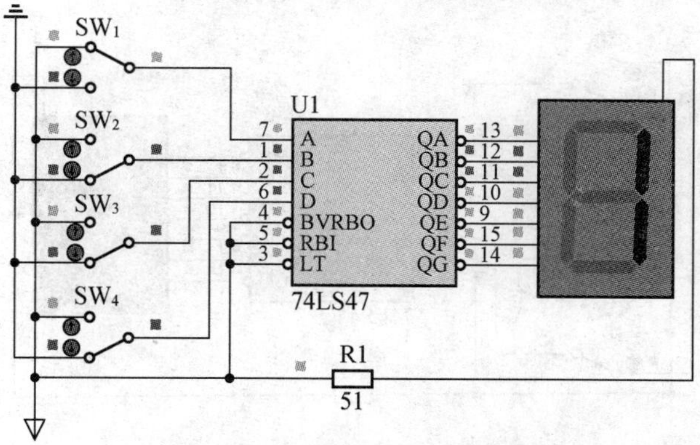

(b)DCBA=0001时，数码管显示1

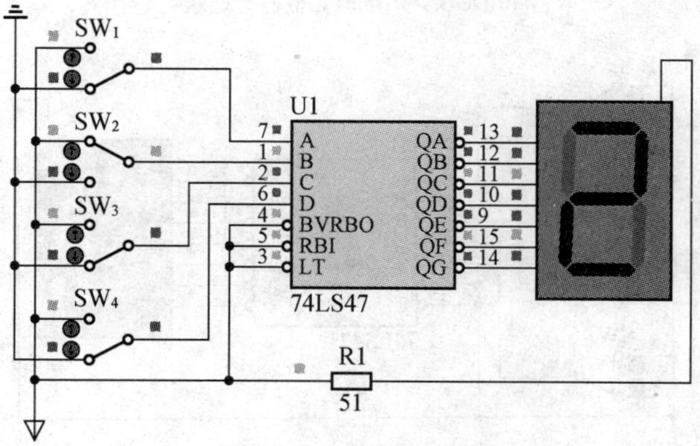

(c)DCBA=0010时，数码管显示2

图 11-22　BCD 译码器驱动数码管仿真电路(一)

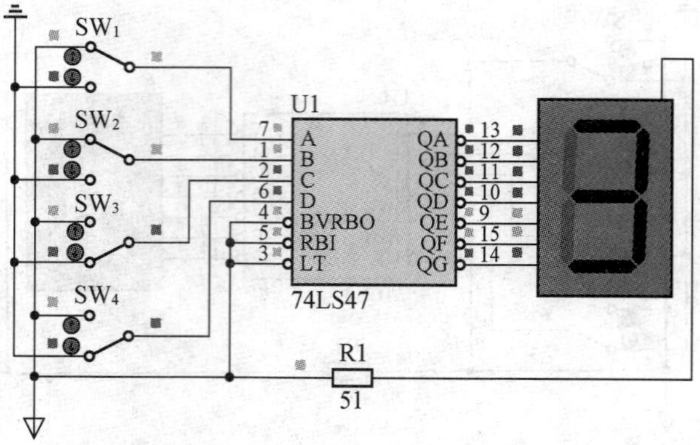

(d)DCBA=0011时，数码管显示3

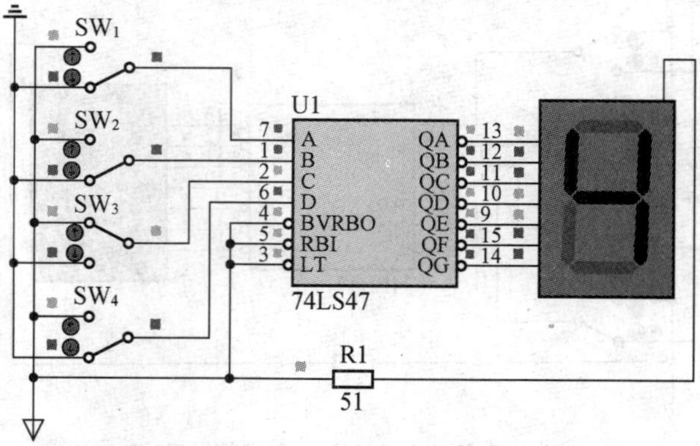

(e)DCBA=0100时，数码管显示4

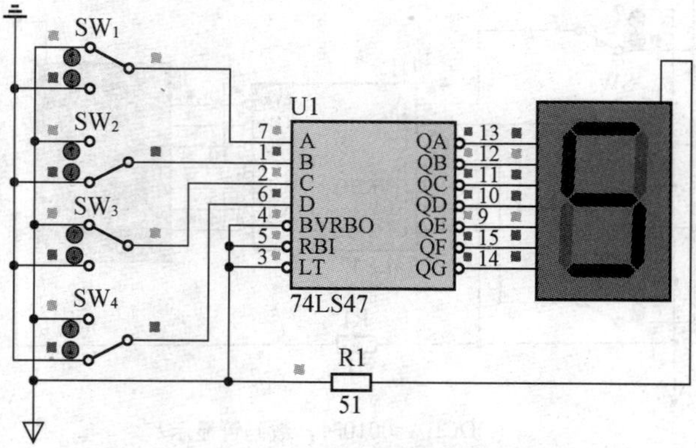

(f)DCBA=0101时，数码管显示5

图 11-22　BCD 译码器驱动数码管仿真电路(二)

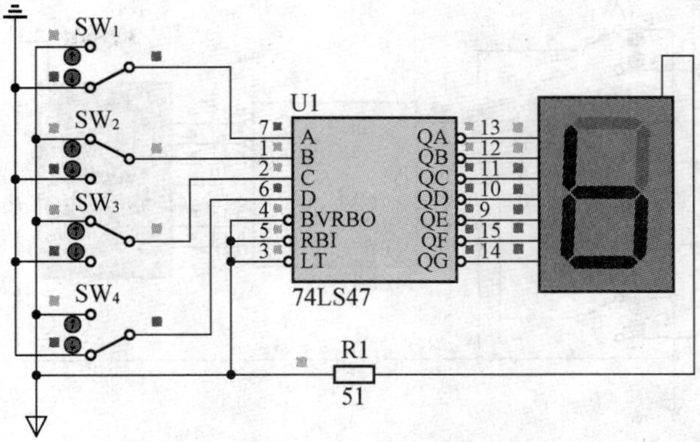

(g)DCBA=0110时，数码管显示6

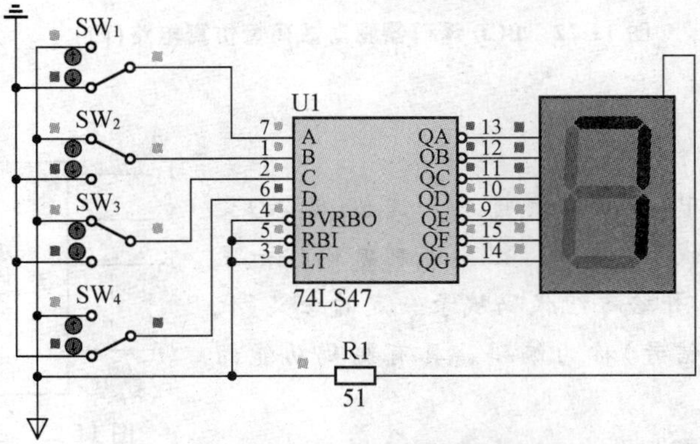

(h)DCBA=0111时，数码管显示7

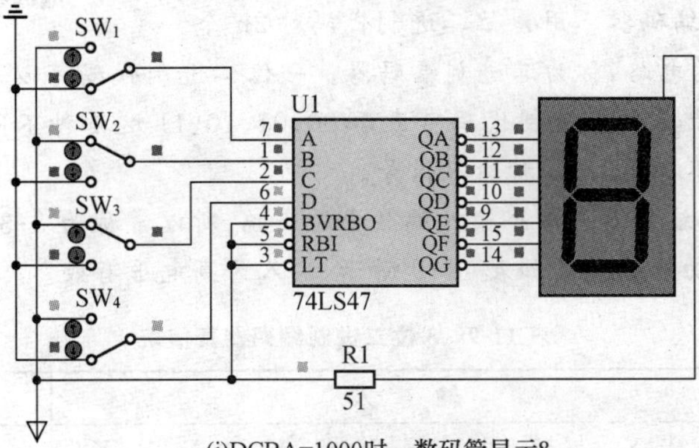

(i)DCBA=1000时，数码管显示8

图 11-22　BCD 译码器驱动数码管仿真电路(三)

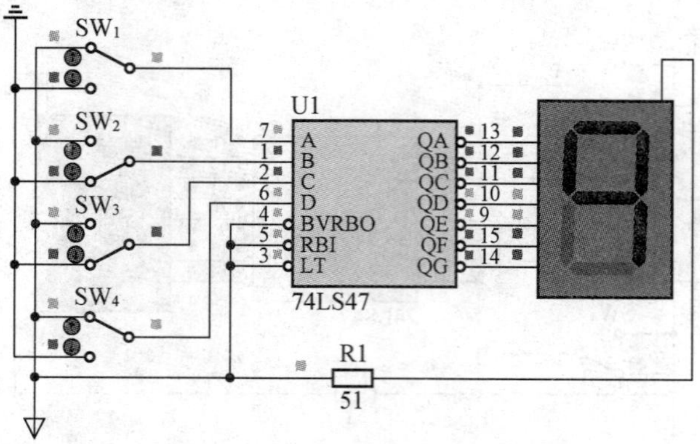

(j)DCBA=1001时，数码管显示9

图 11-22 BCD 译码器驱动数码管仿真电路(四)

【任务拓展】

1. 编码器

在数字系统中，经常需要将某一信息(输入)变换成某一特定的代码(输出)，把二进制数码按一定的规律排列组合，并给每组代码赋予一定的含义(代表某个数或控制信号)称为编码。具有编码功能的电路称为编码器。

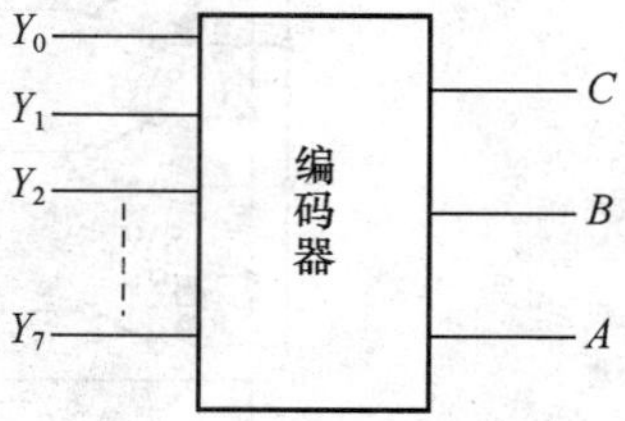

图 11-23 三位二进制编码器示意图

2. 常见的编码器

(1)二进制编码器。用 n 位二进制代码对 $2n$ 个信号进行编码的电路，称为二进制编码器。一位二进制代码可以表示 1、0 这 2 种不同的输入信号，2 位二进制代码可表示 00、01、10、11 这 4 种不同的输入信号，n 位二进制代码可以表示 $2n$ 种输入信号。

3 位二进制编码器有 8 个输入端 3 个输出端，所以常称为 8-3 线编码器，如图 11-23 所示，其功能真值表如表 11-9 所示，输入为高电平有效。

表 11-9 3 位二进制编码器真值表

十进制数	输入								输出		
	Y_0	Y_1	Y_2	Y_3	Y_4	Y_5	Y_6	Y_7	C	B	A
0	1	0	0	0	0	0	0	0	0	0	0
1	0	1	0	0	0	0	0	0	0	0	1

续表 11-9

十进制数	输入								输出		
	Y_0	Y_1	Y_2	Y_3	Y_4	Y_5	Y_6	Y_7	C	B	A
2	0	0	1	0	0	0	0	0	0	1	0
3	0	0	0	1	0	0	0	0	0	1	1
4	0	0	0	0	1	0	0	0	1	0	0
5	0	0	0	0	0	1	0	0	1	0	1
6	0	0	0	0	0	0	1	0	1	1	0
7	0	0	0	0	0	0	0	1	1	1	1

根据真值表可以写出逻辑函数表达式：

$$A=Y_1+Y_3+Y_5+Y_7 \quad B=Y_2+Y_3+Y_6+Y_7 \quad C=Y_4+Y_5+Y_6+Y_7$$

上述逻辑函数表达式已为最简与或表达式，可据此画出用或门组成的 3 位二进制编码器的逻辑电路图。如图 11-24 所示。

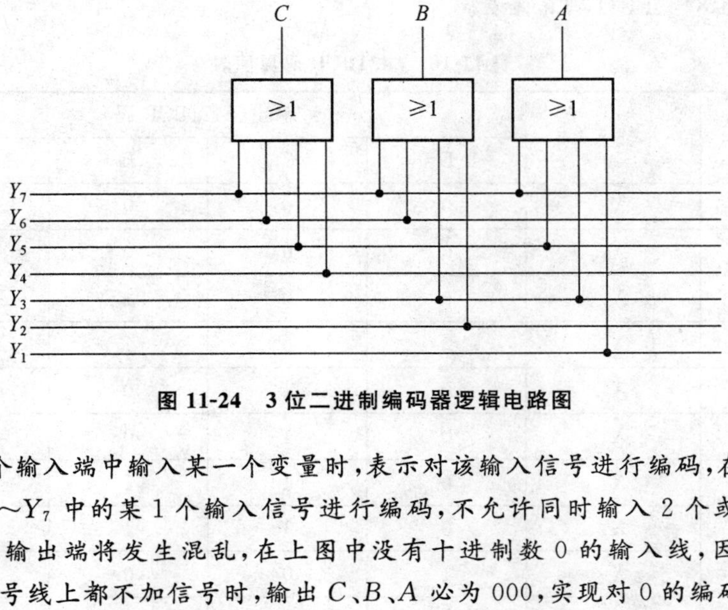

图 11-24　3 位二进制编码器逻辑电路图

当 8 个输入端中输入某一个变量时，表示对该输入信号进行编码，在任何时刻只能对 $Y_0 \sim Y_7$ 中的某 1 个输入信号进行编码，不允许同时输入 2 个或多个高电平，否则在输出端将发生混乱，在上图中没有十进制数 0 的输入线，因为只有在 $Y_1 \sim Y_7$ 信号线上都不加信号时，输出 C、B、A 必为 000，实现对 0 的编码。

(2)二-十进制编码器。将十进制数 0～9 的 10 个数编成二进制代码(又称 BCD 码)的电路，称为二-十进制编码器。要对 10 个信号进行编码，至少需要 4 位二进制代码($2^4=16$)，所以二-十进制编码器的输出信号为 4 位。如图 11-25 所示。

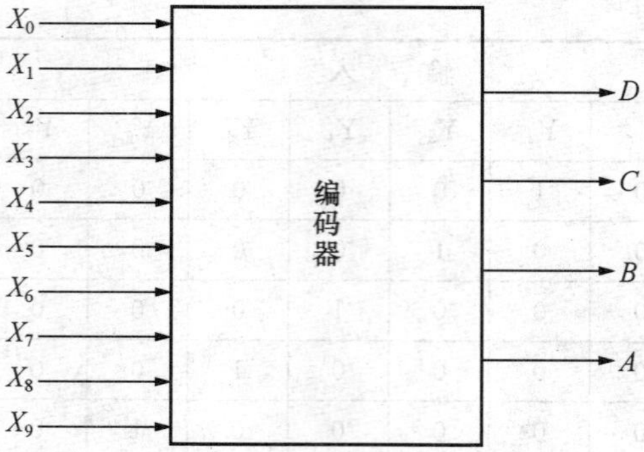

图 11-25　10-4 线编码器框图

因为 4 位二进制代码有 16 种状态组合，可任意选出 10 种表示 0～9 这 10 个数字；不同的选取方式即表示不同的编码方法，如 8421BCD 码、2421BCD 码、余 3BCD 码等，在此我们主要介绍最常用的 8421BCD 编码器。

所谓 8421BCD 码，即二进制代码自左向右，各位的权分别为 8、4、2、1，每组代码加权系数之和就是它所代表的十进制数。例如，代码 1001 即 8＋0＋0＋1＝9，表 11-10 为 8421BCD 码真值表。

表 11-10　8421BCD 码真值表

十进制数	输入	输出(8421BCD 码)			
		D	C	B	A
0	X_0	0	0	0	0
1	X_1	0	0	0	1
2	X_2	0	0	1	0
3	X_3	0	0	1	1
4	X_4	0	1	0	0
5	X_5	0	1	0	1
6	X_6	0	1	1	0
7	X_7	0	1	1	1
8	X_8	1	0	0	0
9	X_9	1	0	0	1

由表 11-10 可写出逻辑表达式：

$$D = X_8 + X_9$$
$$C = X_4 + X_5 + X_6 + X_7$$
$$B = X_2 + X_3 + X_6 + X_7$$
$$A = X_1 + X_3 + X_5 + X_7 + X_9$$

【任务巩固】

数码管内部的发光二极管接线方法有________和________两种。采用共阴极方式时，译码器输出________电平驱动相应的二极管发光。

项目十二　触发器电路应用

【项目描述】

基本 RS 触发器、JK 触发器是最基本的触发器，也是最常用的两种触发器，所以学好这两种触发器十分重要。

本项目分为基本 RS 触发器的测试和 JK 触发器功能测试 2 个工作任务。

通过本项目学习掌握了基本 RS、JK 触发器的逻辑符号、电路组成、工作原理及逻辑功能测试方法，学会使用触发器。培养认真严谨、善于思考、沟通协作、安全常识等能胜任岗位工作的职业素质。

任务 1　基本 RS 触发器的测试

【任务目标】

1. 了解触发器的电路结构、触发方式及分类。
2. 理解基本 RS 触发器的电路组成、工作原理及功能。
3. 掌握触发器的逻辑功能测试方法，学会使用触发器。

【任务准备】

一、资料准备

双向开关、集成与非门 74LS00、发光二极管、电池；电脑、Multisim10 软件、课本、基本 RS 触发电路图、任务评价表。

二、知识准备

(一)基本 RS 触发器外部结构及电路符号

我们把能够存储一位二值信号的基本单元电路称为触发器。

触发器与组合电路的基本单元电路(门电路)不同,为实现存储一位二值信号的功能,触发器应具备两个基本特点,如图 12-1 所示的基本 RS 触发器的外部结构及电路符号。

(1)触发器有两个输出端,分别记作 Q 和 $\overline{Q}$,其状态是互补的。

(2)根据输入的不同,可以置于 0 态,也可以置于 1 态。所置状态,在输入信号消失后,保持不变,即它具有存储一位二值信号的功能。

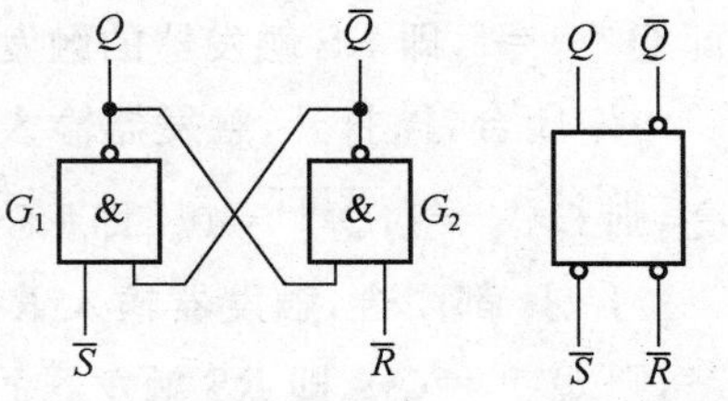

(a)逻辑电路图　　(b)逻辑符号

图 12-1　基本 RS 触发器

(二)基本 RS 触发器的组成

由图 12-1 可知,基本 RS 触发器是将两个与非门 G_1、G_2 输入、输出端交叉连接形成,它有两个输入端 $\overline{R}$、$\overline{S}$,低电平时表示有输入信号、高电平时表示没有输入信号;Q、$\overline{Q}$ 是一对互补输出端,当一个输出端为高电平时,另一个输出端则输出低电平,反之亦然。

(三)基本 RS 触发器特点及用途

基本 RS 触发器的动作特点:输入信号在全部的时间里,都能直接改变输出端 Q 和 $\overline{Q}$ 的状态。

用途:基本 RS 触发器不仅电路结构简单,是构成其他功能触发器的必不可少的组成部分。而且可用作数码寄存器、消抖动开关、单次脉冲发生器和脉冲变换电路等。

【任务实施】

一、连接基本 RS 触发器触发电路

该实验使用的软件为 multisim10,其中提供的与非门电路符号为美国标准。$\overline{S}$、$\overline{R}$ 为基本 RS 触发器的输入端,字母上面的非号"—"及符号图上面的小圆圈表示低电平有效。即当开关 J_1、J_2 闭合时为高电平,取反后输入为 0;反之当开关 J_1、J_2 打开为低电平,取反后输入为 1,且有效。Q、$\overline{Q}$ 为基本 RS 触发器的输出端,其状态总是互补的,通常规定触发器 Q 端的状态为触发器的状态。即指示灯亮为 1,

指示灯熄灭为 0。

二、验证基本 RS 触发器触发电路逻辑功能

验证基本 RS 触发器触发电路逻辑功能如下：

J_1 打开，J_2 闭合，触发器输入 $\overline{R}=1$、$\overline{S}=0$，如图 12-2(a)所示 X_1 亮，X_2 不亮，即 $Q^{n+1}=1$，即 RS 触发器的触发功能。

J_1 闭合，J_2 打开，触发器输入 $\overline{R}=0$、$\overline{S}=1$ 时，如图 12-2(b)所示 X_1 不亮，X_2 亮，则 $Q^{n+1}=1$，$\overline{Q^{n+1}}=0$。即 RS 触发器的置 0 功能。

J_1、J_2 都闭合，触发器输入 $\overline{R}=1$、$\overline{S}=1$ 时，如图 12-2(c)所示触发器保持原状态，则 $Q^{n+1}=Qn$，即 RS 触发器的保持功能。

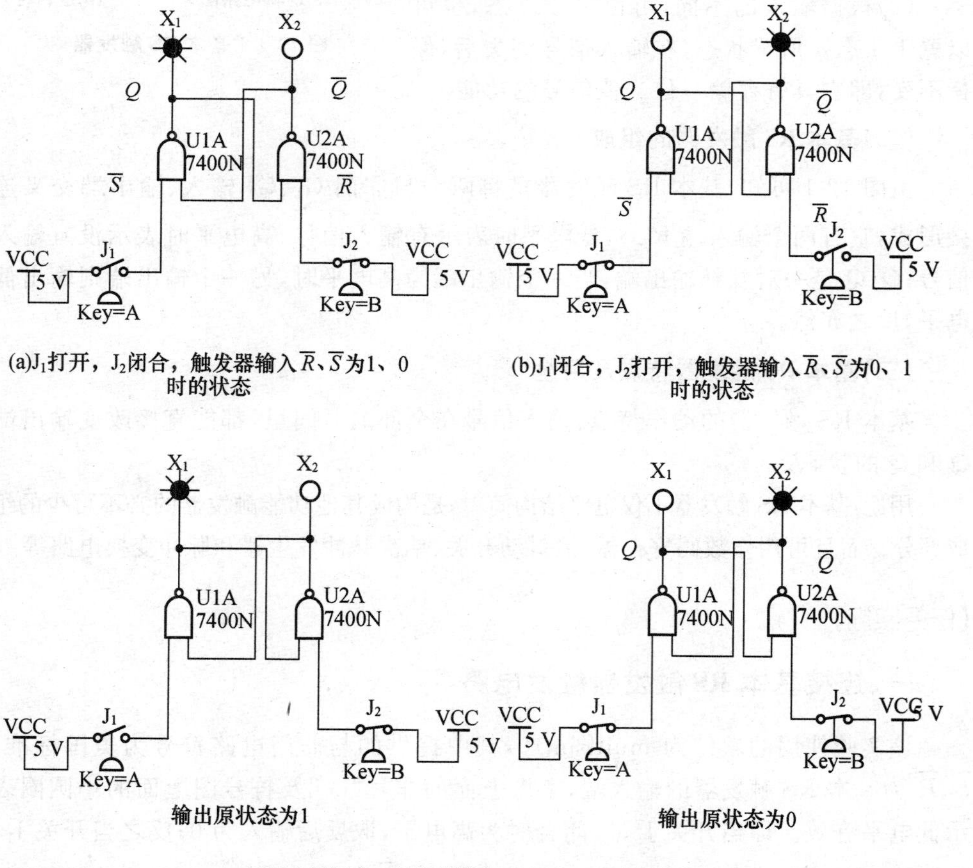

(a)J_1打开，J_2闭合，触发器输入$\overline{R}$、$\overline{S}$为1、0时的状态

(b)J_1闭合，J_2打开，触发器输入$\overline{R}$、$\overline{S}$为0、1时的状态

输出原状态为1

输出原状态为0

(c)J_1J_2都闭合，触发器输入$\overline{R}$、$\overline{S}$为0、0时的状态

图 12-2 基本 RS 触发器触发电路(一)

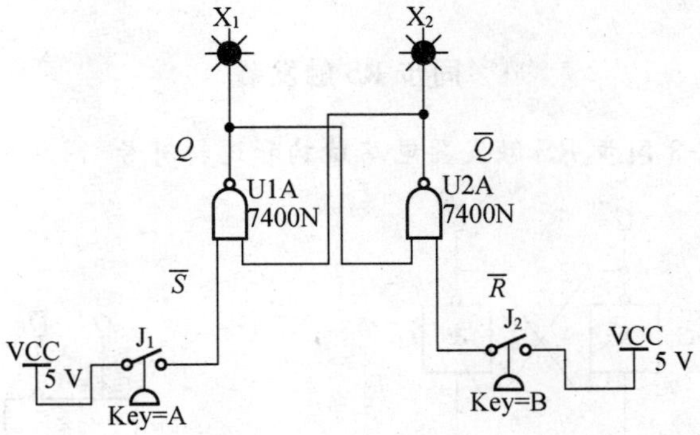

(d)J_1J_2都打开，触发器输入$\overline{R}$、$\overline{S}$为1、1时的状态

图 12-2　基本 RS 触发器触发电路(二)

J_1、J_2 都打开，触发器输入 $\overline{S}=0$、$\overline{R}=0$ 时，如图 12-2(d)所示，触发器输出端 $Q^{n+1}=\overline{Q^{n+1}}=1$，这是一种被禁止的状态。

三、基本 RS 触发器逻辑功能分析

(一)基本 RS 触发器和组合电路的区别

由图 12-1 基本 RS 触发器电路结构可知，由于两个与非门的输入输出端交叉耦合，那么它与组合电路的根本区别在于电路中有反馈，其输出不但与当时的输入有关，而且与上一时间的输出也有关系。

(二)基本 RS 触发器的特性表

通过仿真实验验证可知：基本 RS 触发器特性如表 12-1 所示。

表 12-1　基本 RS 触发器特性表

$\overline{R}$	$\overline{S}$	Q^{n+1}	逻辑功能
0	0	×	不定
0	1	0	置 0
1	0	1	置 1
1	1	Q^n	保持

【任务拓展】

同步 RS 触发器

1. 认识图 12-3 同步 RS 触发器电路结构和逻辑符号

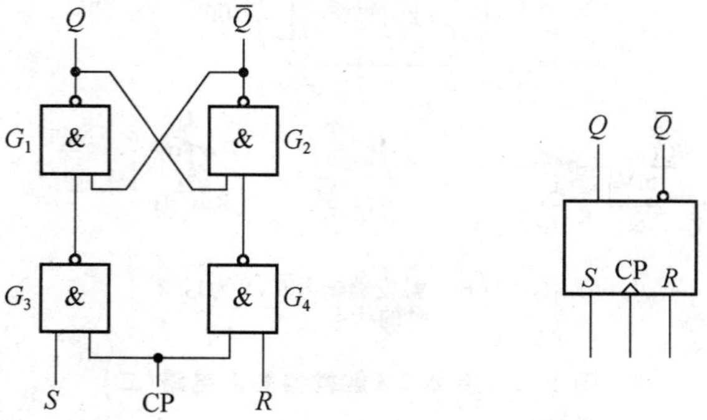

图 12-3 同步 RS 触发器电路结构和逻辑符号

2. 同步 RS 触发器电路组成

基本的 RS 触发器是由 R、S 端的触发脉冲直接控制的。在实际的应用中，通常触发器的状态还要求按一定的时间节拍控制触发器的翻转，为此就增加一个时钟脉冲控制输入端 CP，只有 CP 脉冲出现时，触发器才动作，其状态仍有 R、S 输入端的状态决定，这就是同步 RS 触发器。

由图 12-3 同步 RS 触发器电路结构图可知，同步 RS 触发器是在基本 RS 触发器的基础上，增加了两个与非门 G_3、G_4 和一个时钟脉冲端 CP。其中 G_1、G_2 组成基本 RS 触发器，门 G_3、G_4 构成引导控制门。$\overline{R_D}$和$\overline{S_D}$是直接置 0 和直接置 1 端，低电平有效，不受 CP 脉冲控制，不用时可以省略不画出。

3. 逻辑功能分析

(1)CP=0 时，门 G_3、G_4 被封锁，输出为 1，不论输入信号 R、S 如何变化，触发器的状态不变。

(2)CP=1 时，门 G_3、G_4 被打开，输出由 R、S 决定，触发器的状态随输入信号 R、S 的不同而不同。

①只要 $S=1$，输出 Q 为 1，触发器实现置 1 功能。

②只要 $R=1$，输出 Q 为 0，触发器实现置 0 功能。可见，同步触发器中 R 和 S 是高电平有效。

③同时为无效电平(低电平)时，触发器则触发器维持原态，实现保持功能。

④当 R 和 S 同时处于有效电平(高电平)时，输出为不定状态($Q=1,\overline{Q}=1$，这种状态应尽量避免出现)。

根据基本 RS 触发器的逻辑功能，结合同步 RS 触发器时钟脉冲 CP 端控制电平，可得表 12-2 同步 RS 触发器特性表。

表 12-2　同步 RS 触发器特性表

CP	R	S	Q^{n+1}	逻辑功能
0	×	×	Q^n	保持
1	0	0	Q^n	保持
	0	1	1	置 1
	1	0	0	置 0
	1	1	×	不定

4. 同步 RS 触发器的特点

(1)在 CP=1 的全部时间里，R 和 S 的变化均将引起触发器输出端状态的变化。这就是同步 RS 触发器的动作特点。

(2)在 CP=1 的期间，输入信号的多次变化，触发器也随之多次变化，这种现象称空翻。空翻现象会造成逻辑上的混乱，使电路无法正常工作。

【任务巩固】

1. 基本 RS 触发器，当 $\overline{R}$、$\overline{S}$ 都接高电平时，该触发器具有________功能。

2. 基本的 RS 触发器是由________、________端的触发脉冲直接控制的。在实际的应用中，通常触发器的状态还要求按一定的时间节拍控制触发器的翻转，为此就增加一个时钟脉冲控制输入端 CP，只有________脉冲出现时，触发器才动作，其状态仍有 R、S 输入端的状态决定，这就是同步________触发器。

3. RS 触发器提供了________、________、________三种功能。

4. 简述基本 RS 触发器的动作特点和用途。

任务 2　JK 触发器功能测试

【任务目标】

1. 理解主从 JK 触发器的电路组成、工作原理及功能。

2. 了解 JK 触发器的逻辑符号、逻辑功能和特性表。

【任务准备】

一、资料准备

双向开关(SW-PDT)、JK 触发器 74LS112(74LS112)、发光二极管(LED-RED、LED-BLUE)、电池(BATTERY);电脑、Proteus 软件、JK 触发器电路图、任务评价表等与本任务相关的信息资源。

二、知识准备

(一)认识主从 JK 触发器

图 12-4 为主从 JK 触发器及符号。

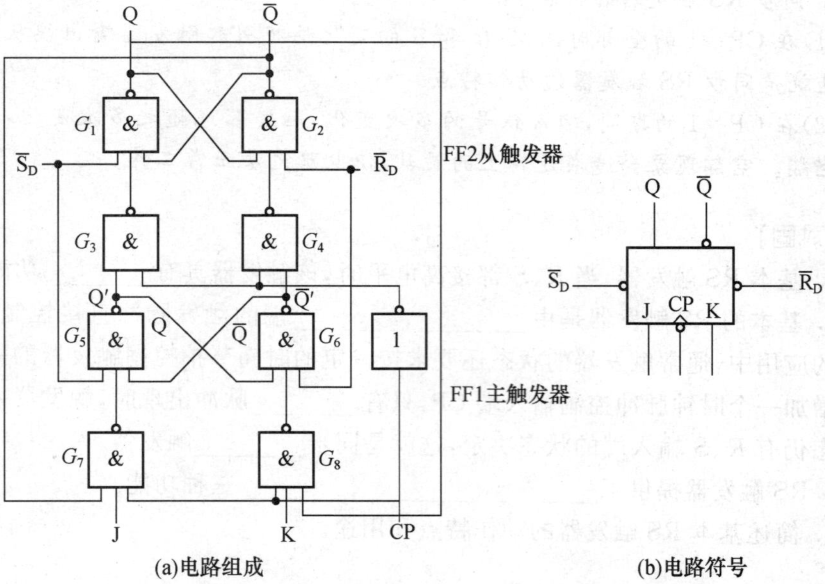

图 12-4 主从 JK 触发器及符号

(二)为什么要学习主从 JK 触发器

1. 什么叫主从结构

如图 12-5 所示的主从结构示意图。

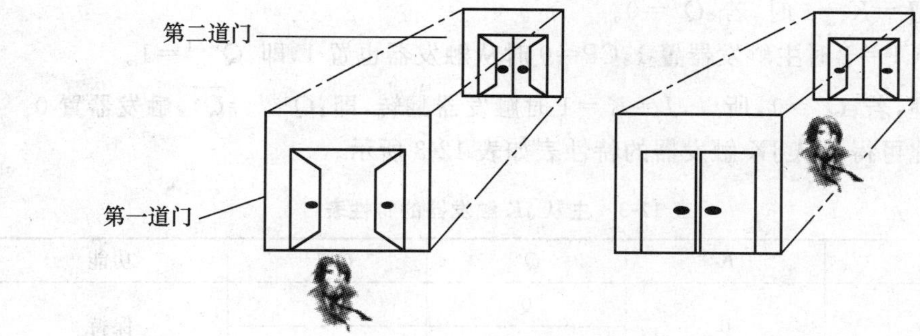

图 12-5 主从结构示意图

所谓主从结构可用如图 12-5 所示示意图来说明。第一道门相当于主门，接受来访者。第二道门相当于从门，当来访者从第一道门进入且关上时，第二道门才打开让来访者进入。

2. 主从结构触发器

如图 12-6 所示。主从结构触发器是有两级触发器构成。其中一级直接接受输入信号，称为主触发器，另一级接收主触发器的输出信号，称为从触发器。

两级触发器的时钟信号互补，主触发器接受输入与从触发器改变输出状态分开进行，从而有效地克服了空翻。

(三)主从 JK 触发器电路组成

图 12-6 为主从型 JK 触发器的逻辑电路和逻辑符号，从(a)的逻辑电路可知，它是由两个同步 RS 触发器相连而成，触发器 FF1 称为主触发器、触发器 FF2 称为从触发器，主触发器的输出为从触发器的输入，从触发器的输出 Q 和 $\overline{Q}$ 交叉反馈至主触发器的输入，主触发器增加了两个信号输入端 J 和 K，电路中的非门为隔离引导门，它使主触发器和从触发器分别得到相位相反的时钟脉冲信号，这样可将接收输入信号和改变输出状态从时间上分开。

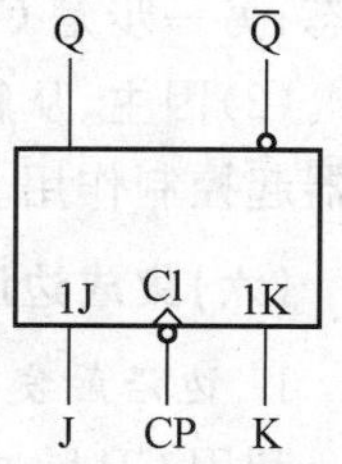

图 12-6 下降沿 JK 触发器逻辑符号

(四)主从 JK 触发器工作原理

(1)$J=1,K=0$，若现态为 0，则：CP＝1 时主触发器置 1，到 CP＝0 时从触发器也置 1，$J=1,K=0$，若现态为 1，则：CP＝1 时主触发器不变，到 CP＝0 时从触发器也不变所以，$J=1,K=0$ 时触发器置 1，即：$Q^{n+1}=1$。

(2)$J=0,K=1$ 时，触发器置 0，即：$Q^{n+1}=0$。

(3)$J=K=0$ 时，触发器保持原状不变，即：$Q^{n+1}=Q^n$。

(4) $J=K=1$ 时，若：$Q^n=0$。

则：CP=1 时主触发器置 1，CP=0 时从触发器也置 1，即：$Q^{n+1}=1$。

同理，若：$Q^n=1$，所以，$J=K=1$ 时触发器翻转，即：$Q^{n+1}=\overline{Q^n}$，触发器置 0。

由此可得主从 JK 触发器的特性表如表 12-3 所示。

表 12-3　主从 JK 触发器的特性表

J	K	Q^n	Q^{n+1}	功能
0	0	0	0	保持
		1	1	
0	1	0	0	置 0
		1	0	
1	0	0	1	置 1
		1	1	
1	1	0	1	翻转
		1	0	

（五）主从触发器的动作特点

(1)触发器的动作分成两步，一步是 CP=1，主触发器接受输入；被置成响应的状态；另一步是 CP 下降沿到来时，从触发器根据主触发器的状态翻转。

(2)因主、从触发器都是同步 RS 触发器，在 CP=1 期间输入信号都将对主触发器起控制作用。因此会导致主从触发器的一次变换现象。

（六）集成边沿 JK 触发器

1. 边沿触发方式

利用 CP 脉冲上升沿触发的称为上升沿触发器，利用 CP 脉冲下降沿触发的称为下降沿触发器。逻辑符号中下降沿触发器除了用“＞”符号外，还在 CP 引脚标注小圆圈。如图 12-6 所示。

2. 集成 JK 触发器引脚排列和逻辑符号

集成 JK 触发器引脚排列和逻辑符号如图 12-7 所示。

如图 12-7 所示为 74LS112 芯片的实物图、引脚排列和逻辑符号。在符号图中 CP 一端标有“∧”和小圆圈，表示脉冲下降沿有效。

它内含两个下降沿触发的 JK 触发器，$\overline{S_D}$ 和 $\overline{R_D}$ 端作用不受 CP 同步脉冲控制。

负边沿触发的 JK 触发器的逻辑功能与主从 JK 触发器相同，除了对 CP 的要求不同以外，J、K、Q^n 和 Q^{n+1} 之间的逻辑关系完全相同。

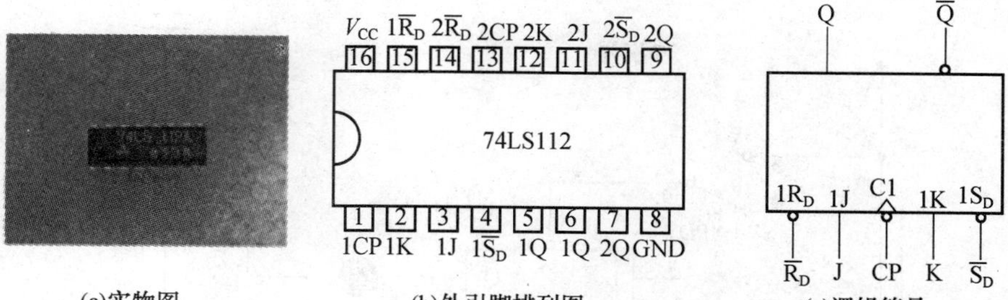

(a)实物图　　(b)外引脚排列图　　(c)逻辑符号

图 12-7　TTL 边沿 JK 触发器 CT74LS112

3. 74LS112 触发器的功能

在符号图中 CP 一端标有"∧"和小圆圈，表示脉冲下降沿有效。它内含两个下降沿触发的 JK 触发器，$\overline{S}_D$和$\overline{R}_D$端作用不受 CP 同步脉冲控制。

负边沿触发的 JK 触发器的逻辑功能与主从 JK 触发器相同，除了对 CP 的要求不同以外，J、K、Q^n 和 Q^{n+1}之间的逻辑关系完全相同。

1CP、2CP 端为时钟输入端（下降沿有效）；

1J、2J、1K、2K 端为数据输入端；

$1Q$、$2Q$、$1\overline{Q}$、$2\overline{Q}$ 端为输出端；

$1\overline{R}_D$、$2\ \overline{R}_D$端为直接复位端（低电平有效）；

$1\overline{S}_D$、$2\ \overline{S}_D$端为直接置位端（低电平有效）。

【任务实施】

用 74LS112 触发器来验证 JK 触发器的功能

一、异步置位(S)及异步复位(R)功能测试

(一)仿真电路

仿真电路图并运行软件，测试异步置位(S)及异步复位(R)功能。

在 Proteus 仿真软件中绘制电路图的步骤如下：

(1)打开 Proteus 仿真软件。

(2)拾取元器件，并把元器件放置在编辑区内。

(3)正确连接各元器件。

(4)检查电路。

运行仿真电路图，仿真电路如图 12-8 所示。

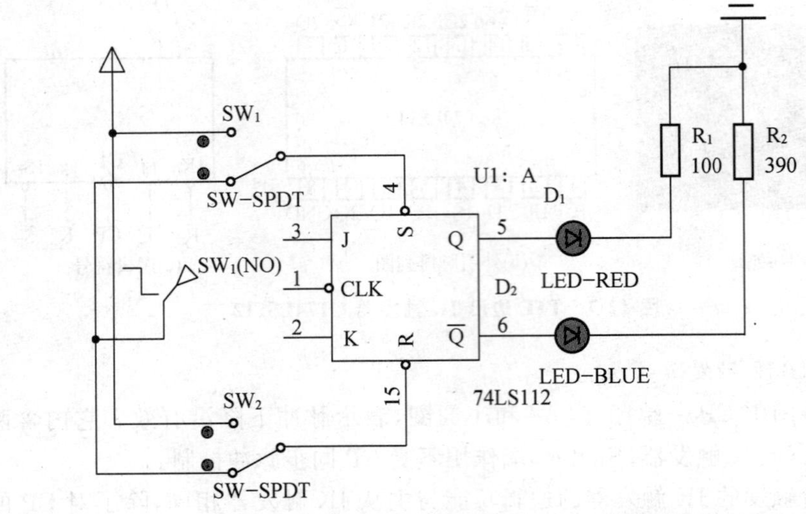

图 12-8 异步置位(S)及异步复位(R)功能测试电路图

(二)调试分析电路

打开仿真开关,按表分别按 SW_1 键或 SW_2 键,观察 D_1、D_2 的变化情况,并填好表。(注红灯亮表示 $Q=1$,蓝灯亮表示 $\overline{Q}=1$)。

(1)S 为高电平,R 从高电平变为低电平时,即 H→L,D_1 不亮,D_2 亮如图 12-9(a)所示,即 $Q=0,\overline{Q}=1$;R 从低电平变为高电平时,即 L→H,D_1 不亮,D_2 亮如图 12-9(b)所示,即 $Q=0,\overline{Q}=1$。由上可知,S 为触发器的置“1”端,以上为触发器的置位功能。

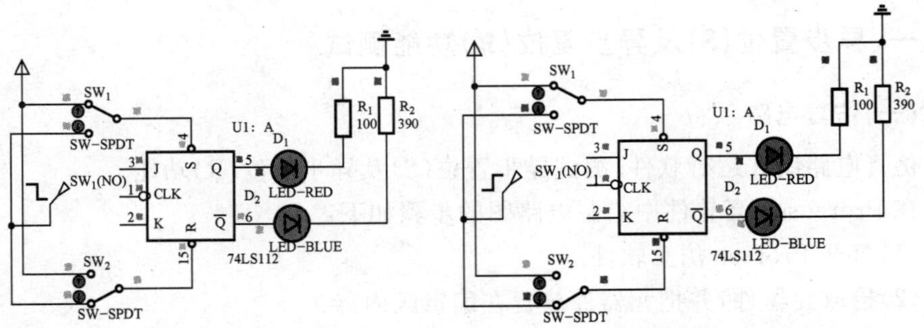

(a)S为高电平,R从H→L (b)S为高电平,R从L→H

图 12-9 触发器置位功能测试

(2)R 为高电平，S 从高电平变为低电平时，即 H→L，D_1 亮，D_2 不亮如图 12-10(a)所示，即 $Q=1$，$\overline{Q}=0$；S 从低电平变为高电平时，即 L→H，D_1 亮，D_2 不亮如图 12-10(b)所示，即 $Q=1$，$\overline{Q}=0$。由上可知，R 为触发器的置"0"端，以上为触发器的复位功能。

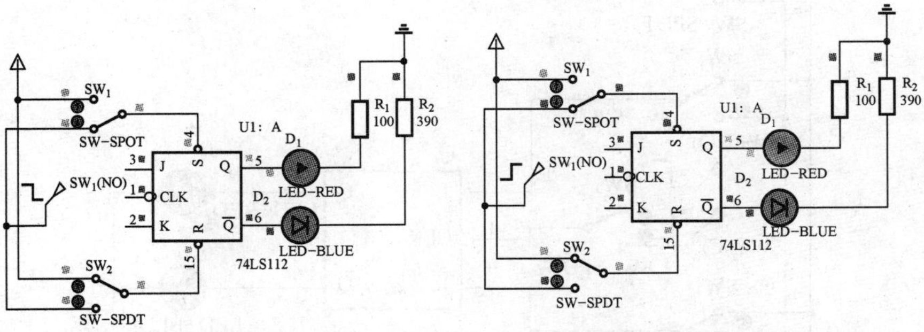

(a)R为高电平，S从H→L　　(a)R为高电平，S从L→H

图 12-10　触发器复位功能测试

(三)分析功能

对以上分析进行总结其功能如表 12-4 所示。

表 12-4　JK 触发器异步置位(S)及异步复位(R)功能表

S	R	D_1	D_2	Q	$\overline{Q}$	功能
H	H→L	不亮	亮	0	1	置位
	L→H	不亮	亮	0	1	
H→L	H	亮	不亮	1	0	复位
L→H		亮	不亮	1	0	

二、JK 触发器逻辑功能的测试

(一)仿真电路

从 Proteus 基本界面左侧左列元件工具条中调出所有元件并连好线路。

(1)打开 Proteus 仿真软件。

(2)拾取元器件，并把元器件放置在编辑区内。

(3)正确连接各元器件。

(4)检查电路。

JK 触发器功能测试原理图如图 12-11 所示。

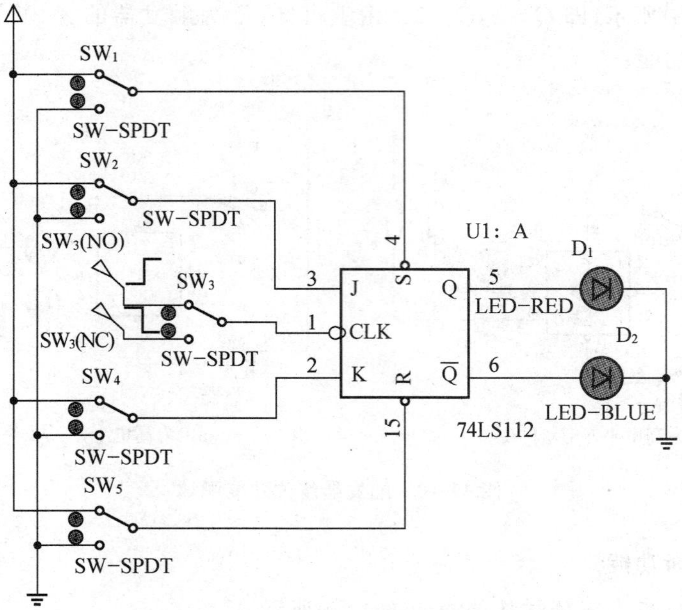

图 12-11 JK 触发器功能测试图

(二)调试分析电路

打开仿真开关,按要求进行测试。

注:要使初态为 0,用 R 置低电平进行复位,复位后 J 仍需回到高电平;同样要使初态 Q 为 1,可用 S 置低电平进行置位,置位后 J 仍需回到高电平。

1. 保持功能测试

使初态为 0,SW_2、SW_4 接地,即 $J=0,K=0$,CLK 在正跳沿和负跳沿 D_1 不亮,D_2 亮,如图 12-12(a)(b)所示,$Q^{n+1}=0$ 即保持初态 0。

使初态为 1,SW_2、SW_4 接地,即 $J=0,k=0$,CLK 在正跳沿和负跳沿 D_1 亮,D_2 不亮,如图 12-12(c)(d)所示,$Q^{n+1}=1$ 即保持初态 1。

2. 置 0 功能测试

使初态为 0,SW_2 接地、SW_4 接高电平,即 $J=0,K=1$,CLK 在正跳沿和负跳沿 D_1 不亮,D_2 亮,如图 12-13(a)(b)所示,$Q^{n+1}=0$ 即置 0。

使初态为 1,SW_2 接地、SW_4 接高电平,即 $J=0,K=1$,CLK 在正跳沿和负跳沿 D_1 不亮,D_2 亮,如图 12-13(c)(d)所示,$Q^{n+1}=0$ 即置 0。

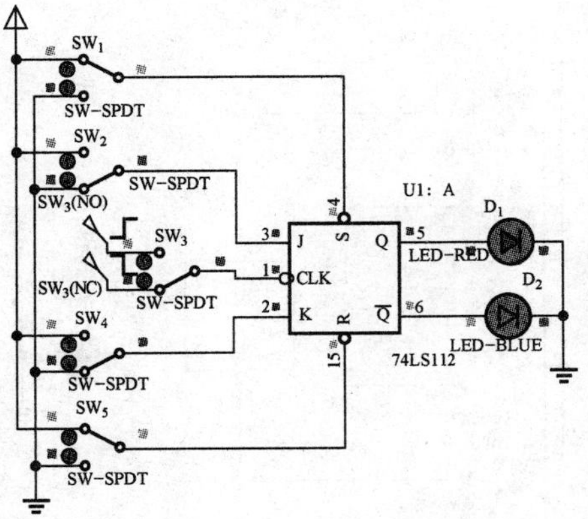

(a)初态为0，J=0，K=0，CLK从H→L

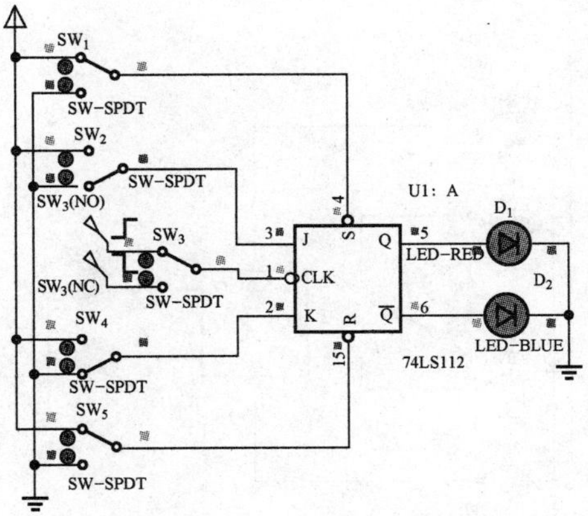

(b)初态为0，J=0，K=0，CLK从L→H

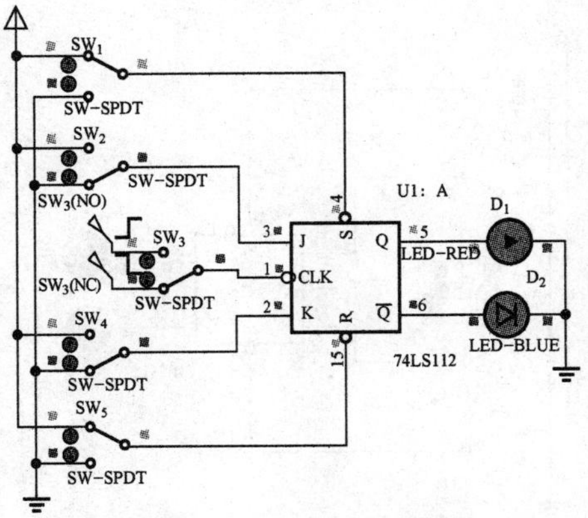

(c)初态为1，J=0，K=0，CLK从H→L

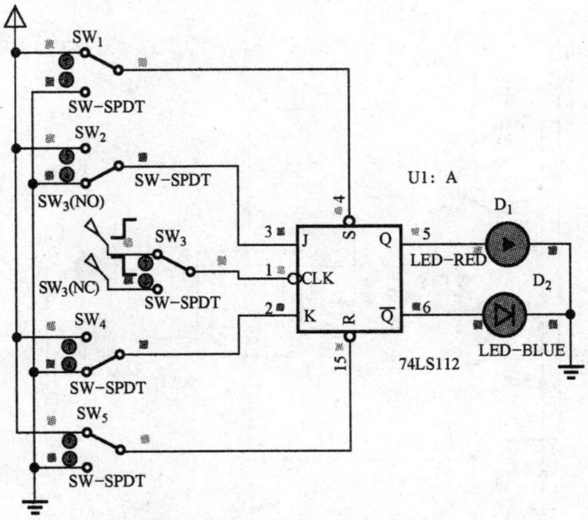

(d)初态为1，J=0，K=0，CLK从L→H

图 12-12　JK 触发器保持功能测试

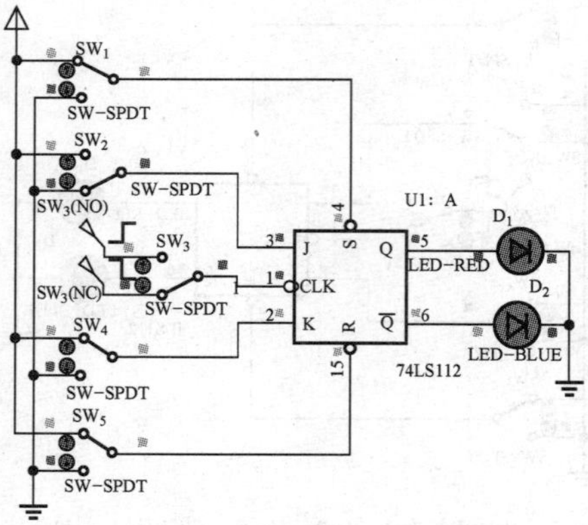

(a)初态为0，J=0，K=1，CLK从L→H

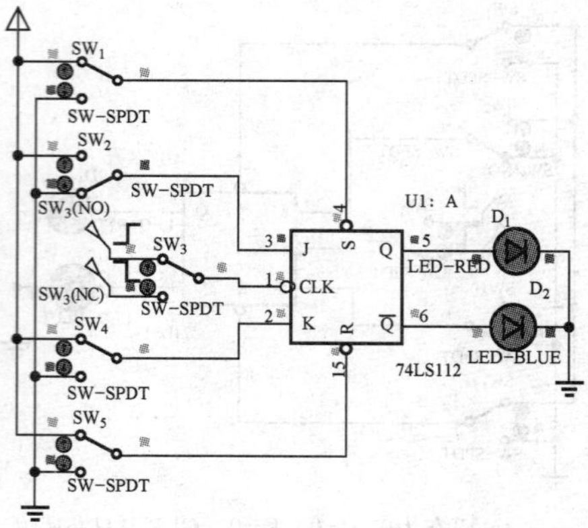

(b)初态为0，J=0，K=1，CLK从H→L

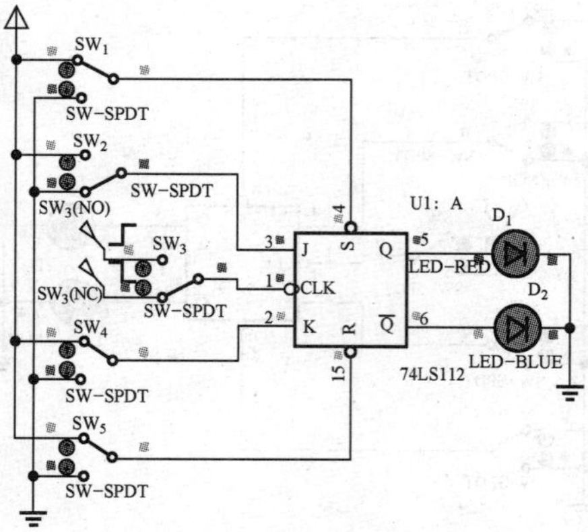

(c)初态为1，J=0，K=1，CLK从H→L

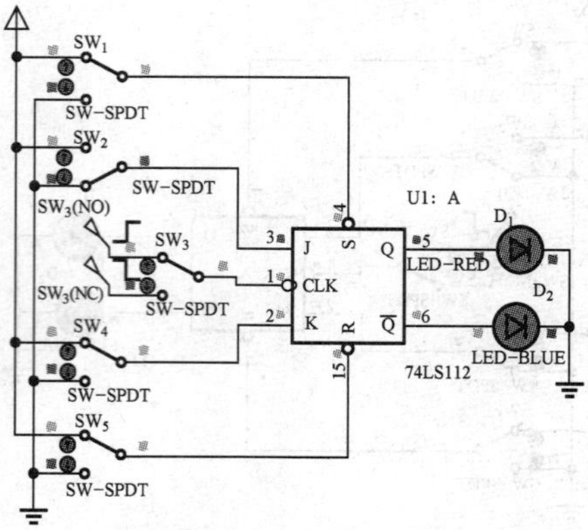

(d)初态为1，J=0，K=1，CLK从H→L

图 12-13 JK 触发器置 0 功能测试

3. 置 1 功能测试

使初态为 0，SW_2 接高电平、SW_4 接地，即 $J=1,K=0$，CLK 在正跳沿和负跳沿 D_1 亮，D_2 不亮，如图 12-14(a)(b)所示，$Q^{n+1}=1$ 即置 1。

使初态为 1，SW_2 接高电平、SW_4 接地，即 $J=1,K=0$，CLK 在正跳沿和负跳沿 D_1 亮，D_2 不亮，如图 12-14(c)(d)所示，$Q^{n+1}=1$ 即置 1。

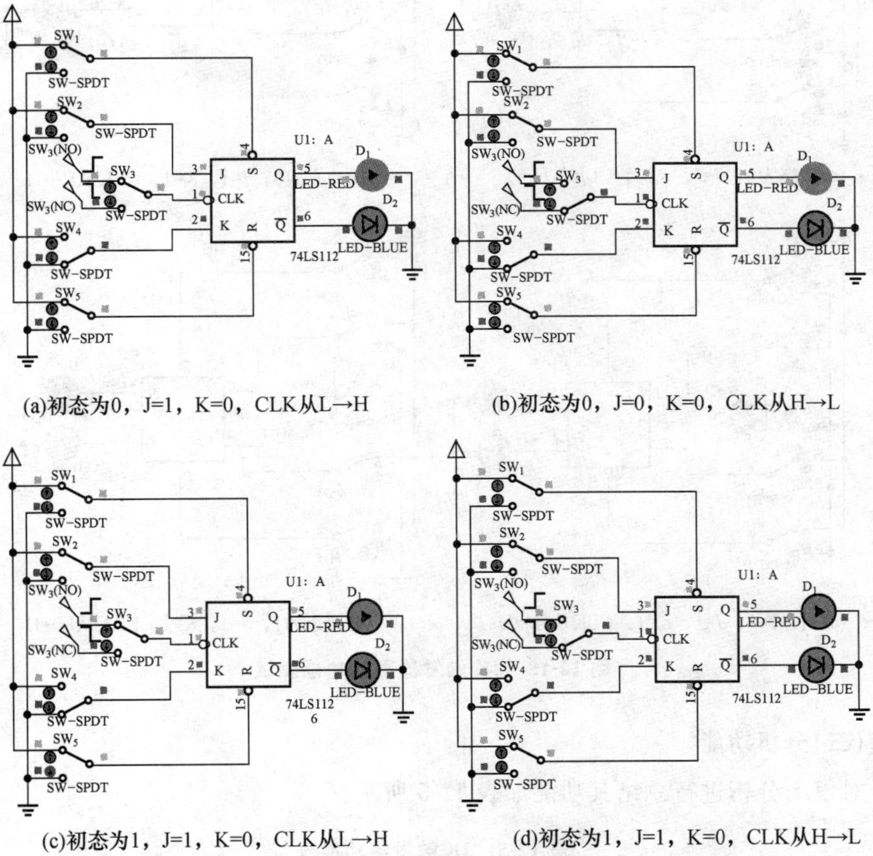

(a)初态为0，J=1，K=0，CLK从L→H　(b)初态为0，J=0，K=0，CLK从H→L

(c)初态为1，J=1，K=0，CLK从L→H　(d)初态为1，J=1，K=0，CLK从H→L

图 12-14　JK 触发器置 1 功能测试

4. 翻转功能测试

使初态为 0，SW_2、SW_4 接高电平，即 $J=1,K=1$，CLK 在正跳沿和负跳沿 D_1 亮，D_2 不亮，如图 12-15(a)(b)所示，$Q^{n+1}=1$ 即翻转。

使初态为 1，SW_2、SW_4 接高电平，即 $J=1,K=1$，CLK 在正跳沿和负跳沿 D_1 不亮，D_2 亮，如图 12-15(c)(d)所示，$Q^{n+1}=0$ 即翻转。

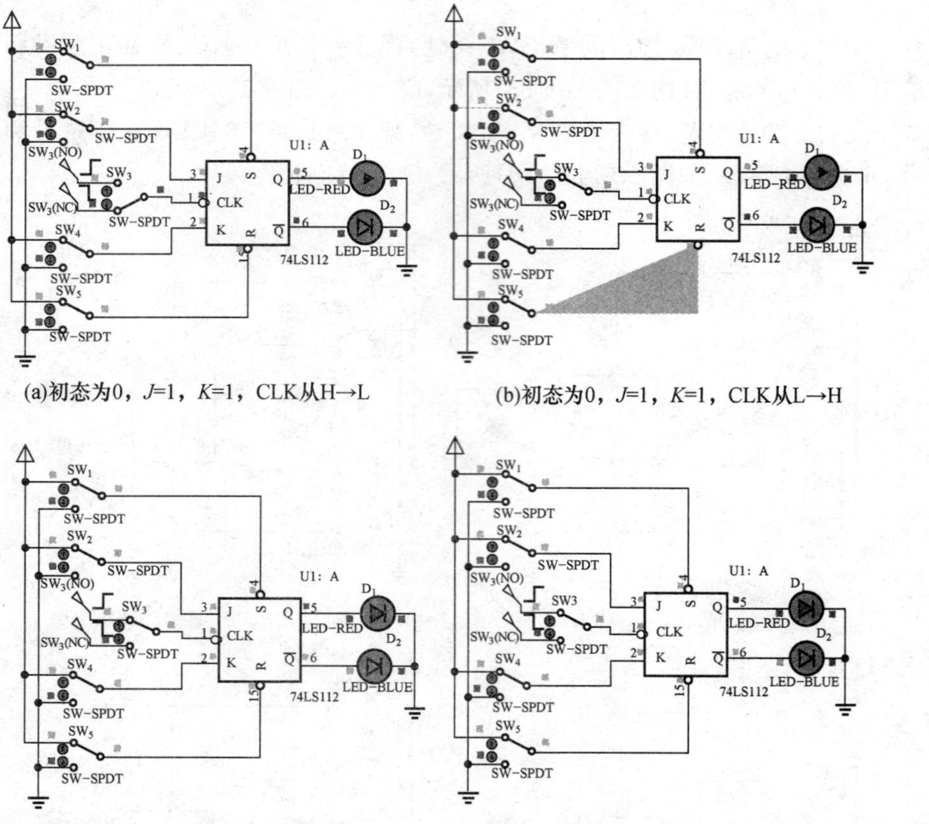

(a)初态为0，J=1，K=1，CLK从H→L

(b)初态为0，J=1，K=1，CLK从L→H

(c)初态为1，J=1，K=1，CLK从H→L

(d)初态为1，J=1，K=1，CLK从L→H

图 12-15 JK 触发器翻转功能测试

(三)分析功能

对以上分析进行总结其功能如表 12-5 所示。

表 12-5 JK 触发器功能表

输入				输出 Q^{n+1}		状态
J	K	$\overline{R^D}$	CP	原状态 $Q^n=0$	原状态 $Q^n=1$	
0	0	1	0→1	0	1	状态不变
			1→0	0	1	
0	1	1	0→1	0	0	置 0
			1→0	0	0	

续表12-5

输入				输出 Q^{n+1}		状态
J	K	$\overline{R^{D}}$	CP	原状态 $Q^n=0$	原状态 $Q^n=1$	
1	0	1	0→1	1	1	置 1
			1→0	1	1	
1	1	1	0→1	0	1	状态翻转
			1→0	1	0	

【任务拓展】

D 触发器及其他类型的触发器

1. 同步 D 触发器的电路组成和逻辑功能

(1)图 12-16 为同步 D 触发器电路结构和逻辑符号，又叫 D 锁存器在同步 RS 触发器的基础上，把与非门 G_3 的输出 G_4 接到与非门的输入 R，使 $R=\overline{S}$，从而避免了 $\overline{S}=\overline{R}=0$ 的情况。并将与非门 G_3 的 S 改为 D 输入，即为同步 D 触发器。D 为信号输入端(数据输入端)，CP 为时钟脉冲控制端。如图 12-10 所示。

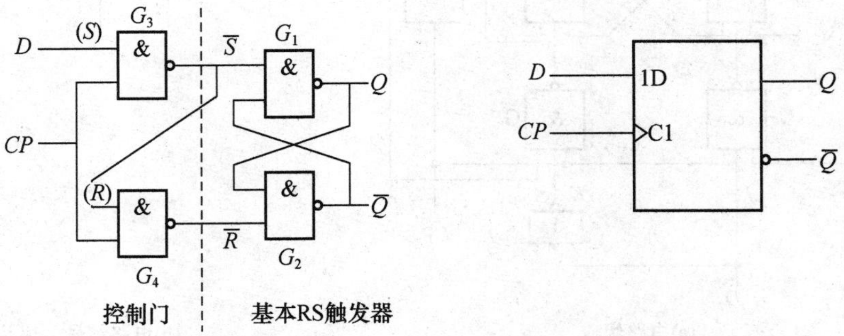

(a)电路组成　　(b)电路符号

图 12-16　同步 D 触发器及符号

(2)逻辑功能。同步 D 触发器只有一个输入端，消除了输出的不确定状态。同步 D 触发器具有置 0、置 1 的逻辑功能。表 12-6 为 D 触发器的特性表。

2. 边沿触发的 D 触发器

边沿 D 触发器也称为维持-阻塞边沿 D 触发器。图 12-17 为边沿 D 触发器及符号。

表 12-6　D 触发器的特性表

D	Q^n	Q^{n+1}	功能
0	0	0	置 0
	1		
1	0	1	置 1
	1		

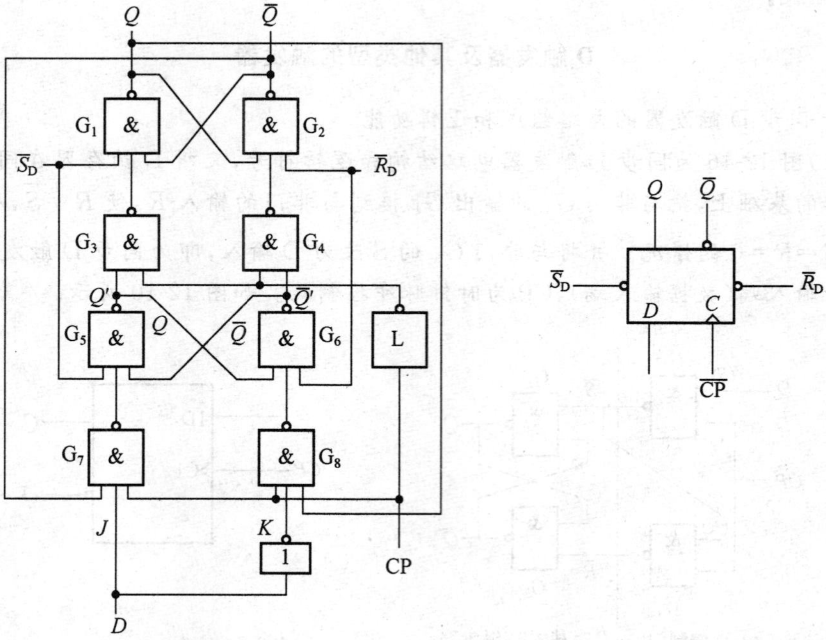

(a)电路组成　　　　　　　　　　(b)电路符号

图 12-17　边沿 D 触发器及符号

(1)电路组成和符号。如图 12-17 所示，将 JK 触发器的两个输入端用非门连接在一起可得到 D 触发器。由符号图可知，$\overline{CP}$一端标有“Λ”，表示其触发方式为 CP 下降沿(触发)有效。

(2)逻辑功能

①当 CP＝1 时，不论输入信号 D 为多少，触发器的状态不变。

②当 CP＝0 时，若 $D=0$，输出为 0；若 $D=1$，输出为 1。

即 D 触发器有置 0 和置 1 的功能。

【任务巩固】

1. JK 触发器具有________、________、________和________的功能。

2. 欲使 JK 触发器实现 $Q^{n+1}=\overline{Q^n}$ 的功能，则输入端 J 应接________，K 应接________。

模块七　时序逻辑电路的设计和连接

项目十三　移位寄存器组成 8 路彩色 LED 控制电路制作与调试

项目十四　秒计数器制作与调试

项目十三　移位寄存器组成 8 路彩色 LED 控制电路制作与调试

【项目描述】

双向移位寄存器组成 8 路彩色 LED 控制电路应用两片 74LS194 设计一个 8 位 LED 彩灯控制电路，要求在每个时钟节拍期间 8 个 LED 逐个点亮—全亮—逐个熄灭—全灭，并不断循环。

本项目分为移位寄存器功能测试和 8 路彩色 LED 控制电路调试 2 个工作任务。

通过本项目的学习，熟悉寄存器的功能和种类、集成移位寄存器功能、74LS194 接成多位双向移位寄存器电路组成，学会移位寄存器的功能测试方法及 8 路彩色 LED 控制电路仿真及调试方法等技能。培养善于思考、沟通协作等能胜任岗位工作的职业素质。

任务 1　移位寄存器功能测试

【任务目标】

1. 了解寄存器的功能、种类及基本构成。
2. 学会移位寄存器的功能测试方法。

【任务准备】

一、资料准备

双向开关（SW-SPDT）、集成移位寄存器 74LS194（74LS194）、发光二极管（LED-RED）；电脑、Porteus 仿真软件、虚拟脉冲信号；集成移位寄存器 74LS194

功能测试原理图、任务记录单等与本任务相关的教学资料。

二、知识准备

(一)寄存器

把二进制数据或代码暂时存储起来的操作称为寄存,具有寄存功能的电路称为寄存器。一个触发器能寄存1位二进制代码,所以 n 位寄存器是由 n 个触发器组成的。寄存器由触发器和门电路组成,在一定条件下,它可以用来输入、存储及输出数据。

(二)寄存器的种类

寄存器按功能可分为多种,但运用的较多的是数码寄存器和移位寄存器这两种,特别是不仅能寄存数码,而且能使数码移位的移位寄存器使用广泛,是数字系数中进行算术运算的必需部件。

1. 数码寄存器

图13-1所示逻辑电路是一个由D触发器组成的4位数码寄存器。它由4个D触发器组成,时钟脉冲端CP在这里作为存数指令端,$D_0 \sim D_3$ 为4位数码输入端,$Q_0 \sim Q_3$ 为4位数码的原码输出端,$\overline{CR}$为清零指令端。

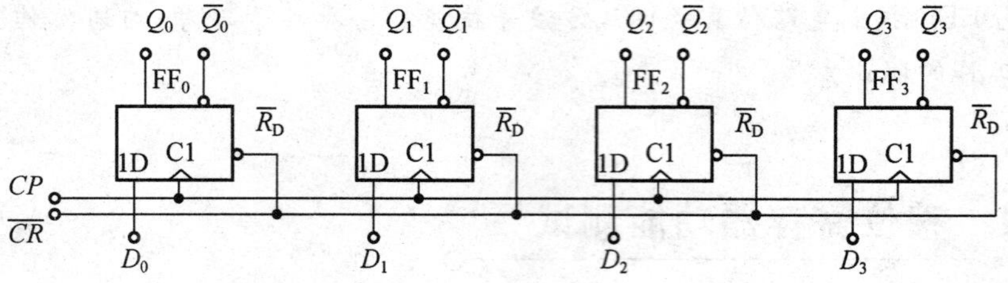

图13-1 4位数码寄存器

逻辑功能:

(1)清零。$\overline{CR}=0$,异步清零。即有:$Q_3^n Q_2^n Q_1^n Q_n^n = 0000$

(2)送数。$\overline{CR}=1$时,CP上升沿送数。即有:$Q_3^{n+1} Q_2^{n+1} Q_1^{n+1} Q_0^{n+1} = D_3 D_2 D_1 D_0$

(3)保持。在$\overline{CR}=1$,CP上升沿以外时间,寄存器内容将保持不变。

2. 移位寄存器

具有移位功能的寄存器称为移位寄存器。移位寄存器有单向移位寄存器和双向移位寄存器。移位寄存器是在移位脉冲作用下,将寄存器中的数码依次向左移或向右移。按移动方式可分为单向(左移或右移)移位寄存器和双向移位寄存器,按数码输入输出方式可分为串行输入，并行输入，串行输出，并行输出等。

(1)单向移位寄存器。图 13-2 所示电路是由边沿触发结构的 D 触发器组成的 4 位单向移位寄存器。其中第一个触发器 FF0 的输入端接收输入信号，其余的每个触发器输入端均与前面一个触发器的 Q 端相连。

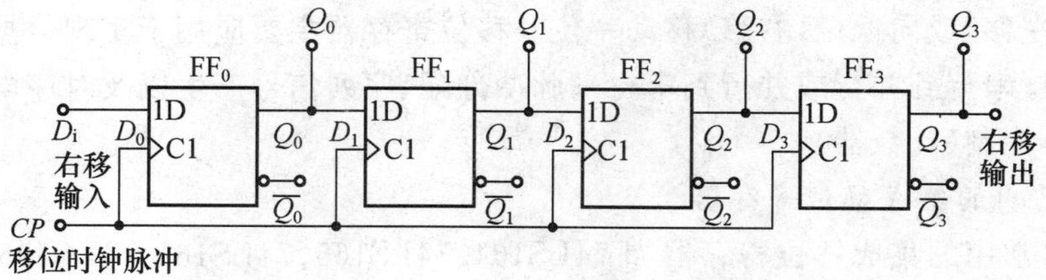

图 13-2　4 位单向移位寄存器

因为从 CP 上升沿到达开始，到输出端新状态的建立需要经过一段传输延迟时间，所以当 CP 的上升沿同时作用于所有的触发器时，它们输入端(D 端)的状态还没有改变。于是 FF_1 按 Q_0 原来的状态翻转，FF_2 按 Q_1 原来的状态翻转，FF_3 按 Q_2 原来的状态翻转。同时，加到寄存器输入端 D0 的代码存入 FF0。总的效果相当于移位寄存器里原有的代码依次右移了一位。例如，在 4 个时钟周期内输入代码依次为 1101，而移位寄存器的初始状态为 $Q_0Q_1Q_2Q_3=0000$，那么在移位脉冲(也就是触发器的时钟脉冲)的作用下，移位寄存器里的代码移动情况如表 13-1 所示。

表 13-1　右移寄存器状态表

移位脉冲	输入数码	输出			
CP	D_1	Q_0	Q_1	Q_2	Q_3
0		0	0	0	0
1	1	1	0	0	0
2	1	1	1	0	0
3	0	0	1	1	0
4	1	1	0	1	1

可以看到，经过 4 个 CP 信号后，串行输入的 4 位代码全部移入了移位寄存器中，同时在 4 个触发器的输出端得到了并行输出代码。因此，利用移位寄存器可以实现代码的串行-并行转换。

(2)双向移位寄存器。所存数码既可以自低位向高位逐位移动，又可以自高位向低位逐位移动的寄存器称为双向移位寄存器。

(三)集成移位寄存器

1. 移位寄存器的功能

移位寄存器的功能是:当时钟控制脉冲有效时,寄存器中存储的数码同时顺序向高位(左移)或向低位(右移)移动一位。移位寄存器主要应用于实现数据传输方式的转换(串行到并行或并行到串行)、脉冲分配、序列信号产生以及时序电路的周期性循环控制(计数器)。

2. 常用的集成移位寄存器

目前常用的集成移位寄存器如 74LS164、74LS165、74LS166、74LS595 为八位单向移位寄存器,74LS195 为四位单向移存器,74LS194 为四位双向移位存器,74LS198 为八位双向移位存器。

74LS194(4 位双向移位寄存器)是一种功能很强的通用寄存器,其实物、引脚排列图、逻辑功能示意图如图 13-3 所示。其中 D_{SL} 和 D_{SR} 分别是左移和右移串行输入。D_0、D_1、D_2 和 D_3 是并行输入端。Q_0 和 Q_3 分别是左移和右移时的串行输出端,Q_0、Q_1、Q_2 和 Q_3 为并行输出端。

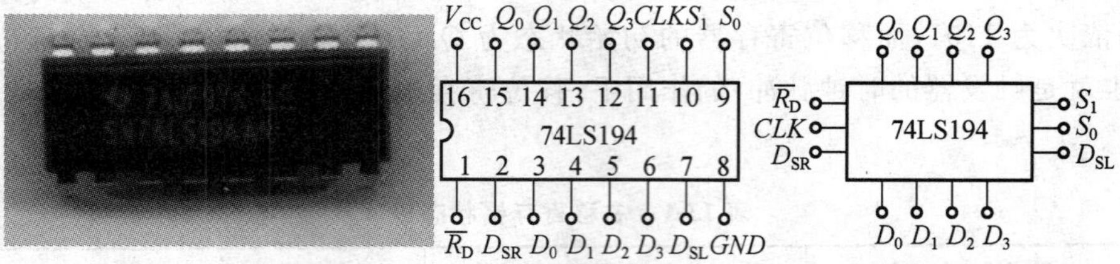

(a)74LS194实物图　(b)引脚排列图　(c)逻辑功能示意图

图 13-3　集成移位寄存器 74LS194

3. 74LS194 的逻辑功能

74LS194 逻辑功能如表 13-2 所示。

表 13-2　74LS194 功能表

输入					输出	工作模式
清零	控制	串行输入	时钟	并行输入		
MR	S_0 S_1	D_{SL} D_{SR}	CLK	D_0 D_1 D_2 D_3	Q_0 Q_1 Q_2 Q_3	
0	××	××	×	××××	0000	异步清零
1	00	××	×	××××	Q_0 Q_1 Q_2 Q_3	保持

续表13-2

输入					输出	工作模式
清零	控制	串行输入	时钟	并行输入		
MR	S_0 S_1	D_{SL} D_{SR}	CLK	D_0 D_1 D_2 D_3	Q_0 Q_1 Q_2 Q_3	
1	0 1	× 1	↑	××××	1 Q_1^n Q_2^n Q_3^n	右移，D_{SR} 为串行输入，Q_3 为串行输出
1	0 1	× 0	↑	××××	0 Q_1^n Q_2^n Q_3^n	
1	1 0	1 ×	↑	××××	Q_0^n Q_1^n Q_2^n 1	左移，D_{SL} 为串行输入，Q_0 为串行输出
1	1 0	0 ×	↑	××××	Q_0^n Q_1^n Q_2^n 0	
1	1 1	××	↑	$D_0 D_1 D_2 D_3$	$D_0 D_1 D_2 D_3$	并行置数

（四）集成移位寄存器 74LS194 功能测试电路图

集成移位寄存器 74LS194 功能测试电路如图 13-4 所示，用仿真软件 Proteus 对电路进行仿真，并对集成移位寄存器 74LS194 相关输入等进行参数设置，测试其功能。

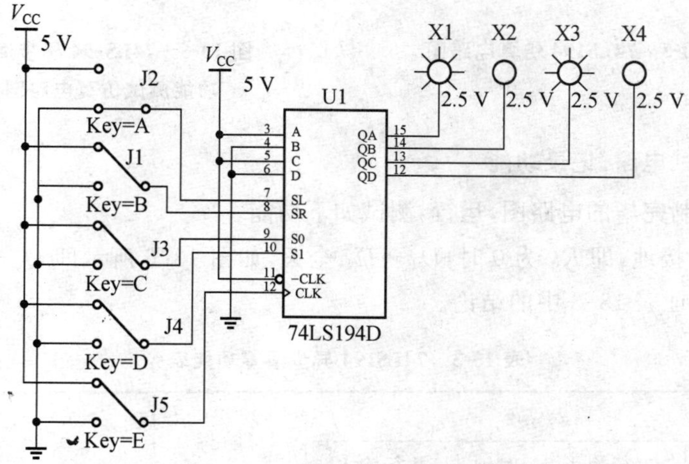

图 13-4　集成移位寄存器 74LS194 功能测试电路

【任务实施】

一、集成移位寄存器 74LS194 功能测试

（一）在 Proteus 仿真软件中绘制电路图

在 Proteus 仿真软件中绘制电路图的步骤如下：

(1)打开 Proteus 仿真软件。

(2)拾取元器件,并把元器件放置在编辑区内。

(3)按图 13-4 所示电路,正确连接各元器件。

(4)检查电路。

绘制完的仿真电路图如图 13-5 所示。

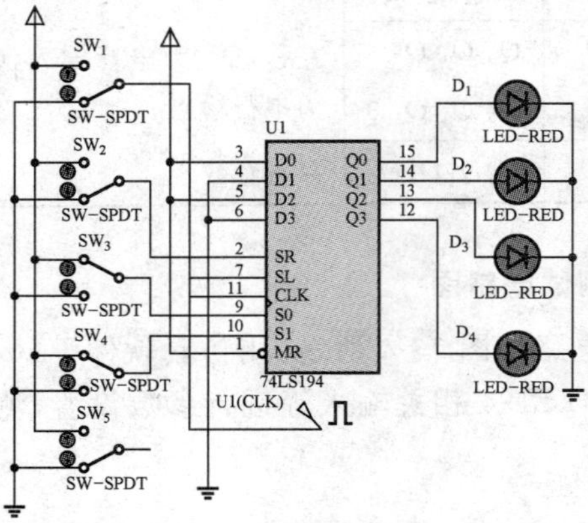

图 13-5 74LS194 仿真电路图

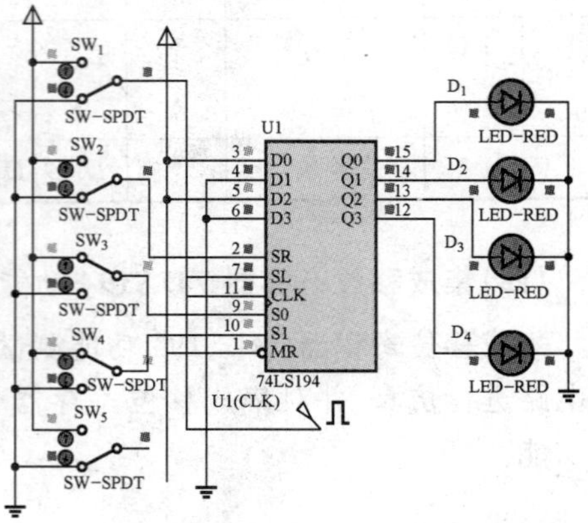

图 13-6 74LS194 异步清零功能测试仿真电路图

(二)调试电路,记录功能

对于绘制完毕的电路图,运行,测试如下功能。

(1)MR 接地,即 R_0 为 0 时,$D_1 \sim D_4$ 全灭,如图 13-6 所示即 $Q_0 \sim Q_3$ 初始输出都为 0,验证表 13-3 中的结论。

表 13-3 74LS194 异步清零功能表

输入					输出	工作模式
清零	控制	串行输入	时钟	并行输入		
MR	S_0 S_1	D_{SL} D_{SR}	CLK	D_0 D_1 D_2 D_3	Q_0 Q_1 Q_2 Q_3	
0	× ×	× ×	×	× × × ×	0 0 0 0	异步清零

以下清零端都为 1,$D_0 \sim D_3$ 与电源相连时为逻辑 1,与地相连时为逻辑 0。

(2)SW_3、SW_4 都接地时,即 S_0S_1 为 00 时,发光二极管 $D_1 \sim D_4$ 全灭,如图 13-7(a)所示即 $Q_0 \sim Q_3$ 初始输出都为 0。改变时钟信号时,发光二极管 $D_1 \sim D_4$

灭，如图 13-7(b)所示，即$Q_0 \sim Q_3$ 输出为 0000，得出如表 13-4 中结论。同理，改变串行输入信号和并行输入信号时，结论相同，如表 13-4 所示。

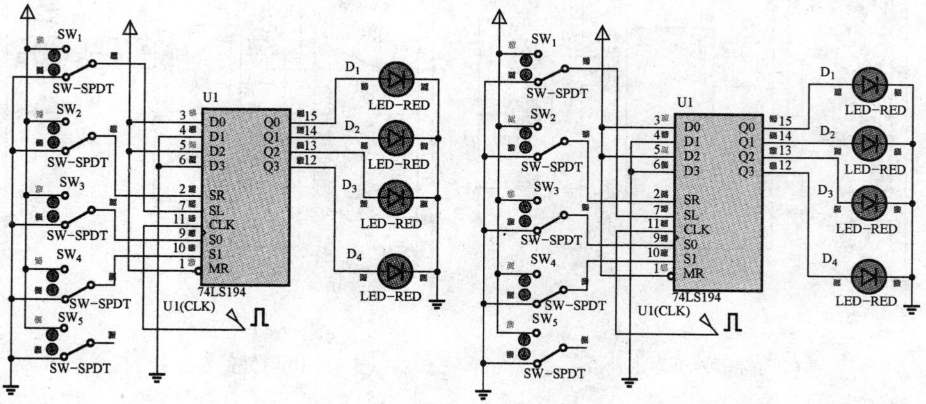

(a)脉宽为500 ms　　(b)脉宽1 s

图 13-7　74LS194 保持功能测试仿真电路图

表 13-4　74LS194 保持功能表

输入					输出	工作模式
清零	控制	串行输入	时钟	并行输入		
MR	$S_0\ S_1$	$D_{SL}\ D_{SR}$	CLK	$D_0\ D_1\ D_2\ D_3$	$Q_0\ Q_1\ Q_2\ Q_3$	
1	0 0	× ×	×	× × × ×	$Q_0\ Q_1\ Q_2\ Q_3$	保持

由表 13-4 可知，当 S_0S_1 为 00，清零端为 1 时，74LS194 的工作模式为保持。

(3)SW_3、SW_4 分别接地和电源，即 S_0S_1 为 01 时，发光二极管 $D_1 \sim D_4$ 全灭，如图 13-8(a)所示即 $Q_0 \sim Q_3$ 初始输出都为 0。当时钟信号为上升沿时，发光二极管 D_4 亮，发光二极管 $D_1 \sim D_3$ 灭，如图 13-8(b)所示，即 $Q_0 \sim Q_3$ 输出为 0001，得出如表 13-5 中第一个结论。同理，如图 13-8(c)、(d)所示，SW_3、SW_4 分别接电源和地，即 S_0S_1 为 01 时，得出如表 13-5 中第二个结论。

(4)如步骤 3 的分析方法，SW_3、SW_4 分别接地和电源，即 S_0S_1 为 10 时，仿真电路图如图 13-9(a)、(b)、(c)、(d)所示，得出结论如表 13-6 所示。

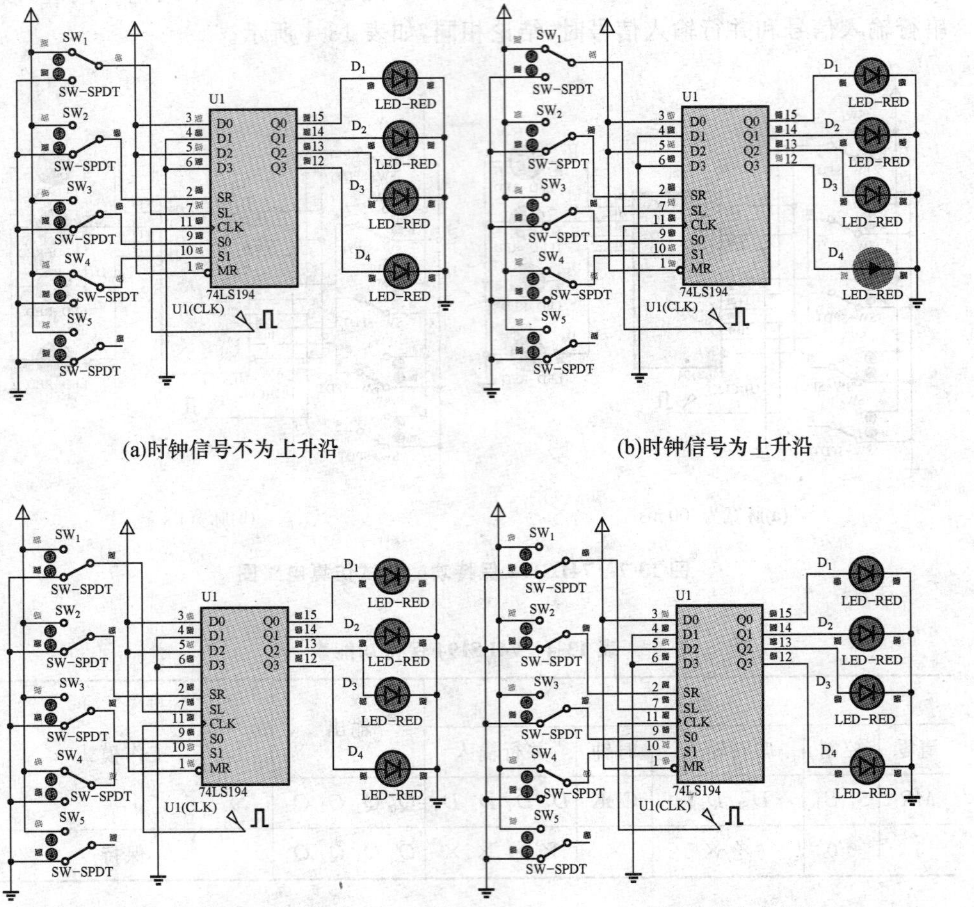

(c)时钟信号不为上升沿　　(d)时钟信号为上升沿

图 13-8　74LS194 右移功能测试仿真电路图

表 13-5　74LS194 右移功能表

输入					输出	工作模式
清零	控制	串行输入	时钟	并行输入		
MR	S_0 S_1	D_{SL} D_{SR}	CLK	D_0 D_1 D_2 D_3	Q_0 Q_1 Q_2 Q_3	
1	0 1	× 0	↑	× × × ×	1 Q_1^n Q_2^n Q_3^n	右移，D_{SR}为串行输入，Q_3为串行输出
0	0 1	× 0	↑	× × × ×	0 Q_1^n Q_2^n Q_3^n	

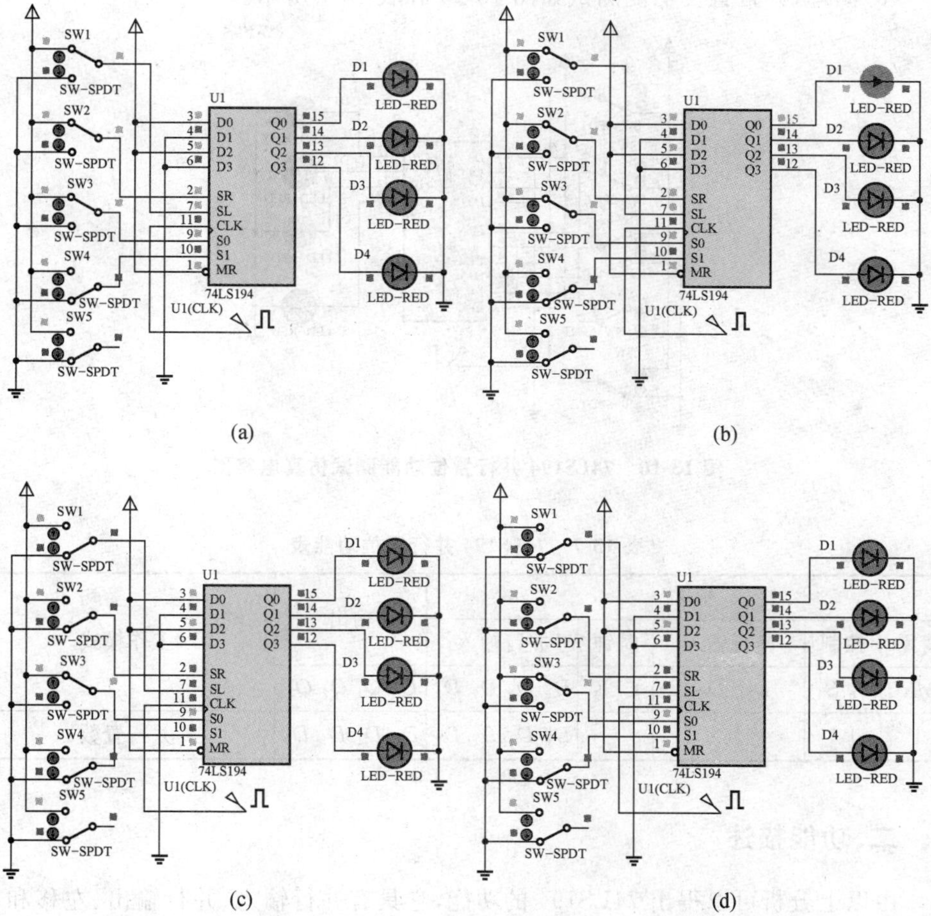

图 13-9　74LS194 左移功能测试仿真电路图

表 13-6　74LS194 左移功能表

输入					输出	工作模式
清零	控制	串行输入	时钟	并行输入		
MR	$S_0\ S_1$	$D_{SL}\ D_{SR}$	CLK	$D_0\ D_1\ D_2\ D_3$	$Q_0\ Q_1\ Q_2\ Q_3$	
1	1 0	1 ×	↑	× × × ×	$Q_0^n\ Q_1^n\ Q_2^n$ 1	左移，D_{SR} 为串行输入，Q_0 为串行输出
1	1 0	0 ×	↑	× × × ×	$Q_0^n\ Q_1^n\ Q_2^n$ 0	

(5)同理,并行置位功能测试如图 13-10 和表 13-7 所示。

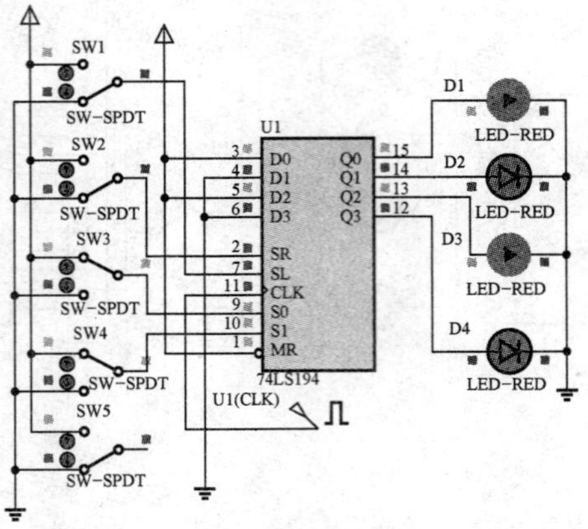

图 13-10　74LS194 并行置位功能测试仿真电路图

表 13-7　74LS194 并行置位功能表

输入					输出	工作模式
清零	控制	串行输入	时钟	并行输入		
MR	$S_0\ S_1$	$D_{SL}\ D_{SR}$	CLK	$D_0\ D_1\ D_2\ D_3$	$Q_0\ Q_1\ Q_2\ Q_3$	
1	1 1	× ×	↑	$D_0\ D_1\ D_2\ D_3$	$D_0\ D_1\ D_2\ D_3$	并行置数

二、功能描述

由以上分析可以得出 74LS194 的功能,它具有并行输入、并行输出、左移和右移及保持等功能。这些功能均通过模式控制端 S_0、S_1 来确定。当 $S_0=S_1=0$ 时,寄存器处于保持状态;当 $S_0=S_1=1$ 时,寄存器处于并行输入并行输出功能,即在 CP 上升沿作用下,加到并行数据输入($D_0\sim D_3$)的数据被送到 $Q_0\sim Q_3$;当 $S_0=0$、$S_1=1$ 时,寄存器处于左移操作(Q_3 向 Q_0 方向),数据从左移串行数据输入(D_{SL})送入;当 $S_0=1$、$S_1=0$ 时,寄存器处于右移操作(Q_0 向 Q_3 方向),数据从右移串行数据输入(D_{SR})送入。

【任务巩固】

1. 什么叫寄存器?
2. 常用的寄存器有哪些?
3. 74LS194 的逻辑功能是什么?

任务 2 8 路彩色 LED 控制电路调试

【任务目标】

1. 了解 74LS194 接成多位双向移位寄存器电路组成。
2. 学会 8 路彩色 LED 控制电路仿真及调试方法。

【任务准备】

一、资料准备

双向开关(SW-SPDT)、集成移位寄存器 74LS194(74LS194)、发光二极管(LED-RED);电脑、Porteus 仿真软件;8 路彩色 LED 控制电路原理图、任务记录单等与本任务相关的教学资料。

二、知识准备

(一)用 74LS194 接成多位双向移位寄存器

双向移位寄存器是两片单片 74LS194 的扩展,如图 13-11 是用两片 74LS194 接成 8 位双向移位寄存器的连接图,只需将其中一片的 Q_3 接至另一片的 D_{SR} 端,而将另一片的 Q_0 接到这一片的 D_{SL} 端,同时把两片的 S_1、S_0、CLK 和 R_D 分别并

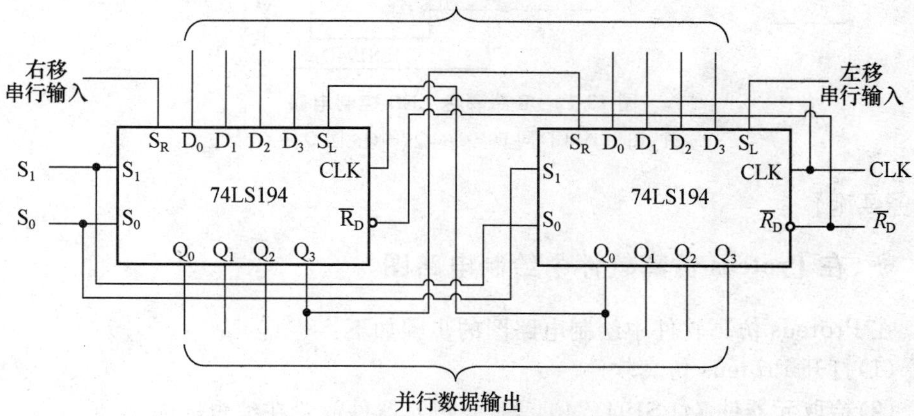

图 13-11 用两片 74LS194 接成 8 位双向移位寄存器

联就行了。

(二)8 路彩色 LED 控制电路

8 路彩色 LED 控制电路设计思路如下：

(1)连接成 8 位移位寄存器后，每片 74LS194 的 4 种功能均相同，因此方式控制、时钟和清零端要并联连接，这样可实现状态保持和并行输入、输出功能。

(2)在上述连接基础上，将第 1 片的右移输出 Q_C 连接到第 2 片的右移输入 SR，可实现 8 位右移功能；同理，将第 2 片的左移输出 Q_A 连接到第 1 片的左移输入 SL，可实现 8 位左移功能。

按照上述思路连接的电路如图 13-12 所示。

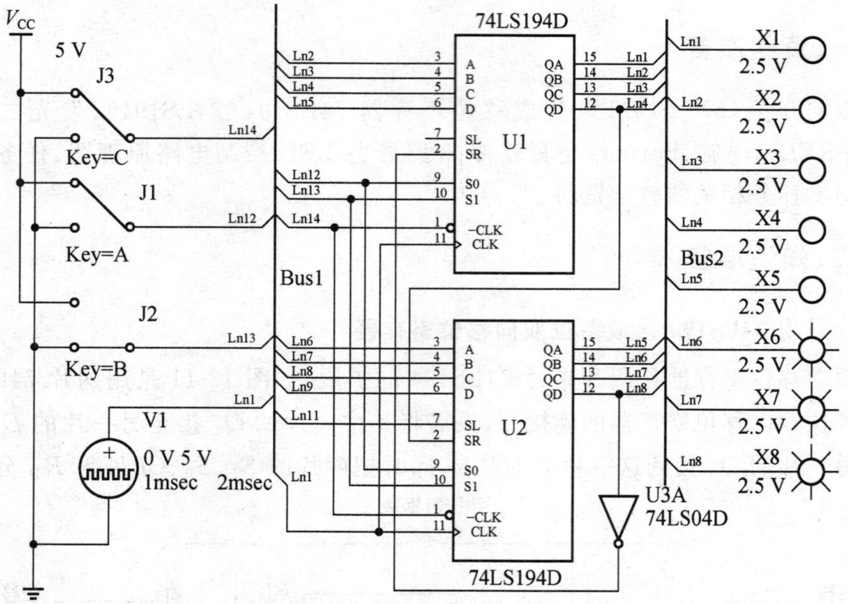

图 13-12 8 路彩色 LED 控制电路

注：图中 ABCD 同 $D_0 \sim D_3$，$Q_A \sim Q_D$ 同 $Q_0 \sim Q_3$

【任务实施】

一、在 Proteus 仿真软件中绘制电路图

在 Proteus 仿真软件中绘制电路图的步骤如下：

(1)打开 Proteus 仿真软件。

(2)拾取元器件 74LS194、7404 等，并把元器件放置在编辑区内。

(3)按图 13-13 所示电路，正确连接各元器件。

(4)检查电路。

二、调试电路，测试功能

对于绘制完毕的电路图，运行，测试如下功能。

(1)第 1 片 74LS194 右移输出 Q_3 并连接到第 2 片 74LS194 的右移输入 SR，实现 8 位右移功能。

(2)第 2 片 74LS194 的左移输出 Q_0 连接到第 1 片的左移输入 SL，实现 8 位左移功能。

(一)设置参数

设置如图 13-13 所示：

(1)在 CLK 端加入脉冲信号。

(2)设置开关 SW_1、SW_2、SW_3 状态如图 13-13 所示。

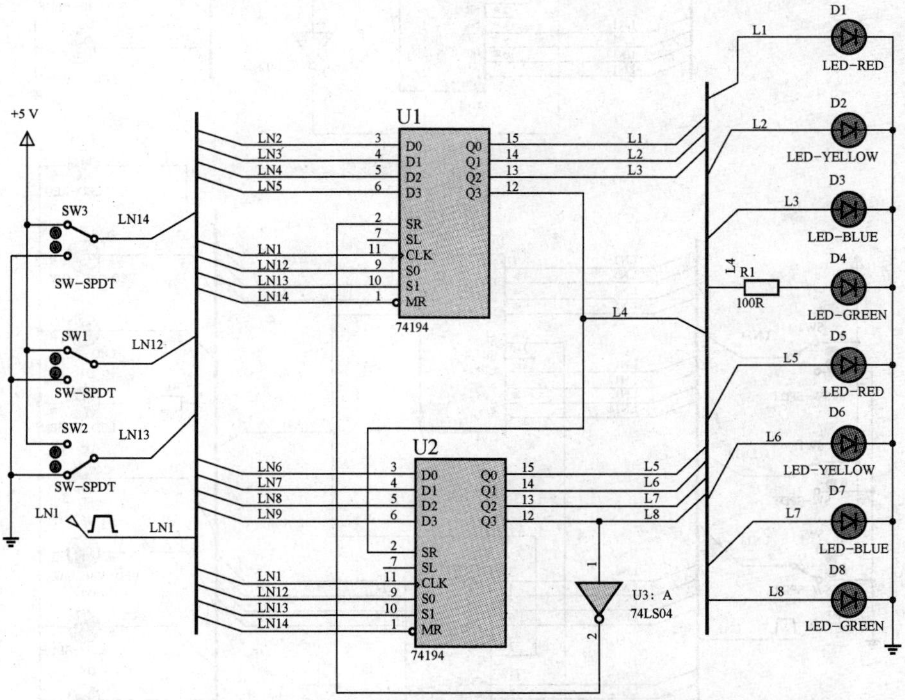

图 13-13　8 路彩色 LED 控制电路仿真原理图

(二)功能测试

运行绘制完的仿真电路图，8 个 LED 逐个点亮——全亮——逐个熄灭——全灭，效果如图 13-14(a)、(b)所示。

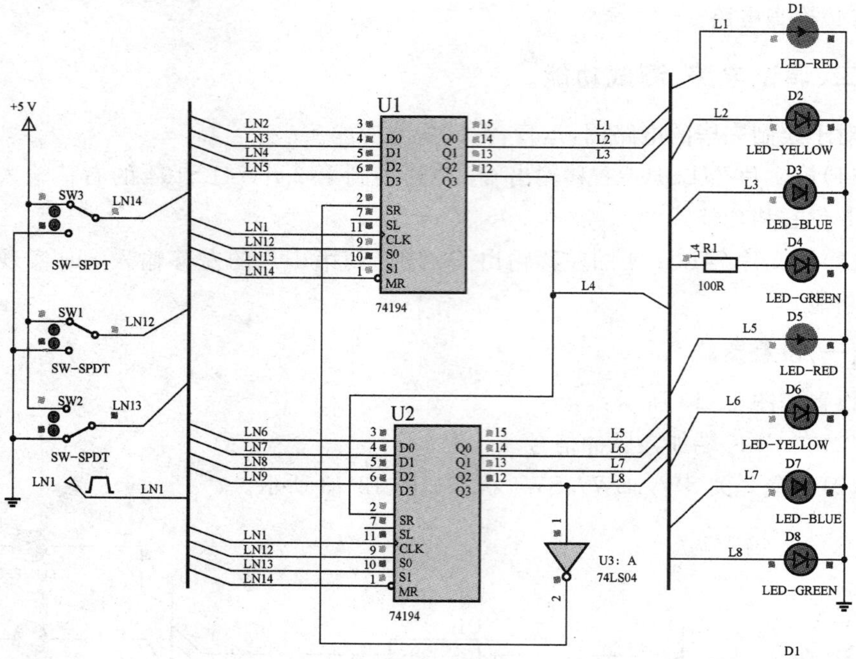

(a)

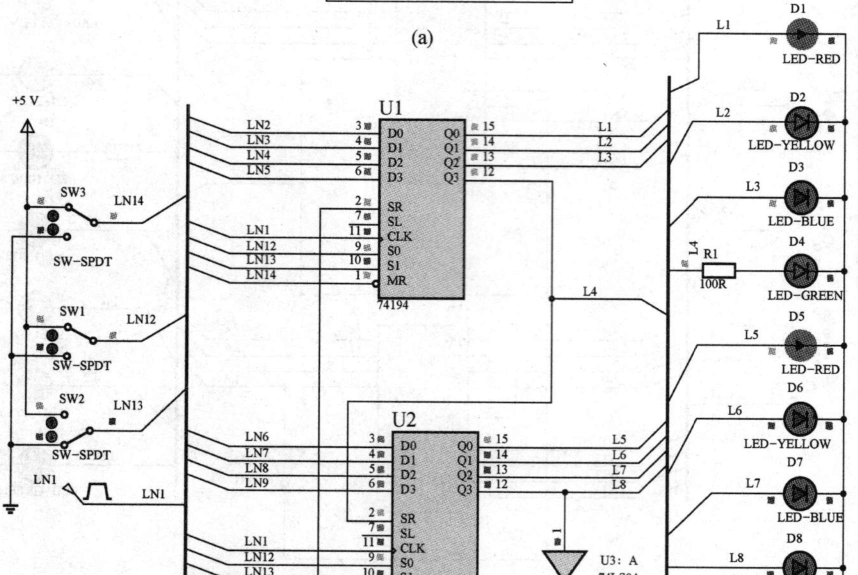

(b)

图 13-14　8 路彩色 LED 控制电路运行效果图

【任务巩固】

1. 如何使用 74LS194 构成循环左移环形计数器？

2. 什么是时序逻辑电路？它与组合逻辑电路有何区别？

3. 时序逻辑电路常见的由哪几部分组成？

4. 在 $D_1 \sim D_8$ 输入前加电压探针，并加图表。

项目十四　秒计数器制作与调试

【项目描述】

秒计数器由信号发生器、计数器、译码器及显示器等组成如图 14-1 所示，秒信号产生器是整个系统的时基信号，它直接决定计时系统的精度。

本项目分为信号发生电路制作与调试、计数电路制作与调试和译码显示电路制作及电路联调 3 个工作任务。

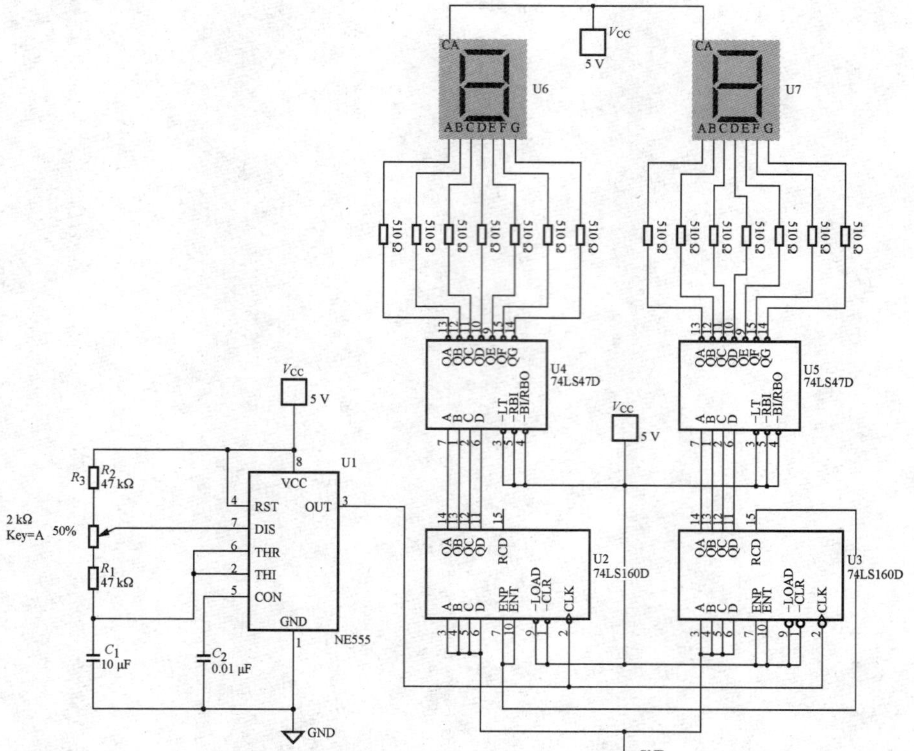

图 14-1　秒计数器电路图

通过本项目的学习，熟悉时钟发生电路的组成、计数器的功能、计数器74LS160、译码器74LS74的工作原理，学会电路调试及用虚拟示波器、图表等测试秒计数器电路的时钟发生信号、计数信号等技能。培养认真严谨、善于思考、沟通协作等能胜任岗位工作的职业素质。

任务1 信号发生电路制作与调试

【任务目标】

1. 理解信号发生电路组成和工作原理。
2. 学会用虚拟示波器等调试信号发生电路。

【任务准备】

一、资料准备

双向开关(SW-SPDT)、集成移位寄存器74LS194(74194)、发光二极管(LED-RED等)；电脑、Porteus仿真软件、虚拟示波器；时钟发生电路原理图、任务记录单等与本任务相关的教学资料。

二、知识准备

如图14-2所示。我们用555时基电路构成的多谐振荡器来实现。将标准秒脉冲信号送入计数器，计数器采用4位十进制的计数器74LS160，将精确信号输入译码显示电路，用74LS47译码，译码显示电路驱动七段数码管显示计数器的输出状态。

信号发生电路

1. 电路组成

信号发生电路(振荡电路)是秒计数器的核心，它的稳定度及频率的精确度决定了秒计数器计时的准确程度，在设计中选用555时基电路构成的多谐振荡器来提供秒信号。图14-2为555多谐振荡器实际电路。

555多谐振荡器是一种能产生矩形波的自激振荡器，也称矩形波发生器。“多谐”指矩形波中除了基波成分外，还含有丰富的高次谐波成分。多谐振荡器没有稳

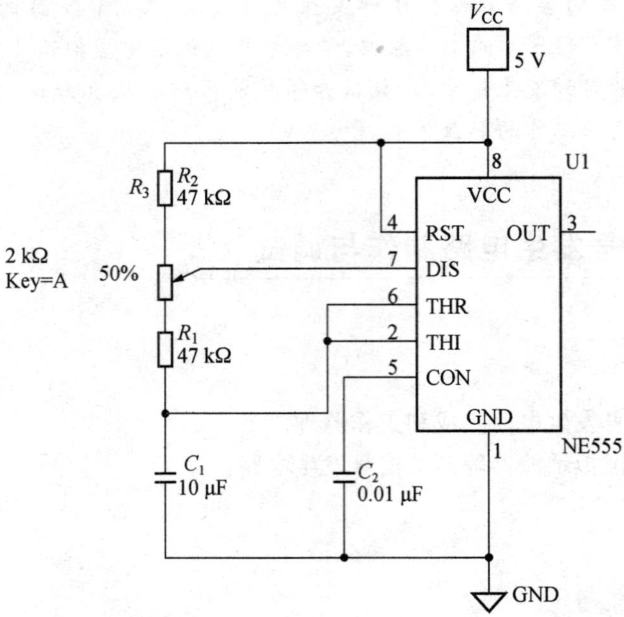

图 14-2　555 多谐振荡器电路

态，只有两个暂稳态。在工作时，电路的状态在这两个暂稳态之间自动地交替变换，由此产生矩形波脉冲信号，常用作脉冲信号源及时序电路中的时钟信号。在这里为电路提供振荡信号。

2. 基本工作原理

555 时基电路构成的多谐振荡器电路如图 14-2 所示，图中电容 C_1、C_2 和电阻 R_1 和 R_2 作为振荡器的定时元件，决定着输出矩形波正、负脉冲的宽度。定时器的触发输入端（2 脚）和阈值输入端（6 脚）与电容相连；集电极开路输出端（7 脚）接 R_1、R_2 相连处，用以控制电容 C_1 的充、放电；外界控制输入端（5 脚）通过 C_2 电容接地。

多谐振荡器的工作波形如图 14-3 所示。

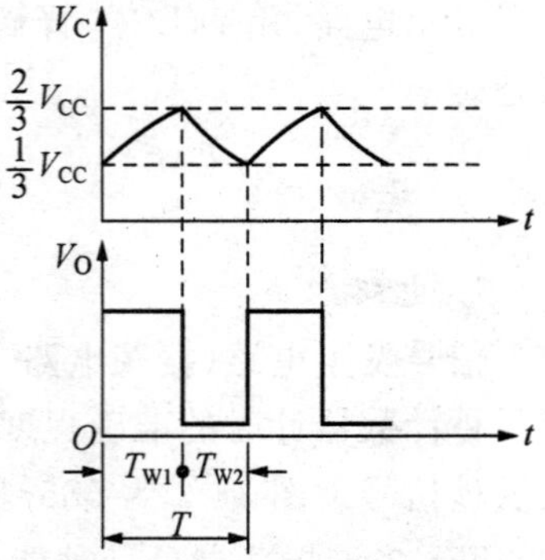

图 14-3　多谐振荡器的波形图

电路接通电源的瞬间，由于电容 C 来不及充电，$V_{CC}=0$ V，所以 555 时基电路状态为 1，输出 V_o 为高电平。同时，集电极输出端（7 脚）对地断开，电源 V_{CC} 对电容 C 充电，电路进入暂稳态 I，此后，电路周而复始地产生周期性的输出脉冲。多谐振荡器两个暂稳态的维持时间取决于 RC 充、放电回路的参数。暂稳态Ⅰ的维持时间，即输出 V_o 的正向脉冲宽度 $T_{W1}\approx 0.7(R_1+R_2)C$；暂稳态Ⅱ的维持时间，即输出 V_o 的负向脉冲宽度 $T_{W2}\approx 0.7R_2C$。

因此，振荡周期 $T=T_{W1}+T_{W2}=0.7(R_1+2R_2)C$，振荡频率 $f=1/T$。正向脉冲宽度 T_{W1} 与振荡周期 T 之比称矩形波的占空比 D，由上述条件可得 $D=(R_1+R_2)/(R_1+2R_2)$，若使 $R_2\gg R_1$，则 $D\approx 1/2$，即输出信号的正负向脉冲宽度相等的矩形波(方波)。

关于 555 电路的内部结构和原理将在项目 15 中详细介绍。

【任务实施】

一、在 Proteus 仿真软件中绘制电路图

在 Proteus 仿真软件中绘制电路图的步骤如下：

(1)打开 Proteus 仿真软件。

(2)拾取元器件，并把元器件放置在编辑区内。

(3)按图 14-2 所示电路，正确连接各元器件。

(4)检查电路。

绘制完的电路图如图 14-4 所示。

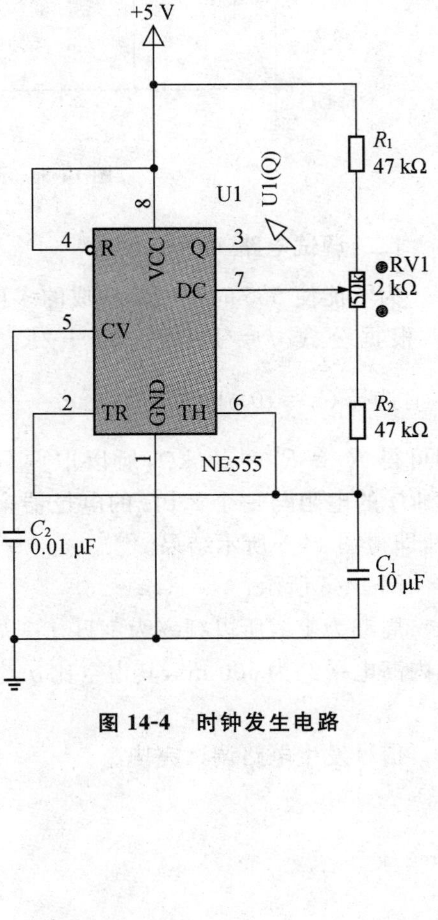

图 14-4　时钟发生电路

二、调试电路，记录功能

对于绘制完毕的电路图，运行，测试如下功能。

对振荡频率进行测试和调节

1. 用虚拟示波器测试其输出频率。

2. 调试振荡器电路，使振荡频率是否约为 1 Hz 用示波器观察振荡频率输出。

(一)示波器测输出

555 输出管脚 3 与示波器连接，如图 14-5 所示。

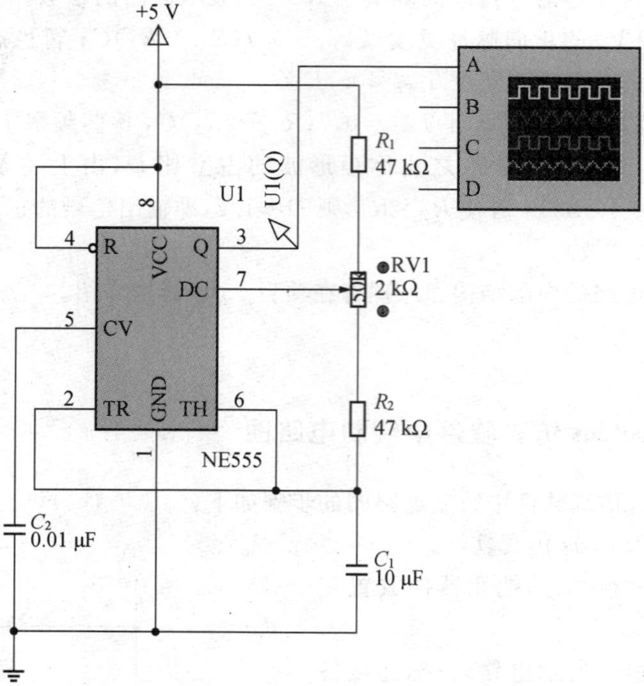

图 14-5　示波器测输出信号

(二)调试电路

为了能使 555 时基电路构成的多谐振荡器输出 $f=1$ Hz 的方波作为时钟信号，根据公式 $f=1.44/[(R_1+2R_2)C_1]$，选择 $C_1=10\ \mu\text{F}$，取占空比 $q=\frac{2}{3}$，则可得 $R_1=R_2=48\ \text{k}\Omega$，所以取两只 47 kΩ 的电阻与一个 2 kΩ 的电位器串联，即得图 14-5 所示结果。

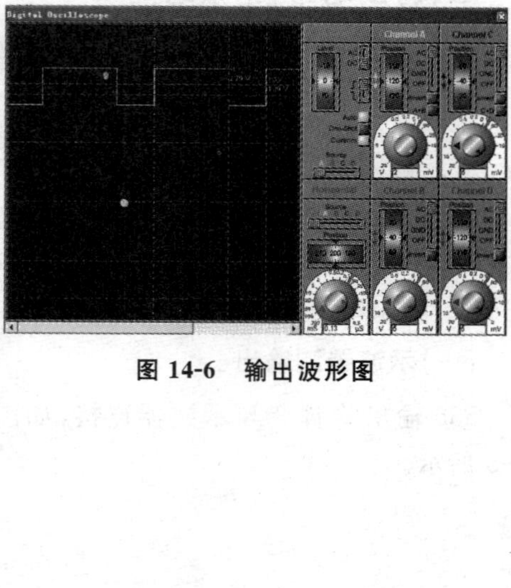

图 14-6　输出波形图

图 14-6 所示：

周期为 1 s，所以频率为 1 Hz；一周期内高电平约为 660 ms，其占空比 q 约为 2/3。

信号发生电路调试完毕。

【任务巩固】

1. 观察 555 组成的多谐振荡器，管脚 2 和管脚 6 是否连在同一点上？

2. 555 组成的多谐振荡器输出波形的周期是 2 s，则其频率是多少？

3. 图 14-1 中，选择 $C_1=1\ \mu F$，令 $R_1=R_2=48\ k\Omega$，求输出频率为多少？（提示：频率 $f=1.44/[(R_1+2R_2)C_1]$）

4. 图 14-1 中，取 $C_1=1\ \mu F$，输出频率为 10 Hz，占空比 $q=2/3$，求 R_1、R_2？并选择合适的电阻。

任务 2　计数电路制作与调试

【任务目标】

1. 理解计数电路组成和工作原理。

2. 学会用图表检测调试计数发生电路。

【任务准备】

一、资料准备

集成二进制计数器 74LS160(74LS160)；电脑、Porteus 仿真软件；集成二进制计数器 74LS160 组成的计数电路原理图、任务记录单等与本任务相关的教学资料。

二、知识准备

（一）计数器基本概念

在数字系统中，往往需要对脉冲的个数进行计数，以便实现对数据的测量、运算和控制，像这种具有记录时钟脉冲个数的电路叫计数器。计数器具有计数、分频、定时的功能。

计数器的种类很多，按进位制不同，可分为二进制计数器和非二进制计数器；按计数值的增减，可分为加法计数器、减法计数器和可逆计数器；按计数器中各触发状态翻转是否同步，可分为同步计数器和异步计数器。异步计数器电路简单，但各触发器逐级翻转，工作进度慢，在实际使用中多采用同步计数器。

(二)计数器分类

1. 二进制计数器

在计数脉冲作用下，各触发器状态的转换按二进制数的编码规律进行计数的数字电路称为二进制计数器。

(1)1 位二进制计数器。构成计数器电路的核心器件是具有计数功能的 JK 触发器，可将 JK 触发器接成计数状态 ($Q^{n+1}=n$)，如图所示，这样在 CLK 脉冲作用下，触发器的状态按 0→1→0 的规律翻转。可见，一个触发器即可连成一个最简单的 1 位二进制计数器。其逻辑电路如图 14-7 所示。

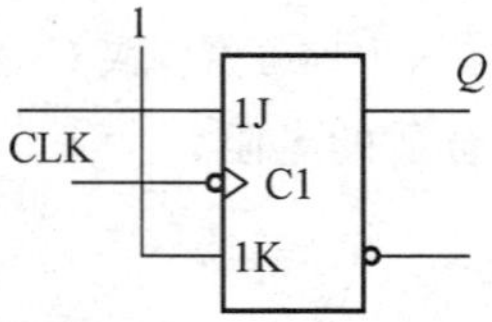

图 14-7　由 JK 触发器接成 1 位二进制计数器

(2)异步二进制加法计数器。如图 14-8 所示电路是由三个 JK 触发器组成的 3 位异步二进制计数器。图中各位触发器的$\overline{R_D}$端接在一起作为计数器的直接复位输入信号；计数脉冲加到最低位触发器 FF_0 的 CP 端，其他触发器的 CLK 依次受低位触发器 Q 端的控制，每个触发器的 JK 端都处于高电平 1。各触发器接收到负跳变脉冲信号时状态就翻转，波形如图 14-9 所示。

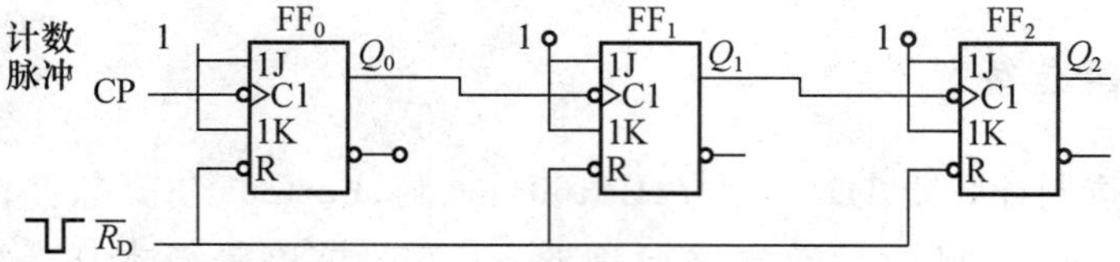

图 14-8　异步计数器电路组成

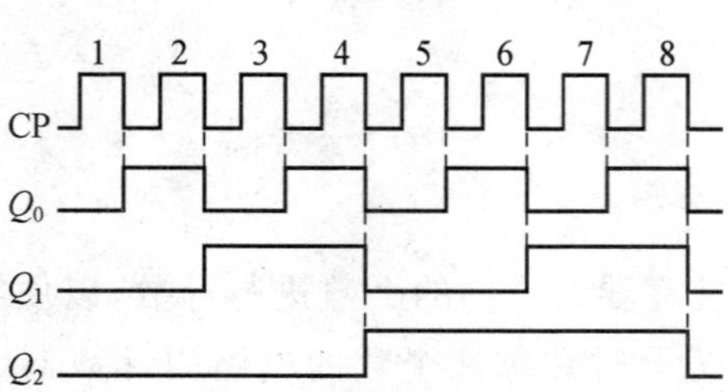

图 14-9　波形图

计数前，在复位端$\overline{R_D}$先输入一负脉冲，使 $Q_2Q_1Q_0=000$，这一过程称为清 0，清 0 后，应使$\overline{R_D}=1$，才能正常计数。

当第一个计数脉冲 CLK 作用后，该脉冲的下降沿使触发器 FF_0 的 Q_0 由 0 态转为 1 态，其他两个触发器因没有 CLK 下降沿的作用，仍保持 0 态，所以当第一个 CLK 作用后，计数器的状态为 $Q_2Q_1Q_0=001$。

当第二个计数脉冲 CLK 作用时，触发器 FF_0 翻转，Q_0 由 1 态转为 0 态，Q_0 的下降沿加到 FF_1 的时钟脉冲输入端，使 Q_1 从 0 态转为 1 态，Q_1 上升沿变化对触发器 FF_2 无效，Q_2 状态保持不变，所以当第二个 CLK 作用后，计数器状态为 $Q_2Q_1Q_0=010$。

依此类推，当第七个 CLK 作用后计数器状态为 111，当第八个 CLK 作用后计数器又回到 000 状态，完成一次计数循环。

可见，当低位触发器的状态由 1 变为 0(下降沿到来)时，高位触发器的状态翻转。组成计数器的三个触发器状态的变化不是同时发生的，所以称为异步计数器。

2. 十进制计数器

所谓十进制计数器是在计数脉冲作用下各触发器状态的转换按十进制数的编码规律进行计数的数字电路。

十进制数有 0～9 共 10 个数码，至少要用 4 位二进制数。而 4 位二进制数有十六个状态，表示 1 位十进制数只需要十个状态，因此需要去掉其中的六个状态。在十进制计数器中常采用 8421BCD 码的编码方式进行计数。8421BCD 编码如表 14-1 所示。

表 14-1　8421BCD 编码表

计数脉冲个数	二进制数码				对应十进制数码
	Q_3	Q_2	Q_1	Q_0	
0	0	0	0	0	0
1	0	0	0	1	1
2	0	0	1	0	2
3	0	0	1	1	3
4	0	1	0	0	4
5	0	1	0	1	5
6	0	1	1	0	6
7	0	1	1	1	7
8	1	0	0	0	8
9	1	0	0	1	9

(三)74LS161 集成二进制计数器

1. 74LS161 芯片概述

集成计数器是将触发器及有关门电路集成在一块芯片上,使用方便且便于扩展。中规模集成同步计数器类型很多,常见的 4 位十进制同步计数器有 74LS160、74LS162、74LS196、CC40192 等;4 位二进制同步计数器有 74LS161、74LS163、74LS169、74LS191 等。其引脚功能可查阅数字集成电路手册。

74LS161 是二进制同步计数器,具有计数、同步置数、异步清零等功能。其引脚排列和逻辑符号如图 14-10 所示。

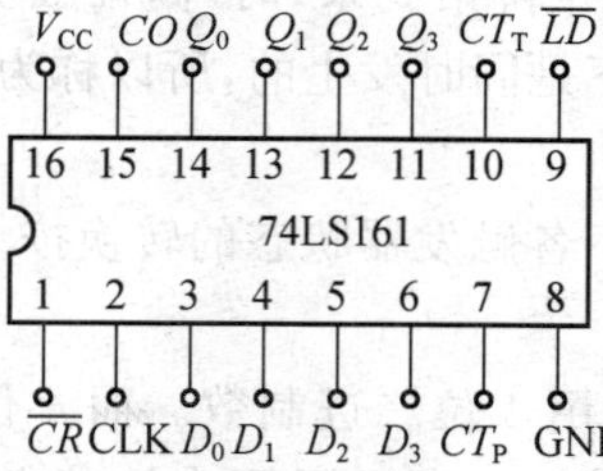

(a)引脚排列图

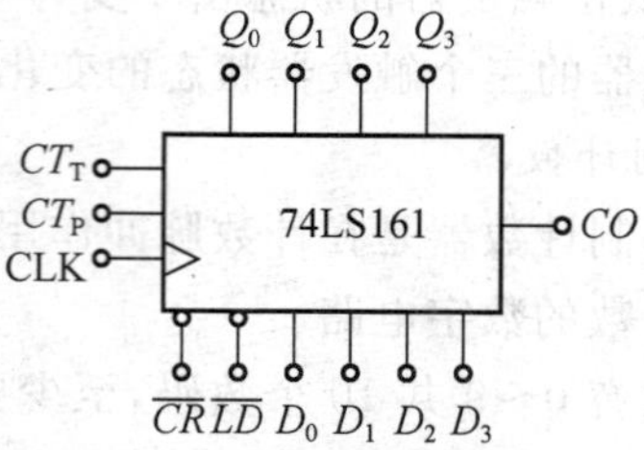

(b)逻辑功能示意图

图 14-10 74LS161 引脚排列和逻辑符号图

2. 74LS161 芯片的逻辑功能

(1)异步清 0。当异步端$\overline{C_R}=0$ 时,不管其他输入端的状态如何,无论有无时钟脉冲,计数器输出将直接置零,称异步清零。

(2)同步置数。当$\overline{C_R}=1$ 时,同步置数控制端$\overline{L_D}=0$,且在 CLK 上升沿作用时,并行输入数据被置入计数器的输出端,使 $Q_3Q_2Q_1Q_0=D_3D_2D_1D_0$。由于这个操作要与 CLK 同步,所以又称为同步预置数。真值表如表 14-2 所示。

表 14-2 74LS161 的真值表

输入									输出				功能
$\overline{CR}$	$\overline{LD}$	CT_P	CT_T	CLK	D_3	D_2	D_1	D_0	Q_3	Q_2	Q_1	Q_0	
0	×	×	×	×	×	×	×	×	0	0	0	0	异步清 0
1	0	×	×	↑	d_3	d_2	d_1	d_0	d_3	d_2	d_1	d_0	同步置数
1	1	0	×	×	×	×	×	×	保持				锁存数据
1	1	×	0	×	×	×	×	×					
1	1	1	1	↑	×	×	×	×	每来一次 CP,加 1 计数				4 位二进制加法计数

(3)保持。当$\overline{C_R}=\overline{L_D}=1$,$CT_T*CT_P=0$时,输出$Q_3Q_2Q_1Q$保持不变。这时如$CT_P=0$,$CT_T=1$,则进位输出信号$CO$保持不变;若$CT_P=1$,$CT_T=0$,则进位输出信号$C_O$为低电平。

(4)计数。当$\overline{C_R}=\overline{L_D}=CT_T=CT_P=1$时,CLK为上升沿有效时,实现4位二进制加法计数功能。

(四)计数电路

1. 电路组成

计数器电路由个位计数器和十位计数器组成,它们都采用十进制计数器74LS160。74LS160是十进制同步计数器,具有计数、同步置数、异步清零等功能。图14-11为计数电路原理图。

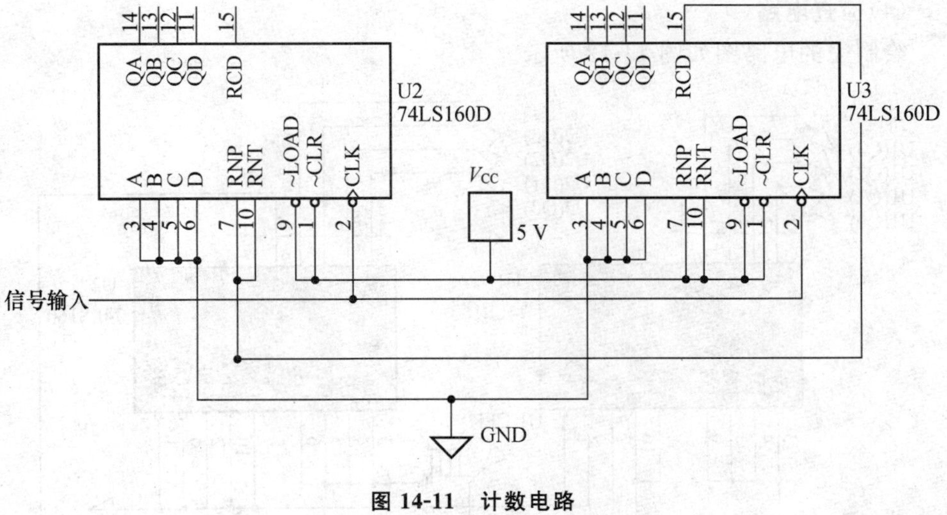

图14-11　计数电路

2. 电路功能

(1)异步清0。当异步端$\overline{CLR}=0$时,不管其他输入端的状态如何,无论有无时钟脉冲,计数器输出将直接置零,称异步清零。

(2)同步置数。当$\overline{CLR}=1$时,同步置数控制端$\overline{LOAD}=0$,且在CP上升沿作用时,并行输入数据被置入计数器的输出端,使$Q_DQ_CQ_BQ_A=$DCBA。由于这个操作要与CP同步,所以又称为同步预置数。

(3)保持。当CLR=LOAD=1,ENP·ENT=0时,输出$Q_DQ_CQ_BQ_A$保持不变。这时如ENP=0,ENT=1,则进位输出信号C_O保持不变;若ENT=0,无论

ENP 为何状态，则进位输出信号 C_O 为低电平。

(4)计数。当 $\overline{CLR}=\overline{LOAD}=ENT=ENP=1$ 时，CLK 为上升沿有效时，实现十进制加法计数功能。

【任务实施】

一、在 Proteus 仿真软件中绘制电路图

在 Proteus 仿真软件中绘制电路图的步骤如下：

(1)打开 Proteus 仿真软件。

(2)拾取元器件，并把元器件放置在编辑区内。

(3)按图 14-11 所示电路，正确连接各元器件。

(4)检查电路。

绘制完的电路图如图 14-12 所示。

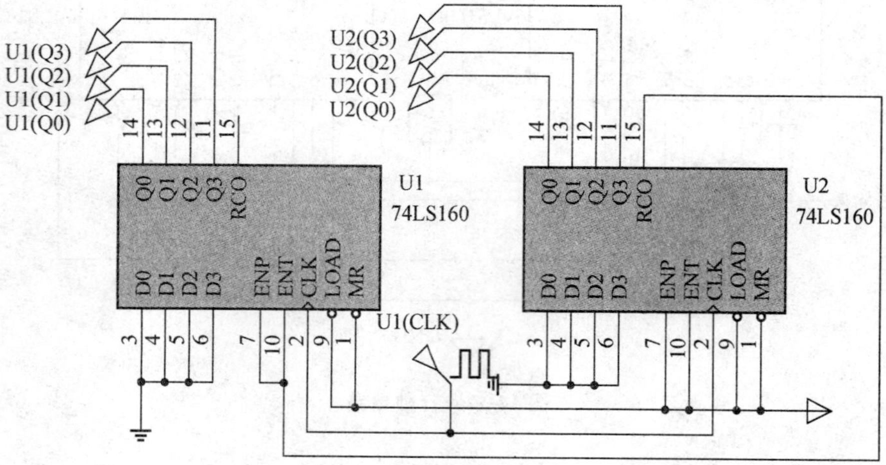

图 14-12　计数仿真电路

二、调试电路

对于绘制完毕的电路图，运行，测试如下功能。

(1)加载虚拟时钟信号。

(2)用图表表示输出与时钟信号的关系，即 74LS160 计数功能。

(一)加载虚拟信号

如图 14-12 所示，在 74LS160 输入端 CLK 加一数字脉冲信号(pulse)。

(二)调试电路

(1)在 74LS160 输入端 CLK 加一电压探针。

(2)分别在 74LS160 输出 $Q_DQ_CQ_BQ_A$ 加电压探针。

(3)选择图表中 DIGITAL，在编辑区空白处画出合适的图表。

(4)在其中一图表中加入信号，$U_2(CLK)$、$U_2(Q_0)$、$U_2(Q_1)$、$U_2(Q_2)$、$U_2(Q_3)$，设置完毕后，按空格键，得出如图 14-13(a)所示的关系。

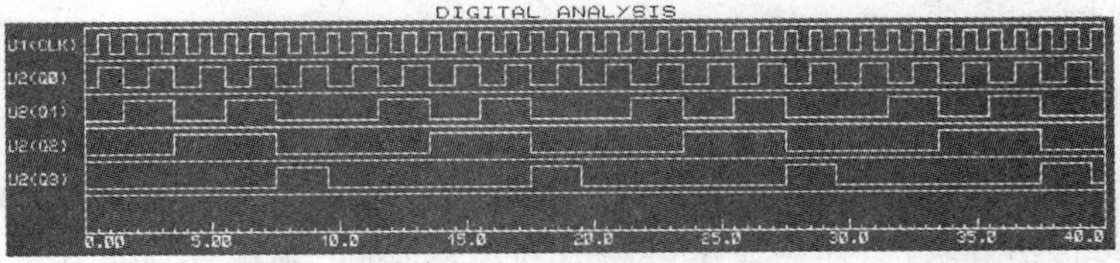

(a)

图 14-13(a)　U_2 输出与输入信号的关系图

(5)在另一图表中加入信号，$U_1(CLK)$、$U_1(Q_0)$、$U_1(Q_1)$、$U_1(Q_2)$、$U_1(Q_3)$，设置完毕后，按空格键，得出如图 14-13(b)所示的关系。

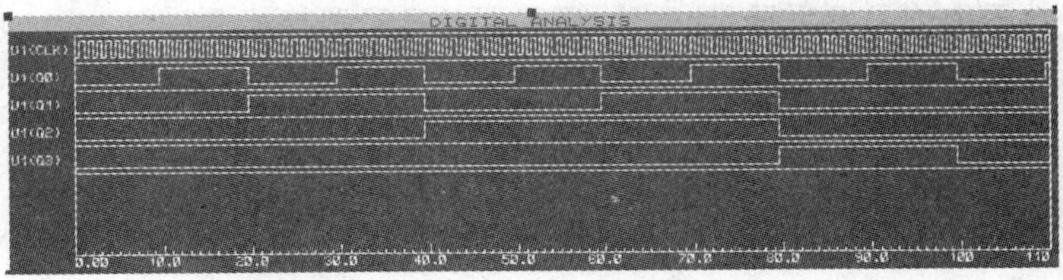

(b)

图 14-13(b)　U_2 输出与输入信号的关系图

结论：

由图 14-13(a)可知 U_2 为二进制计数；由图 14-13(b)可知 U_1 为十进制计数。计数电路调试完毕。

【任务巩固】

1. 什么叫计数器？其作用是什么？

2. 由 JK 触发器组成的计数器电路是如何连接的？为什么叫异步计数器？

任务3 译码显示电路制作及电路联调

【任务目标】

1. 理解译码、显示电路组成。
2. 学会整机电路的联调。

【任务准备】

一、资料准备

电阻(RES)、74LS47译码/驱动器(74LS47)、数码管(7SEG-COM-ANODE);电脑、Porteus仿真软件;译码显示电路原理图、任务记录单等与本任务相关的教学资料。

二、知识准备

(一)总体方案设计

秒计数器由信号发生器、计数器、译码器及显示器等组成如图14-14所示。

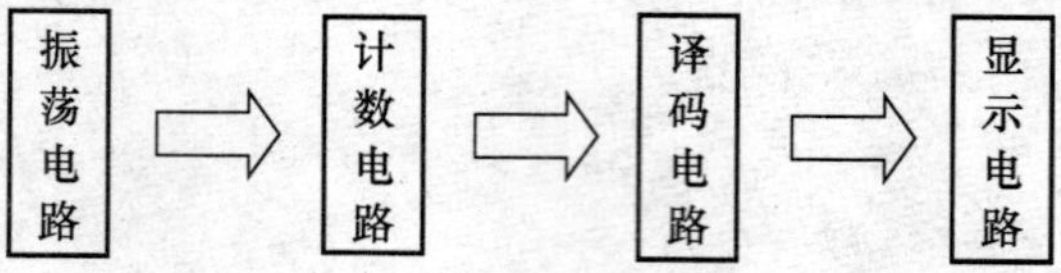

图14-14 设计流程图

(二)译码显示电路

1. 电路功能

在数字系统中常常需要将测量或处理的结果直接显示成十进制数字。为此,首先将以BCD码表示的结果送到译码器电路进行译码,用它的输出去驱动显示器件。译码电路的功能是将计数器输出的BCD码转变为七段字码驱动数码管显示相应的数字。

2. 电路组成

译码显示电路组成如图14-15所示。

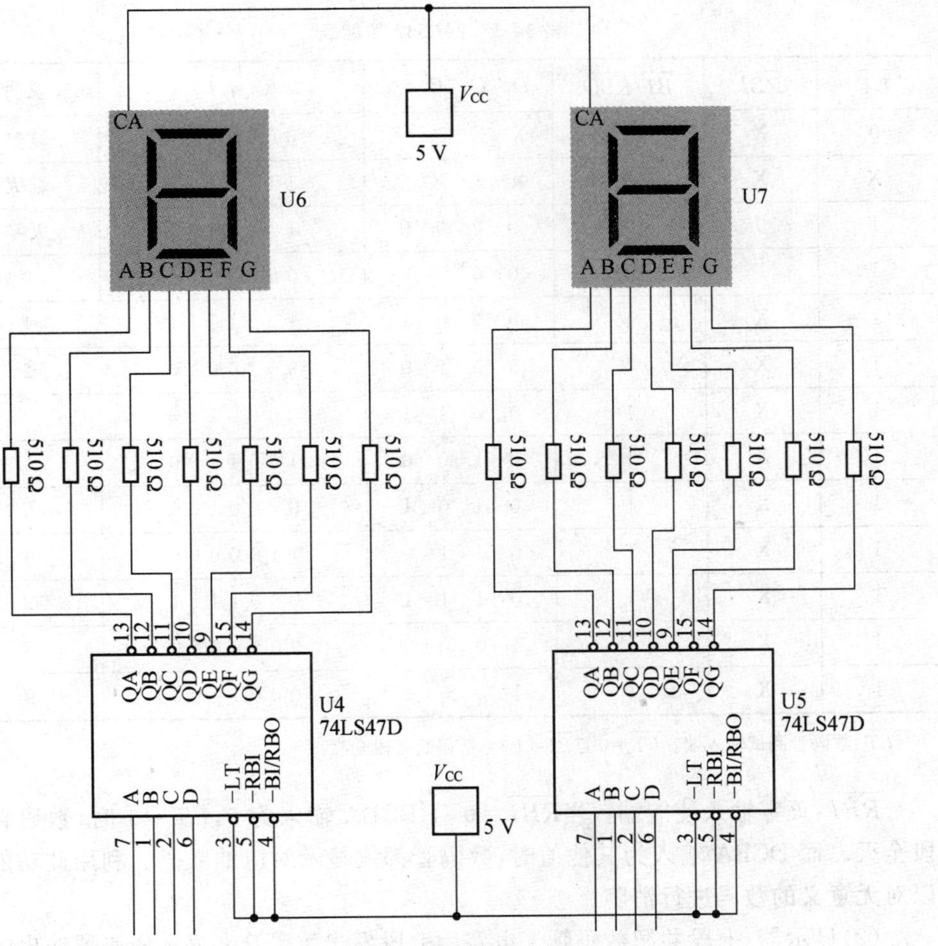

图 14-15　译码显示电路

(1)74LS47 译码/驱动器。74LS47 是 BCD-7 译码器/驱动器，输出低电平有效，专用于驱动 LED 七段共阳极显示数码管。若将秒计数器的个位和十位输出分别送到相应七段译码管的输入端，便可以进行不同数字的显示。在译码管输出与数码管之间串联电阻作为限流电阻。

74LS47 的功能表如表 14-3 所示。

$\overline{BI}/\overline{RBO}$：消隐输入/串行消隐输出端，为线与逻辑，用作消隐输入/串行消隐输出。$\overline{BI}=0$ 时，所有的段输出禁止，数码管各段全黑，处于熄灭状态。用$\overline{RBO}=0$ 输出信号可以控制多位数码管灭零。只要将$\overline{RBO}$与要求同本片同时灭零的其他显示译码器的$\overline{RBI}$相连，便可实现。

表 14-3 74LS47 功能表

$\overline{LT}$	$\overline{RBI}$	$\overline{BI}/\overline{RBO}$	D C B A	a b c d e f g	说明
0	X	1	X X X X	0 0 0 0 0 0 0	试灯
X	X	0	X X X X	1 1 1 1 1 1 1	熄灭
1	0	0	0 0 0 0	1 1 1 1 1 1 1	灭零
1	1	1	0 0 0 0	0 0 0 0 0 0 1	0
1	X	1	0 0 0 1	1 0 0 1 1 1 1	1
1	X	1	0 0 1 0	0 0 1 0 0 1 0	2
1	X	1	0 0 1 1	0 0 0 0 1 1 0	3
1	X	1	0 1 0 0	1 0 0 1 1 0 0	4
1	X	1	0 1 0 1	0 1 0 0 1 0 0	5
1	X	1	0 1 1 0	1 1 0 0 0 0 0	6
1	X	1	0 1 1 1	0 0 0 1 1 1 1	7
1	X	1	1 0 0 0	0 0 0 0 0 0 0	8
1	X	1	1 0 0 1	0 0 0 1 1 0 0	9

$\overline{LT}$：数码管测试输入端。$\overline{LT}=0$ 且$\overline{BI}=1$ 时，数码管各段全亮。

$\overline{RBI}$：灭零输入使能端。当$\overline{RBI}=0$ 且 DCBA 输入为 0，$\overline{LT}=1$ 时，数码管各段全灭。而 DCBA 输入为其他值时，数码管都能显示对应的数码。利用此功能可以对无意义的数码进行消隐。

(2)显示器：七段共阳数码管。电路用七段发光数码管来显示译码器输出的数字，发光数码管有两种：共阳极或共阴极。74LS47 译码/驱动器是低电平输出，采用共阳极数码管。

【任务实施】

一、设计任务及要求

1. 设计一个有“分”、“秒”显示功能的电子钟。
2. 计时 100 秒。
3. 联调仿真电路并实现其功能。

二、译码显示电路仿真

按照任务 1 的步骤和图 14-15，在 Proteus 仿真软件中绘制译码显示仿真电路图如图 14-16 所示。

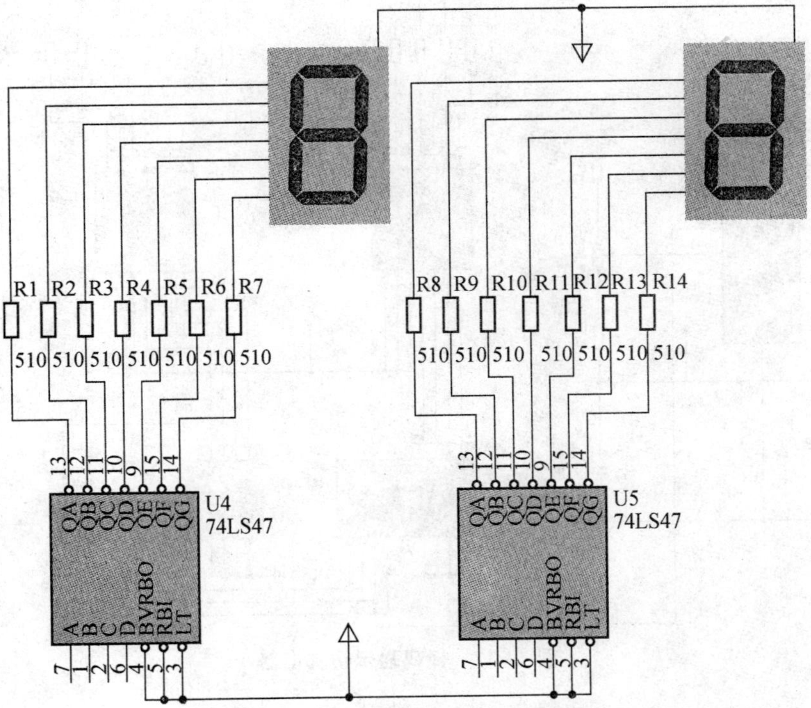

图 14-16　译码显示仿真电路

三、电路联调

(一)电路连接

把 555 组成的多谐振荡器电路、两片 74LS160 计数器组成的计数电路、两片 74LS47 译码/驱动器、两块七段数码管及附属电路联调成秒计数器电路。仿真电路设计图如图 14-17 所示。

(二)电路调试

检查电路连接是否正确

(1)由 555 输出端分别与两块 74LS160 的 2 端(CLK)接入，使 74LS160 N 能得到 $f=1$ Hz 的时钟信号。

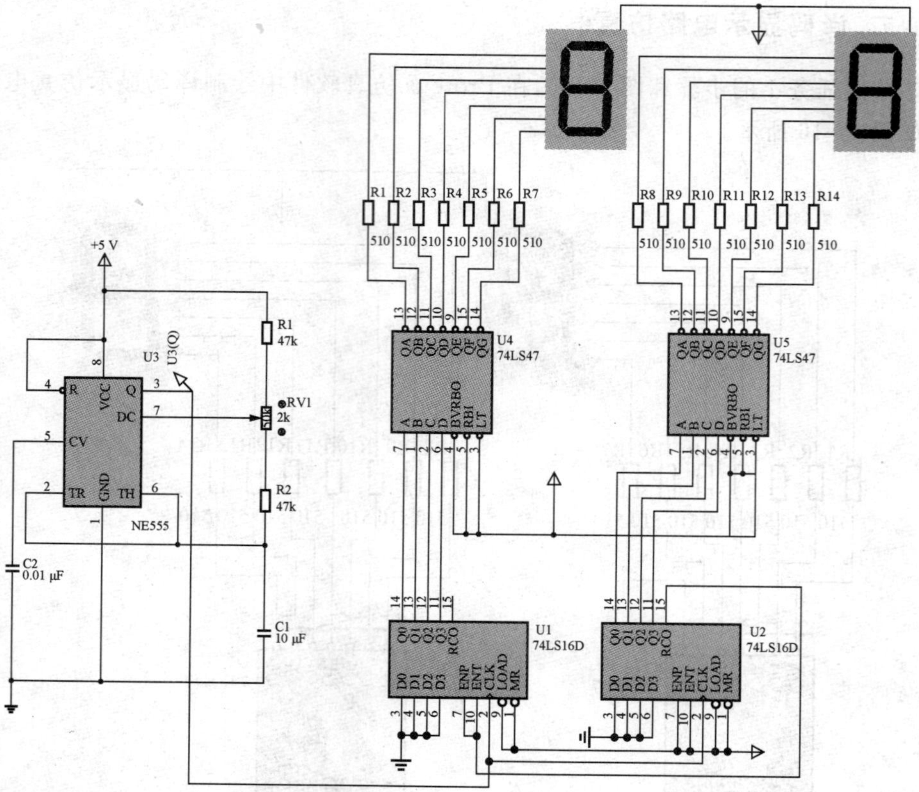

图 14-17 译码显示仿真电路

(2)两片计数器的输入端 DCBA 均接地，清零端$\overline{CLR}$和同步置数端$\overline{LOAD}$均接高电平，U_3 为个位计数器，ENP 与 ENT 接高电平，使 U_3 处计数状态，时钟信号每到来一次就计一次数。U_2 为十位计数器，ENP 与 ENT 接 U_3 的进位输出端 CO，当 U_3 没有进位时，U_2 的 ENP 与 ENT 为 0，处于保持状态，当 U_3 计数满 10 时进位，U_2 的 ENP 与 ENT 为高电平，处于计数状态，当下个时钟信号到达时，U_2 计入 1。

(3)两片 74LS47 译码/驱动器的$\overline{LT}$、$\overline{BI}/\overline{RBO}$、$\overline{RBI}$端均接高电平，使其处于译码状态。其中 U_5 的输入端 DCBA 分别接 U_3 的输出端 $Q_DQ_CQ_BQ_A$，使数码管 U_7 显示个位计数值；U_4 的输入端 DCBA 分别接 U_2 的输出端 $Q_DQ_CQ_BQ_A$，使数码管 U_6 显示十位计数值。

(4)令这些芯片的 V_{CC} 端都接高电平，GND 端全接低电平，使其全部能正常工作。运行后，如图 14-18 所示，秒计数器实现了其功能。

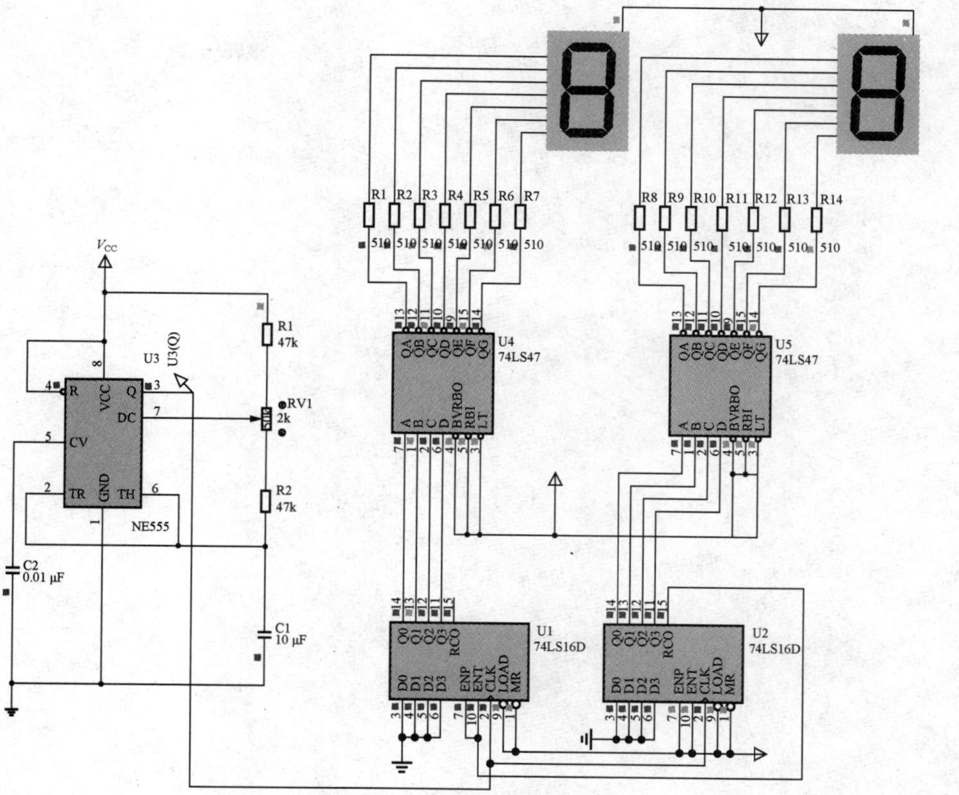

图 14-18　运行译码显示仿真电路

【任务巩固】

1. 画出总体设计框图，以说明秒表由哪些相对独立的功能模块组成，标出各个模块之间互相联系。并以文字对原理作辅助说明。

2. 设计各个功能模块的电路图。

3. 选择合适的元器件，设计、选择合适的输入信号和输出方式，在确保电路正确性同时，输入信号和输出方式要便于电路的测试和故障排除。在线路板上接线验证、调试各个功能模块的电路。

4. 在验证各个功能模块基础上，对整个电路的元器件和布线，进行合理布局，进行整个秒计数器电路的接线调试。

5. 编写设计报告，写出设计与制作的全过程，以及心得体会。

6. 自行装配、接线和调试，并能检查和发现问题，根据原理、现象和测量的数据分析问题所在，加以解决。

模块八　认知常用的数字集成电路

项目十五　555 时基电路应用

项目十六　数模转换器和模数转换器的使用

项目十七　半导体存储器和可编程逻辑器件的使用

项目十五　555时基电路应用

【项目描述】

555定时器又称时基电路，是一种用途很广泛的单片集成电路。若在其内部配上少许阻容元件，便可以构成各种不同用途的脉冲电路，如振荡器、但稳态触发器以及史密特触发器等。同时，由于它的性能优良，使用灵活方便，在工业自动控制、家用电器和电子玩具等许多领域得到广泛的应用。

本项目分为认知555时基电路组成和用555时基电路构成多谐振荡器2个工作任务。

通过本项目的学习，掌握555时基电路及多谐振荡器的电路工作原理，学会由555定时器组成的多谐振荡器的功能及调试等技能。培养认真严谨、善于思考等能胜任岗位工作的职业素质。

任务1　认知555时基电路组成

【任务目标】

1. 认识555时基电路的电路结构。
2. 学会555时基电路组成及相关功能使用。

【任务准备】

一、资料准备

NE555管脚图、任务记录单等与本任务相关的教学资料。

二、知识准备

(一)555 时基电路的电路工作原理

电阻分压器由三个 5 kΩ 的等值电阻串联而成。电阻分压器为比较器 C_1、C_2 提供参考电压，比较器 C_1 的参考电压为 $2/3V_{CC}$，加在同相输入端，比较器 C_2 的参考电压为 $1/3V_{CC}$，加在反相输入端。比较器由两个结构相同的集成运放 C_1、C_2 组成。高电平触发信号加在 C_1 的反相输入端，与同相输入端的参考电压比较后，其结果作为基本 RS 触发器 R 端的输入信号；低电平触发信号加在 C_2 的同相输入端，与反相输入端的参考电压比较后，其结果作为基本 RS 触发器 S 端的输入信号。基本 RS 触发器的输出状态受比较器 C_1、C_2 的输出端控制。

(二)555 时基电路的功能

在 1 脚接地，5 脚未外接电压，两个比较器 C_1、C_2 基准电压分别为 $2/3V_{CC}$、$1/3V_{CC}$ 的情况下，555 时基电路的功能表如表 15-1 所示。

表 15-1　555 时基电路的功能表

输入			输出		功能
清零端	高触发端 TH	低触发端 $\overline{TR}$	OUT(Q^{n+1})	放电管 VT	
0	×	×	0	导通	直接清零
1	$>\frac{2}{3}V_{CC}$	$>\frac{1}{3}V_{CC}$	0	导通	置 0
1	$<\frac{2}{3}V_{CC}$	$>\frac{1}{3}V_{CC}$	1	截止	置 1
1	$<\frac{2}{3}V_{CC}$	$>\frac{1}{3}V_{CC}$	不变 Q^n	不变	保持

【任务实施】

一、认识 555 时基电路

(一)555 时基电路及组成

图 15-1 为 555 时基电路的电路结构和 8 脚双列直插式引脚图，由图可知 555 电路由电阻分压器、电压比较器、基本 RS 触发器、放电管和输出缓冲器 5 个部分组成。

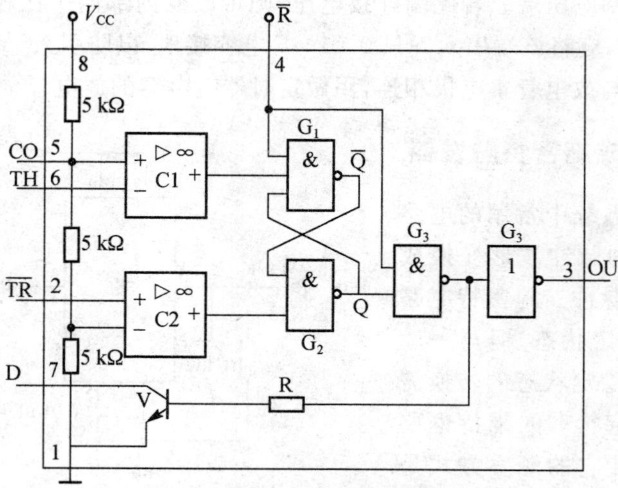

(a)555时基电路电路结构

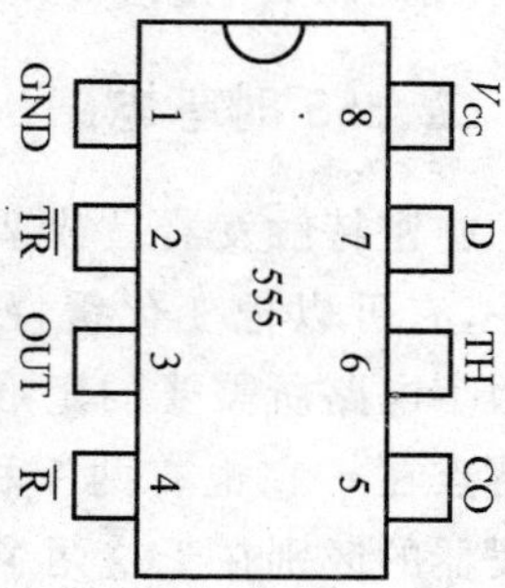

(b)555时基电路引脚图

图 15-1 555 时基电路电路结构和引脚图

555 时基电路是一种数字、模拟混合型的中规模集成电路,应用十分广泛。它是一种产生时间延迟和多种脉冲信号的电路,由于内部电压标准使用了三个 5 kΩ 电阻,故取名 555 电路。其电路类型有双极型和 CMOS 型两大类,二者的结构与工作原理类似。几乎所有的双极型产品型号最后的三位数码都是 555 或 556;所有的 CMOS 产品型号最后四位数码都是 7555 或 7556,二者的逻辑功能和引脚排列完全相同,易于互换。555 和 7555 是单定时器。556 和 7556 是双定时器。双极型的电源电压为+5～+15 V,输出的最大电流可达 200 mA,CMOS 型的电源电压为+3～+18 V。

(二)555 时基电路引脚功能

555 时基电路引脚功能如下:

1 脚:GND(或 V_{SS})外接电源负端 V_{SS}或接地,一般情况下接地。

8 脚:V_{CC}(或 V_{DD})外接电源 V_{CC},双极型时基电路 V_{CC}的范围是 4.5～16 V,CMOS 型时基电路 V_{CC}的范围为 3～18 V。一般用 5 V。

3 脚:OUT(或 V_O)输出端。

2 脚:$\overline{TR}$低触发端。

6 脚:TH 高触发端。

4 脚:$\overline{R}$ 是直接清零端。当 $\overline{R}$ 端接低电平,则时基电路不工作,此时不论$\overline{TR}$、TH 处于何电平,时基电路输出为"0",该端不用时应接高电平。

5 脚:CO(或 V_C)为控制电压端。若此端外接电压,则可改变内部两个比较器的基准电压,当该端不用时,应将该端串入一只 0.01 μF 电容接地,以防引入干扰。

7 脚:D 放电端。该端与放电管集电极相连,用做定时器时电容的放电。

二、555 时基电路构成施密特触发器

施密特触发器是数字系统中常用的电路之一,它可以把变化缓慢的脉冲波形变换成为数字电路所需要的矩形脉冲。施密特电路的特点在于它也有两个稳定状态,但与一般触发器的区别在于这两个稳定状态的转换需要外加触发信号,而且稳定状态的维持也要依赖于外加触发信号,因此它的触发方式是电平触发。

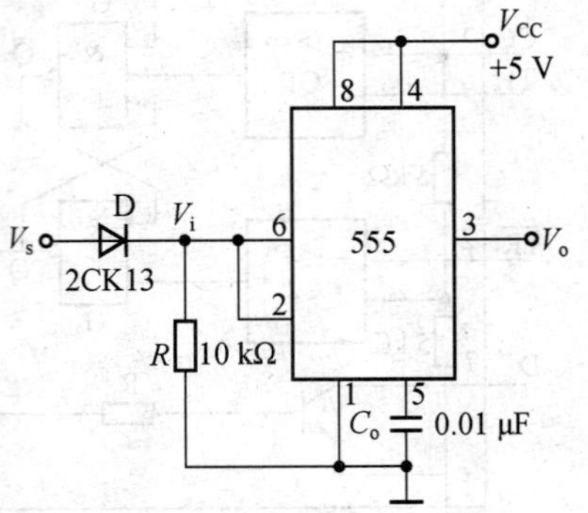

图 15-2　由 555 时基电路构成施密特触发器

电路如图 15-2,只要将脚 2、6 连在一起作为信号输入端,即得到施密特触发器。图 15-3(a)为 V_S,V_i 和 V_O 的波形图。

设被整形变换的电压为正弦波 V_s,其正半波通过二极管 D 同时加到 555 时基电路的 2 脚和 6 脚,得 V_i 为半波整流波形。当 V_i 上升到$\frac{2}{3}V_{CC}$时,V_O 从高电平翻转为低电平;当 V_i 下降到$\frac{1}{3}V_{CC}$时,V_O 又从低电平翻转为高电平。电路的电压传输特性曲线如图 15-3(b)所示。

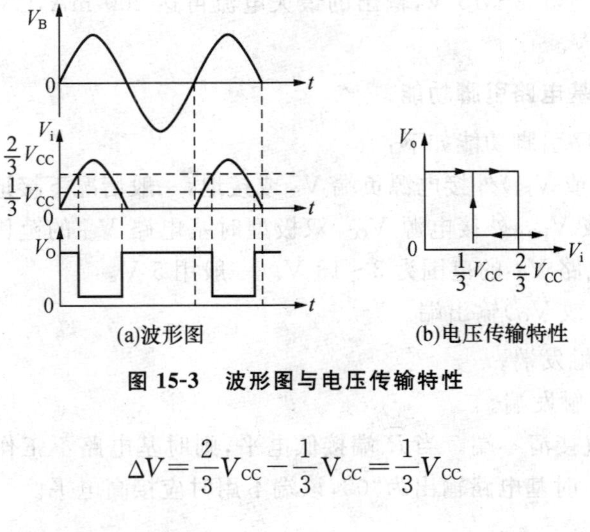

图 15-3　波形图与电压传输特性

回差电压　　$\Delta V=\frac{2}{3}V_{CC}-\frac{1}{3}V_{CC}=\frac{1}{3}V_{CC}$

【任务巩固】

1. 555 时基电路引脚功能？

2. 555 时基电路组成？

任务 2　用 555 时基电路构成多谐振荡器

【任务目标】

1. 理解由 555 定时器组成的多谐振荡器的电路原理。

2. 学会由 555 定时器组成的多谐振荡器的功能及调试。

【任务准备】

一、资料准备

555 时基电路构成多谐振荡器原理图、任务记录单等与本任务相关的教学资料。

二、知识准备

555 时基电路构成多谐振荡器

多谐振荡器又称为无稳态触发器，它没有稳定的输出状态，只有两个暂稳态。在电路处于某一暂稳态后，经过一段时间可以自行触发翻转到另一暂稳态。两个暂稳态自行相互转换而输出一系列矩形波。多谐振荡器可用作方波发生器。电路如图 15-4 所示。

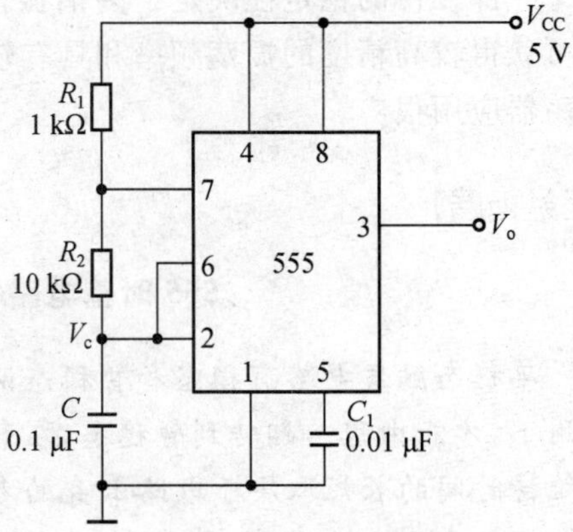

图 15-4　由 555 时基电路构成多谐振荡器

【任务实施】

一、电路连接

如图 15-4 所示，由 555 时基电路和外接元件 R_1、R_2、C 构成多谐振荡器，脚

2与脚6直接相连。

二、电路功能

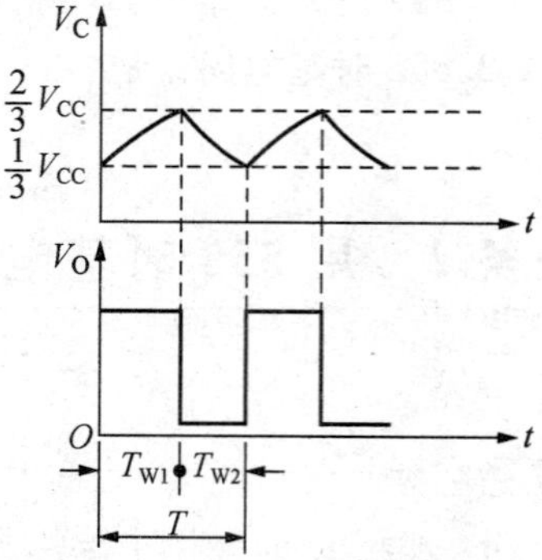

图 15-5 多谐振荡器波形图

设计555电路组成多谐振荡器电路 R_1、R_2 的值。

电路没有稳态，仅存在两个暂稳态，电路亦不需要外加触发信号，利用电源通过 R_1、R_2 向 C 充电，以及 C 通过 R_2 向放电端 C_t 放电，使电路产生振荡。电容 C 在 $\frac{1}{3}V_{CC}$ 和 $\frac{2}{3}V_{CC}$ 之间充电和放电，其波形如图15-5所示。输出信号的时间参数是

$$T=T_{w1}+T_{w2},T_{w1}=0.7(R_1+R_2)C,T_{w2}=0.7R_2C$$

555电路要求 R_1 与 R_2 均应大于或等于 1 kΩ，但 R_1+R_2 应小于或等于 3.3 MΩ。

外部元件的稳定性决定了多谐振荡器的稳定性，555定时器配以少量的元件即可获得较高精度的振荡频率和具有较强的功率输出能力。因此这种形式的多谐振荡器应用很广。

【任务拓展】

555时基电路构成单稳态触发器

单稳态触发电路有稳态和暂稳态两种工作状态，而且只有在外界触发脉冲的作用下，才能由稳态翻转到暂稳态，在暂态维持一段时间以后，自动回到稳态。暂态维持时间的长短取决于电路本身的参数，与触发脉冲信号无关。由于单稳态触发电路具有这些特点，它被广泛应用于整形、延时及定时等电路。下面介绍用555时基电路构成的单稳态触发器。

图15-6为由555定时器和外接定时元件 R、C 构成的单稳态触发器。触发电路由 C_1、R_1、D 构成，其中 D 为钳位二极管，稳态时555电路输入端处于电源电平，内部放电开关管 T 导通，输出端 V_O 输出低电平。当有一个外部负脉冲触发信号经 C_1 加到2端，并使2端电位瞬时低于 $\frac{1}{3}V_{CC}$，低电平比较器动作，单稳态电路即开始一个暂态过程，电容 C 开始充电，V_C 按指数规律增长。当 V_C 充电到 $\frac{2}{3}V_{CC}$

时，高电平比较器动作，比较器 A_1 翻转，输出 V_0 从高电平返回低电平，放电开关管 T 重新导通，电容 C 上的电荷很快经放电开关管放电，暂态结束，恢复稳态，为下个触发脉冲的来到做好准备。输出波形如图 15-7 所示。

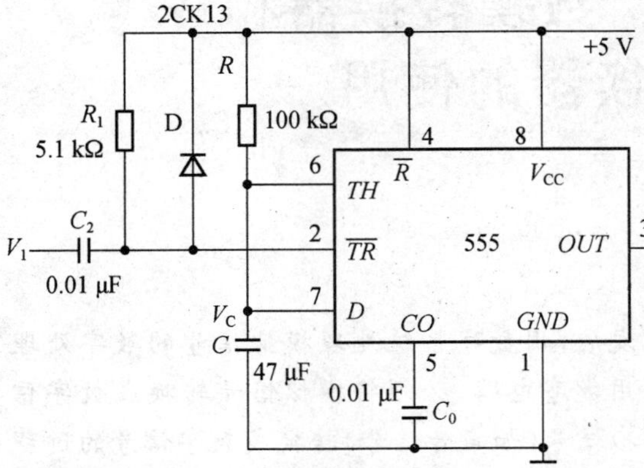

图 15-6　由 555 时基电路构成单稳态触发器

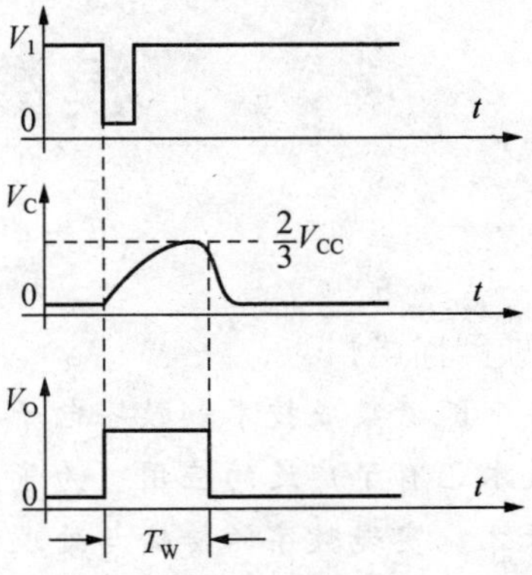

图 15-7　单稳态触发器波形图

暂稳态的持续时间 t_w(即为延时时间)决定于外接元件 R、C 值的大小。表达式为：

$$t_w = 1.1RC$$

通过改变 R、C 的大小，可使延时时间在几个微秒和几十分钟之间变化。当这种单稳态电路作为计时器时，可直接驱动小型继电器，并可采用复位端(4 脚)接地的方法来终止暂态，重新计时。此外需用一个续流二极管与继电器线圈并接，以防继电器线圈反电势损坏内部功率管。

【任务巩固】

用 555 定时器设计一个多谐振荡器，要求输出脉冲的振荡频率为 10 kHz，占空比为 25%。

*项目十六　数模转换器和模数转换器的使用

【项目描述】

随着集成技术和数字电子技术的发展，用数字系统处理模拟信号的数字处理技术已有了广泛的应用。为了能够使用数字电路，必须将模拟信号转换成数字信号才能实现数字的传输与处理。将模拟信号（如声音信号）转换成数字信号的过程称为模/数转换，简称 A/D 转换。完成 A/D 转换的电路称为模数转换器，简称 ADC。在接收端，需要将数字信号恢复成原来的模拟信号（如音箱设备、耳机、电话等所得到的声音都是模拟信号）。把数字量转换成模拟量的过程叫做数/模转换，简称 D/A 转换。完成 D/A 转换的电路称为模数转换器，简称 DAC。

本项目分为数模转换器的使用和模数转换器的使用 2 个工作任务。

通过本项目的学习，掌握常用 D/A 和 A/D 转换器的工作过程，学会 D/A 转换器 DAC0832 和 A/D 转换器 ADC0809 的使用方法等技能。培养认真严谨、善于思考等能胜任岗位工作的职业素质。

任务1　数模转换器的使用

【任务目标】

1. 了解常用 D/A 转换器的引脚功能及掌握常用 D/A 转换器的工作过程。
2. 学会 D/A 转换器 DAC0832 的使用方法。

【任务准备】

一、资料准备

D/A 转换器 DAC0832 逻辑功能框图和引脚图、任务记录单等与本任务相关的教学资料。

二、知识准备

(一)数模转换器的基本原理

数模转换器用于将输入的二进制数字量转换为与该数字量成比例的电压或电流,其组成框图如图 16-1 所示。DAC 由数码寄存器、模拟电子开关电路、解码网络、求和电路及基准电压几部分组成,数字量以串行或并行方式输入、存储于数码寄存器中,数字寄存器输出的各位数码,分别控制对应位的模拟电子开关,使数码为 1 的位在位权网络上产生与其权值成正比的电流值,再由求和电路将各种权值相加,即得到数字量对应的模拟量。

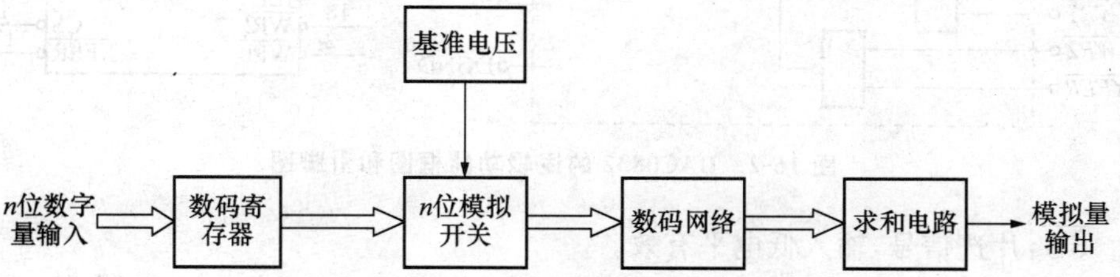

图 16-1　数模转换器方框图

能实现 D/A 转换的电路很多,当前主要采用三种:权电阻网络型、倒 T 电阻网络型和权电流型。

(二)常用集成 DAC 转换器

DAC0830 系列包括 DAC0830、DAC0831 和 DAC0832,是 CMOS 工艺实现的 8 位乘法 D/A 转换器,可直接与其他微处理器接口。该电路采用双缓冲寄存器,使它能方便地应用于多个 D/A 转换器同时工作的场合。数据输入能以双缓冲、单缓冲或直接通过三种方式工作。0830 系列各电路的原理、结构及功能都基本相同,参数指标略有不同。现在以使用最多的 DAC0832 为例进行说明。

【任务实施】

D/A 转换器 DAC0832 的使用

DAC0832 是用 CMOS 工艺制成的 20 只脚双列直插式单片八位 D/A 转换器。它由 8 位输入寄存器、8 位 DAC 寄存器和 8 位 D/A 转换器三大部分组成。它有两个分别控制的数据寄存器,可以实现两次缓冲,所以使用时有较大的灵活性，可根据需要接成不同的工作方式。

（一）引脚功能

DAC0832 的逻辑功能框图和引脚图如图 16-2 所示。各引脚的功能说明如下：

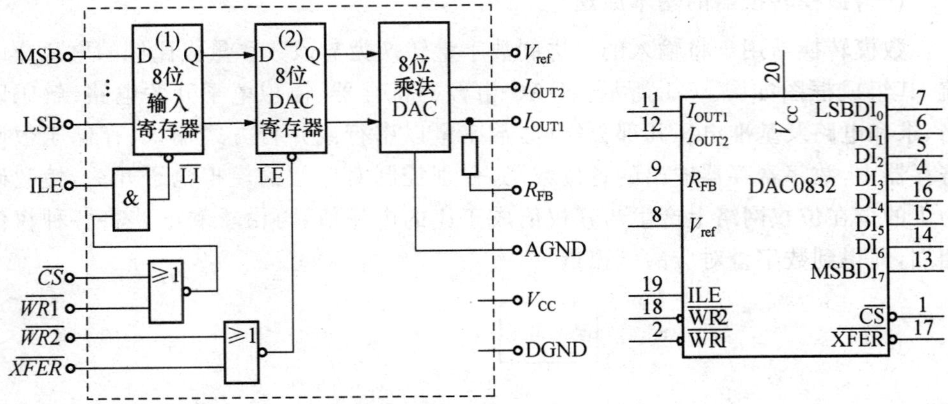

图 16-2 DAC0832 的逻辑功能框图和引脚图

$\overline{CS}$：片选信号，输入低电平有效。

ILE：输入锁存允许信号，输入高电平有效。

$\overline{WR1}$：输入寄存器写信号，输入低电平有效。

$\overline{WR2}$：DAC 寄存器写信号，输入低电平有效。

$\overline{XFER}$：数据传送控制信号，输入低电平有效。

D_{I0}～D_{I7}：8 位数据输入端，D_{I0} 为最低位，D_{I7} 为最高位。

I_{OUT1}：DAC 电流输出 1。此输出信号一般作为运算放大器的一个差分输入信号（通常接反相端）。

I_{OUT2}：DAC 电流输出 2，$I_{OUT1}+I_{OUT2}=$常数。

R_{FB}：反馈电阻。

V_{ref}：参考电压输入，可在 -10～$+10$ V 之间选择。

V_{CC}：数字部分的电源输入端，可在 $+5$ V～$+15$ V 范围内选取，$+15$ V 时为最佳工作状态。

AGND：模拟地。

DGND：数字地。

（二）工作方式

1. 双缓冲方式

DAC0832 包含输入寄存器和 DAC 寄存器两个数字寄存器，因此称为双缓冲。

即数据在进入倒 T 形电阻网络之前，必须经过两个独立控制的寄存器。这对使用者是非常有利的：首先，在一个系统中，任何一个 DAC 都可以同时保留两组数据，其次，双缓冲允许在系统中使用任何数目的 DAC。

2. 单缓冲与直通方式

在不需要双缓冲的场合，为了提高数据通过率，可采用这两种方式。例如，当 $\overline{CS}=\overline{WR2}=\overline{XFER}=0$，$ILE=1$ 时，这时的 DAC 寄存器就处于"透明"状态，即直通工作方式。当 $\overline{WR1}=1$ 时，数据锁存，模拟输出不变，当 $\overline{WR1}=0$ 时，模拟输出更新。这被称为单缓冲工作方式。又假如 $\overline{CS}=\overline{WR2}=\overline{XFER}=\overline{WR1}=0$，$ILE=1$，此时两个寄存器都处于直通状态，模拟输出能够快速反应输入数码的变化。

【任务巩固】

1. D/A 转换器的电路结构有哪些类型？
2. 画出 DAC0832 的引脚图。

任务 2　模数转换器的使用

【任务目标】

1. 了解 A/D 转换器的概念和分类。
2. 学会 A/D 转换器 ADC0809 的使用方法。

【任务准备】

一、资料准备

A/D 转换器 ADC0809 逻辑功能框图和引脚图、任务记录单等与本任务相关的教学资料。

二、知识准备

(一)寄存器

模数转换是将模拟信号转换为相应的数字信号，实际应用中用到大量的连续变化的物理量，如温度、流量、压力、图像、文字等信号，需要经过传感器变成电信号，但这些电信号是模拟量，它必须变成数字量才能在数字系统中进行加工、处理。

因此,模-数转换是数字电子技术中非常重要的组成部分,在自动控制和自动检测等系统中应用非常广泛。

一、模数转换器的基本概念

模数转换器可写成 A/D 转换器。A/D 转换器是模拟系统和数字系统之间的接口电路,A/D 转换器在进行转换期间,要求输入的模拟电压保持不变,但在 A/D 转换器中,因为输入的模拟信号在时间上是连续的,而输出的数字信号是离散的,所以进行转换时只能在一系列选定的瞬间对输入的模拟信号进行采样,然后再把这些采样值转化为输出的数字量,一般来说,转换过程包括取样、保持、量化和编码四个步骤。

二、模数(A/D)转换器的分类

目前 A/D 转换器的种类虽然很多,但从转换过程来看,可以归结成两大类,一类是直接 A/D 转换器,另一类是间接 A/D 转换器。在直接 A/D 转换器中,输入模拟信号不需要中间变量就直接被转换成相应的数字信号输出,如计数型 A/D 转换器、逐次比较型 A/D 转换器和并联比较型 A/D 转换器等,其特点是工作速度高,转换精度容易保证,调准也比较方便。而在间接 A/D 转换器中,输入模拟信号先被转换成某种中间变量(如时间、频率等),然后再将中间变量转换为最后的数字量,如单次积分型 A/D 转换器、双积分型 A/D 转换器等,其特点是工作速度较低,但转换精度可以做得较高,且抗干扰性能强,一般在测试仪表中用得较多。我们将 A/D 转换器的分类归纳如下:

- A/D转换器
  - 直接型
    - 并联比较型
    - 反馈比较型
      - 计数型
      - 逐次比较型
  - 间接型
    - 电压时间变换(U-T)型-积分型
    - 电压频率变换(U-F)型

【任务实施】

A/D 转换器 ADC0809

ADC0809 是一种逐次比较型 ADC。它是采用 CMOS 工艺制成的 8 位 8 通道 A/D 转换器,采用 28 只引脚的双列直插封装,其原理图和引脚图如图 16-3 所示。

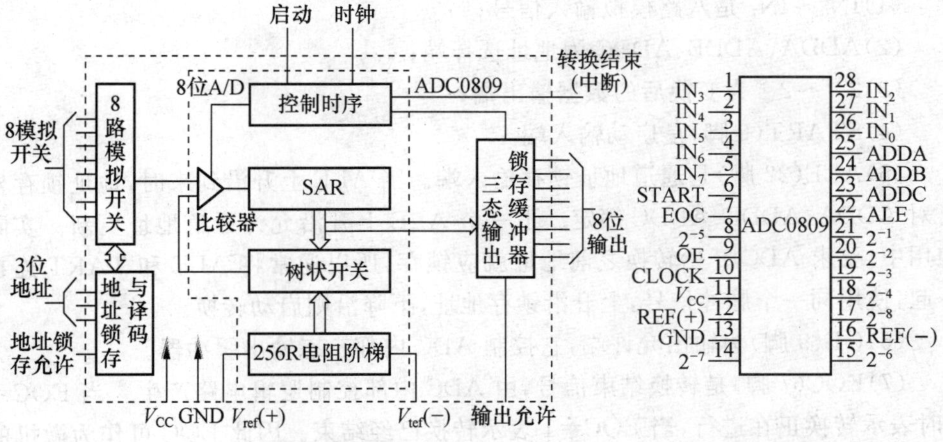

(a)功能框图　　(b)引脚图

图 16-3　ADC0809 原理图和引脚图

(一)ADC0809 组成

ADC0809 有三个主要组成部分：256 个电阻组成的电阻阶梯及树状开关、逐次比较寄存器 SAR 和比较器。电阻阶梯和树状开关是 ADC0809 的一个特点。另一个特点是，它含有一个 8 通道单端信号模拟开关和一个地址译码器。地址译码器选择 8 个模拟信号之一送入 ADC 进行 A/D 转换，因此适用于数据采集系统。

(二)ADC0809 的使用

表 16-1 为通道选择表。图 16-3(b)为引脚图。各引脚功能如下：

表 16-1　通道选择表

地址输入			选中通道
ADDC	ADDB	ADDA	
0	0	0	IN_0
0	0	1	IN_1
0	1	0	IN_2
0	1	1	IN_3
1	0	0	IN_4
1	0	1	IN_5
1	1	0	IN_6
1	1	1	IN_7

(1)IN_0～IN_7 是八路模拟输入信号；

(2)ADDA、ADDB、ADDC 为地址选择端；

(3)2^{-1}～2^{-8} 为变换后的数据输出端；

(4)START(6 脚)是启动输入端。

(5)ALE(22 脚)是通道地址锁存输入端。当 ALE 上升沿到来时，地址锁存器可对 ADDA、ADDB、ADDC 锁定。下一个 ALE 上升沿允许通道地址更新。实际使用中，要求 ADC 开始转换之前地址就应锁存，所以通常将 ALE 和 TART 连在一起，使用同一个脉冲信号，上升沿锁存地址，下降沿则启动转换。

(6)OE(9 脚)为输出允许端，它控制 ADC 内部三态输出缓冲器。

(7)EOC(7 脚)是转换结束信号，由 ADC 内部控制逻辑电路产生。当 EOC=0 时表示转换正在进行，当 EOC=1 表示转换已经结束。因此 EOC 可作为微机的中断请求信号或查询信号。显然只有当 EOC=1 以后，才可以让 OE 为高电平，这时读出的数据才是正确的转换结果。

【任务巩固】

1. A/D 转换器的电路结构有哪些类型？

2. 画出 ADC0809 的引脚图。

*项目十七　半导体存储器和可编程逻辑器件的使用

【项目描述】

半导体存储器是一种能存储大量二进制数据信息的半导体器件。在电子计算机以及其他一些数字系统的工作过程中，都需要对大量的数据进行存储，因此存储器是数字系统的重要组成部分而可编程逻辑器件是一种由用户编程以实现某种逻辑功能的新型器件。

本项目分为存储器的使用和可编程逻辑器件的使用 2 个工作任务。

通过本项目的学习，掌握了解存储器和阵列逻辑电路 GAL 的结构、功能等，学会存储器和阵列逻辑电路 GAL 常用的芯片的使用方法等技能。培养善于思考、沟通协作等能胜任岗位工作的职业素质。

任务 1　存储器的使用

【任务目标】

1. 了解存储器的功能、种类及基本构成。
2. 学会实际 EPROM 芯片使用及引脚的功能。

【任务准备】

一、资料准备

EPROM 存储器芯片、随机存储器 6116 和 6264 符号图、任务记录单等与本任务相关的教学资料。

二、知识准备

(一)存储器

存储器是数字系统中用于存储大量信息的设备或部件。在电子计算机以及其他一些数字系统的工作过程中,都需要对大量的数据进行存储。因此,存储器也就成了这些数字系统中不可缺少的组成部分。

存储器的种类很多,通常根据存储器存储介质的不同分为:磁介质存储器(如:磁带、磁盘等),半导体存储器(ROM、RAM 等)和光介质存储器(CD-ROM、VCD-ROM、DVD-ROM 等)。其中半导体存储器因存储容量大、速度快、功耗低、使用方便等一系列优点,发展迅速,应用十分普遍。

(二)存储器的技术指标

存储容量、存取时间是存储器的两个主要技术指标。

1. 存储容量

存储容量表示存储器存放二进制单元的多少,一般来说,存储容量就是存储单元的总数,一组二进制信息称为一个字,而一个字由若干位(Bit)组成,若一个存储器由 N 个字组成,每个字为 M 位,则存储器的容量为 N×M,单位是二进制的位。例如一个存储单元有 1 K 字,每个字的字长是 4 位,则该存储器的容量是 4 096 位二进制单元。

存储容量越大越好,目前动态存储器的容量已经达到 109 位/片。

2. 存取周期

存储器的性能基本上取决于从存储器读出信息和把信息写入存储器的速率。存储器的存取速度用存取周期或读写周期来表征,把连续两次读(写)操作间隔的最短时间称为存取周期。存取周期越短越好,目前高速随机存储器的存取周期仅 10 ns 左右。

(三)半导体存储器的分类

半导体存储器的种类很多,从信息的存取情况来看,半导体存储器可分为随机存储器和只读存储器两大类。

随机存储器在正常工作状态下可以随机地向存储器任意存储单元写入数据或从任意存储单元读出数据,其英文名称为:Random Access Memory,缩写为 RAM。在断电后,RAM 中的信息会丢失。

只读存储器在正常工作时,存储器中的数据只能读出,不能写入。只读存储器的英文名称为:Read Only Memory,缩写为 ROM。在断电后,ROM 中的信息不会丢失。

只读存储器电路比较简单,集成度较高,成本较低,而且具有一个重要的优点,就是当断电以后,它的信息是不会丢失的,是一个永久性的存储器。所以,在计算机中,尽可能把一些管理程序、监控程序等不需要修改的程序放在 ROM 中。

从电路的器件构成情况来看,半导体存储器可分为双极型和 MOS 型两大类。MOS 型随机存储器又可分为静态存储器和动态存储器两种。ROM 根据制造工艺的不同也可分为多种。

目前市面上的存储器:

MROM,内容是工厂预先做好的,用户不能改写的只读存储器。

PROM,可以一次编程的只读存储器。

EPROM,可用紫外线擦除的可改写的只读存储器,

E^2ROM,电擦除的可改写的只读存储器。

SRAM,静态存储器。

DRAM,动态存储器。

非易失性 RAM,由 SRAM 和 E^2ROM 组成,正常工作时,用 SRAM 存取,当断电时数据转移到 E^2ROM 中。

高速数据不挥发 SRAM,采用锂电池供电,数据可以保持 10 年以上。

Flash Memory,闪速存储器,类似于 E^2ROM,但是具有容量大,使用方便的优点。

(四)只读存储器

只读存储器的组成

ROM 存储器一般由存储矩阵、地址译码器、输出缓冲器三个部分组成,如图 17-1 所示。存储单元可以用二极管构成,也可以用双极型三极管或 MOS 管构成,每个存储单元也有一个唯一的地址编码。

地址译码器的作用是将输入的地址代码译成相应的控制信号,利用这个控制信号从存储矩阵中把指定的单元选出,并把其中的数据送到输出缓冲器。

输出缓冲器的作用有两个,一是能提高存储器的带负载能力,二是实现对输出状态的三态控制,以便与系统的总线连接。

存储矩阵是由存储单元组成,PROM、EPROM、E^2ROM 和 FLASH 存储器都具有地址译码器、输出缓冲器和存储矩阵,它们之间的区别就是存储单元不同以及擦除、写入和读出方法不同。

ROM 存储单元除用二极管构成外,还可以用三极管和 MOS 管构成。

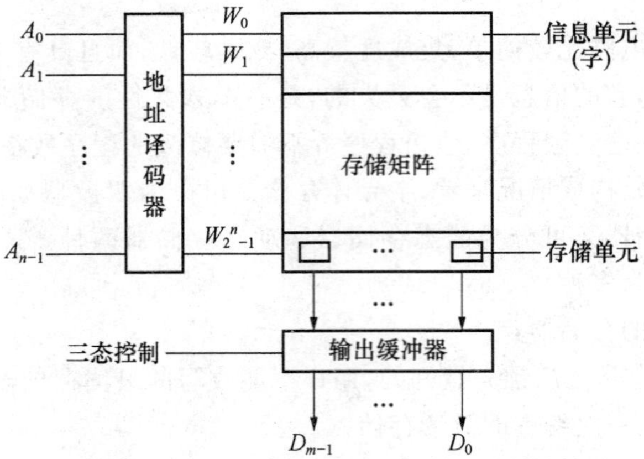

图 17-1　ROM 的内部结构图

1. 掩模只读存储器(MROM)

掩模 ROM 中的内容是在制造过程中写入的,出厂后用户不能再对其进行修改。在制作掩模 ROM 的过程中,主要是根据用户的要求制作掩模,掩模 ROM 适合大批量定型产品的生产。

2. 一次可编程只读存储器(PROM)

PROM 的总体结构与掩模 ROM 一样,同样由存储矩阵、地址译码器和输出电阻组成,不过在出厂时已经在存储矩阵的所有交叉点上全部制作了存储单元,就是在所有的存储单元都存储了 1。

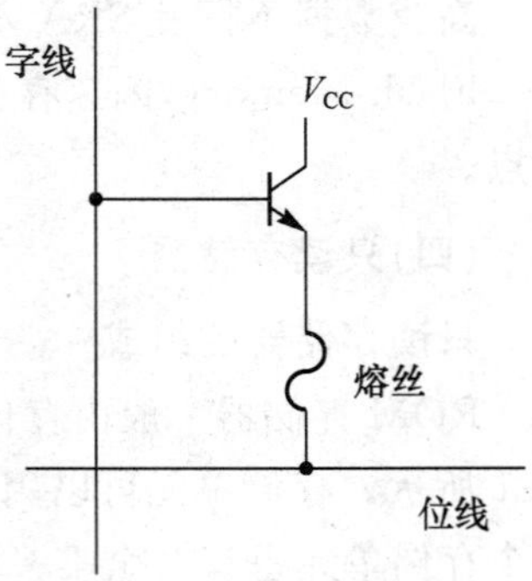

图 17-2　熔丝型 PROM 存储单元

图 17-2 是熔丝型 PROM 存储单元的原理图,它由一只三极管和串联在发射极的快速熔断丝组成。三极管的 be 结相当于接在字线和位线之间的二极管,熔丝多用低熔点合金制成。在写入数据时利用大电压产生大电流在需要写入 0 的单元将熔丝烧断就可以了。

3. 可擦除可编程只读存储器(EPROM)

EPROM 为可擦除可编程只读存储器,它可反复使用多次,灵活、方便,深受用户欢迎。目前多用叠栅注入型 MOS 管(称为 SIMOS 管)构成 EPROM 的存储单元。

EPROM 芯片封装时表面都有一个石英玻璃透明窗口。用专门的设备(如紫外线擦除器)使芯片窗口受到紫外线照射时,所有电路中的浮动栅上的电荷获得能量会形成光电流泄漏走,使管子恢复初始状态,从而把原先写入的“0”信息擦去。

经过照射后的 EPROM,还可以用专门的设备(EPROM 写入器)把所需要的信息再写入,然后用黑纸或黑胶布把小窗口贴上,以防紫外线把其中的内容擦掉。

要注意,编程后的芯片在阳光的影响和室内日光灯的照射下,经过 3 年时间在浮栅的电荷可泄漏完。若在太阳光直射下,约一个星期电荷可泄漏完。所以,在正常使用和储藏时,应在芯片窗口上贴上黑色的保护纸。

4. 电可擦可编程只读存储器(EEPROM)

EPROM 芯片的擦除需要将芯片取下,用紫外线照射十几分钟,而且是整片擦除,相对来说改写操作速度慢、不方便。随着电子技术的发展,又出现了一种称为电可擦除可编程只读存储器,简称 EEPROM 或 E^2PROM,其存储信息的原理类似 EPROM,但擦除的原理不同。EEPROM 是通过在存储信息的 MOS 管的源极和漏极之间加一个较高的电压,使浮栅上的电荷跑掉。它可以整片擦除,也可以擦除指定的单元。EEPROM 具有 EPROM 只读存储器可重编程的特点,又具有擦除速度快、可按单元擦除的优点。

5. 闪速存储器(Flash Memory)

E^2PROM 的存储单元使用两只 MOS 管,所以限制了它的集成度的提高。而闪速存储器采用了一种类似叠栅结构的存储单元,使集成度更高,如图 17-3 所示。

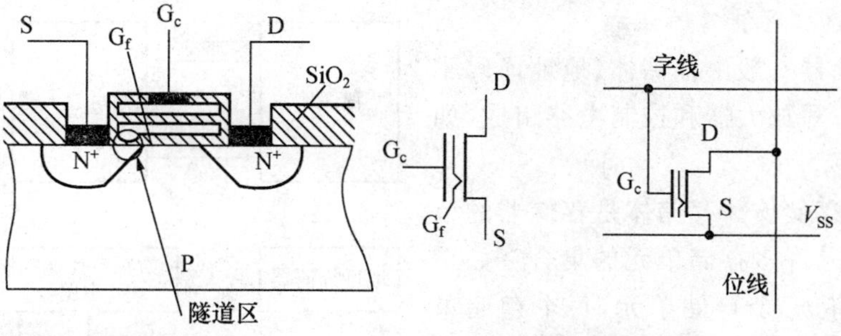

闪速存储器中的叠栅HOS管　　闪速存储器的存储单元

图 17-3 闪速存储器

写入过程:在写入状态下,叠栅 MOS 管的漏极经位线接到一个 6 V 左右的高电压,V_{SS}接 0 V,同时在控制栅上加一个 12 V、宽度为 10 μs 的正脉冲,这时,漏极和源极之间出现雪崩击穿,部分速度高的电子就穿过氧化层到达浮置栅,形成浮置栅充电电荷,当浮置栅充电后,需要 7 V 以上的控制栅电压才能使漏-源极之间形成导电沟道,为正常的电压时不能使它导通。

擦除过程:在擦除状态下,控制栅为 0 电平,同时在源极 V_{SS}加入幅度为 12 V、宽度为 100 ms 的正脉冲。这时在浮置栅与源极之间将出现隧道效应,使浮置栅上的电荷经过隧道区释放。浮置栅电荷放掉之后，控制栅只要 2 V 的电压就能在源极在漏极之间的形成导电沟道。

由于片内所有叠栅的栅极是连在一起的，所以全部存储单元同时被擦除。

自闪速存储器问世以来，便以高集成度、大容量、低成本等优点引起关注。在存储器领域，它很有可能取代软磁盘、硬盘和光盘等产品。

（五）随机存储器

随机存取存储器简称 RAM，也叫做读/写存储器，既能方便地读出所存数据，又能随时写入新的数据。RAM 的缺点是数据的易失性，即一旦掉电，所存的数据全部丢失。

计算机的主存储器一般都采用 MOS 型随机存储器，MOS 型随机存储器根据存储单元的工作原理，可分为静态 RAM 和动态 RAM 两种。静态 RAM 存放的内容，在不停电的情况下能长时间保留不变；动态 RAM 的内容，即使在不停电的情况下，隔一定时间之后（即若干毫秒）也会自动消失，因此在消失之前要将原内容重新写入，称为刷新。静态存储器使用方便、简单，存取速度高，但动态存储器具有集成度高、价格便宜、体积小和耗电省等优点。在计算机中大容量存储器一般采用动态存储器，在容量小、速度要求高的场合才选用静态存储器。

1. 随机存储器的组成

存储器一般由存储体、地址译码驱动器、读/写放大器和控制电路组成，如图 17-4 所示。

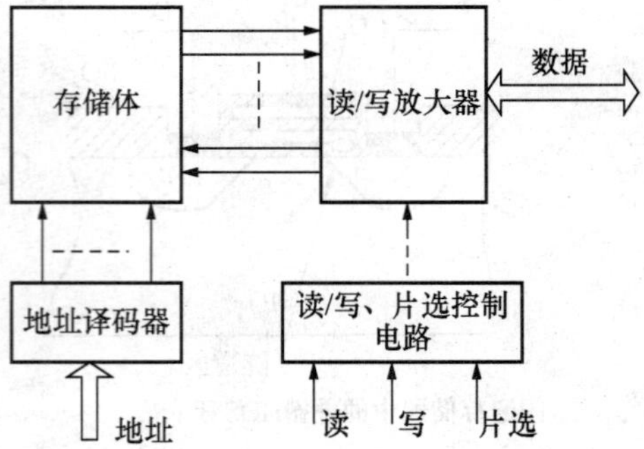

图 17-4 存储器的基本组成

（1）存储体。存储体是存储器的核心部件，是许多存储单元的集合。如果存储体有 m 个存储单元，每个存储单元可存储 n 位二进制数，则存储体由 $m \times n$ 个存储单元电路组成。在较大容量的存储器中，常常把各个存储单元的同一位组织在一块大规模集成电路芯片中（存储器芯片）。例如可把 4 096 个存储单元的同一位组织在一块 4 096×1 的芯片中，用 16 块这样的芯片就可组成容量为 4 096×16 的存储器。在一块存储器芯片中，存储单元电路通常排成矩阵的形式，例如 64×64，表示排列成 64 行、每行 64 列的矩阵。

（2）地址译码驱动器。地址译码器对地址译码后产生相应的选择驱动信号，以便选中所需的存储单元进行操作。地址译码有单译码和双译码两种方式。单译码方式(又称一维地址译码方案或线选方案)只有一个地址译码器,由它对全部地址进行译码,译码器的输出线称为字选择线,每个地址都对应一根字选择线,直接选中某个存储单元的所有位进行操作。这种方式需要较多的选择线,只适用于容量较小的存储器。双译码方式(又称二维地址译码方案或重合译码方案)把地址分成 X 行(高位)和 Y 列(低位)两部分,用两个译码器分别译码,输出线分别称为行选择线和列选择线,每个 X 地址和 Y 地址都对应有一根行选择线和列选择线。在存储体中,行列位置同时被选中的那个存储单元才可进行读写,这种交叉选择的结果,保证了要读写的存储单元的唯一性,同时减少了选择线的数目。例如,设地址码有 12 位,对应有 $2^{12}=4\ 096$ 个地址。若采用单译码方式,则需要 $2^{12}=4\ 096$ 根字选择线。若采用双译码方式,X、Y 地址都是 6 位,则行、列选择线均为 2^6 根,总数需要 $2\times 2^6=128$ 根,选择线数量大为减少。双译码方式适用于大容量存储器,因而使用很广。

(3)读写放大器。读写放大器处于数据总线与被选中的存储单元之间,可用来对选中单元的各位同时进行数据的读出或写入,并具有放大信息的作用。

(4)控制电路。由于集成度的限制,每个存储器芯片的存储容量是有限的,这样对于一个较大容量的存储器,往往需要一定数量的芯片组成。每个芯片上有一个控制输入信号叫"片选",用于对芯片进行选择。当它有效时,该芯片才能将输入数据写入或把数据读出放在数据总线上。片选信号仅决定芯片是否工作,而芯片执行读还是写则由读写信号控制。

注意,每个芯片和数据总线相连的数据线有三种状态:即"0"、"1"或"高阻状态",只有选中的芯片在逻辑上才能和数据总线相连,其他芯片均处于高阻状态(即相当于断开),因而不会造成数据总线上信息的混乱。数据的输入和输出通道是共用的,读出时,它是输出端,写入时它又是输入端。读操作与写操作是分时进行的,读的时候不允许写,写的时候不允许读。

2. 存储器芯片的扩展

在实际应用中,常常需要大容量的 RAM。当一片 RAM 不能满足存储器容量的要求时,就需要进行扩展,把多片 RAM 组合起来,形成一个大容量的存储器。

(1)字扩展。当芯片的位数够用,而容量不足时,就需要将多个芯片连接起来,进行字扩展以满足大容量存储器的需要,也就是说用几片存储器芯片组合起来对存储空间进行扩展,称为字扩展。

字扩展的方法是将各个芯片的数据线、地址线和读/写控制线($R/\overline{W}$)分别并联在一起,而片选信号线($\overline{CS}$)单独连接。例如,用 4 片 256(字数)×8(位数)的 RAM 构成 1 024×8 的 RAM,如图 17-5 所示的连接图。在这里位数不变,而字数需要扩展,用 4 片组成,每片分配 256 个地址,用高位地址(A_8 和 A_9)经过译码器而产生的输出信号作为各个芯片的片选信号，选中一个芯片工作。用低位地址（A_0～A_7）作为各芯片的片内地址，以便选中芯片内部的一个存储单元进行读/写操作。

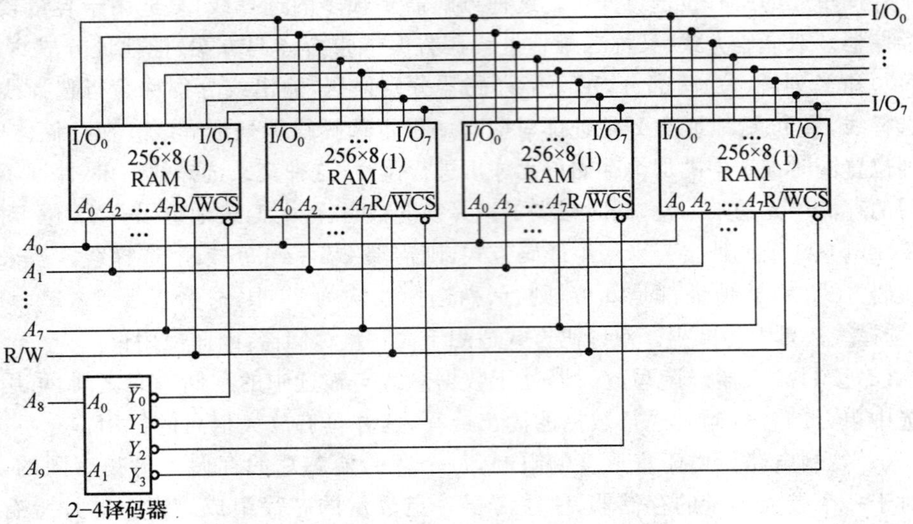

图 17-5 字扩展连接图

(2)位扩展。如果每个芯片 RAM 中的字数够用，而每个字的位数不足时，就要对位数进行扩展。扩展的方法是将多片存储器芯片的地址线、读/写控制线（$R/\overline{W}$）和片选信号线（$\overline{CS}$）全部并联在一起，而将其数据线分别引出接到存储器不同位的数据总线上。例如用 8 片 1 024×1 的 RAM 可构成 1 024×8 的 RAM，位扩展的连接方法如图 17-6 所示。

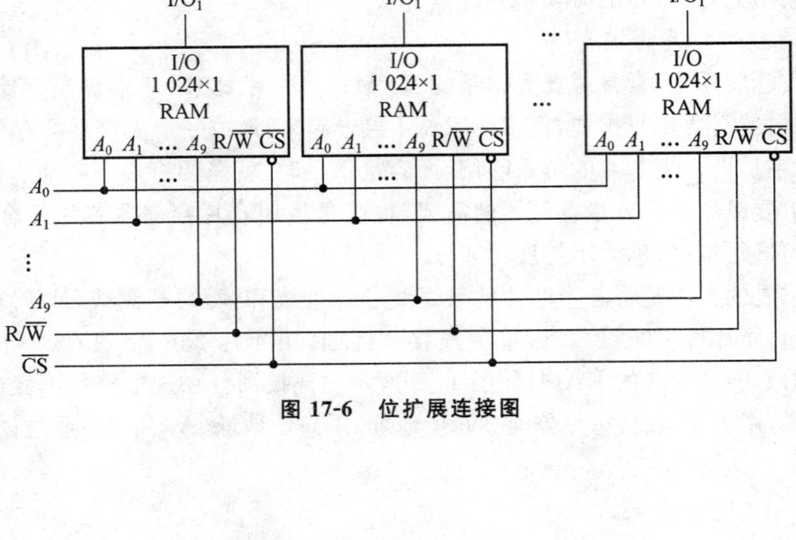

图 17-6 位扩展连接图

实际的存储器往往需要对字和位同时进行扩展。如果所用的存储器芯片的规格是 m×n,组成存储单元为 M、字长为 N 的存储器,所需要的芯片数则为M/m×N/n,扩展的方法不难从上述两种方法中得出。

以上两种扩展方法同样适合于 ROM。

【任务实施】

只读存储器 ROM 和随机存储器 RAM

(一)实际的只读存储器 ROM 使用

1. EPROM 芯片

EPROM 可作为微机系统的外部程序存储器,其典型产品是 2716(2k×8)、2732(4k×8)、2764(8k×8)、27128(16k×8)、27256(32k×8)、27512(64k×8)。这些型号的 EPROM 都是 NMOS 型,与 NMOS 相对应的 CMOS 型 EPROM 分别为 27C16、27C32、27C64、27C126、27C256、27C512。NMOS 与 CMOS 型的输入与输出均与 TTL 兼容,区别是 CMOS 型 EPROM 的读取时间更短、消耗功率更小。例如 27C256 的最大工作电流 30 mA,最大维持电流 1 mA,而 27256 的最大工作电流为 125 mA,维持电流 40 mA,可见 27C256 比 27256 小得多。

27 系列的 EPROM 引脚图如图 17-7 所示。各个引脚功能如下:

A0～A15:地址输入线

Q0～Q7:三态数据总线,读或编程校验时为数据输出线,编程时为数据输入线,维持或编程禁止时呈高阻态。

$\overline{CE}$:片选信号输入线,低电平有效。

PGM:编程脉冲输入端。

$\overline{OE}$: 读数据使能端,低电平有效。

V_{CC}:为主电源(+5 V)。

VPP:为编程电源线,数值因芯片型号和制造厂商不同而不同。

GND:地线。

其中:2716/2732 的$\overline{CE}$和 PGM 合用一个管脚,2732/27512 的$\overline{CE}$和 VPP 合用一个引脚。

EPROM 的主要工作方式:

(1)读方式:系统一般就工作于这种方式,工作于这种方式的条件是:片选端$\overline{CE}$和输出使能端$\overline{OE}$为低电平。

(2)维持方式:芯片进入维持方式的条件是:片选端为高电平,这时数据端为高阻状态。

(3)编程方式：进入编程方式的条件是：V_{PP}端加编程电压，$\overline{CE}$和$\overline{OE}$端加合适电压(不同芯片要求的电平不同)。

(4)禁止输出方式：虽然$\overline{CE}=0$，芯片被选中，但是$\overline{OE}=1$使三态门输出高阻态，禁止输出。

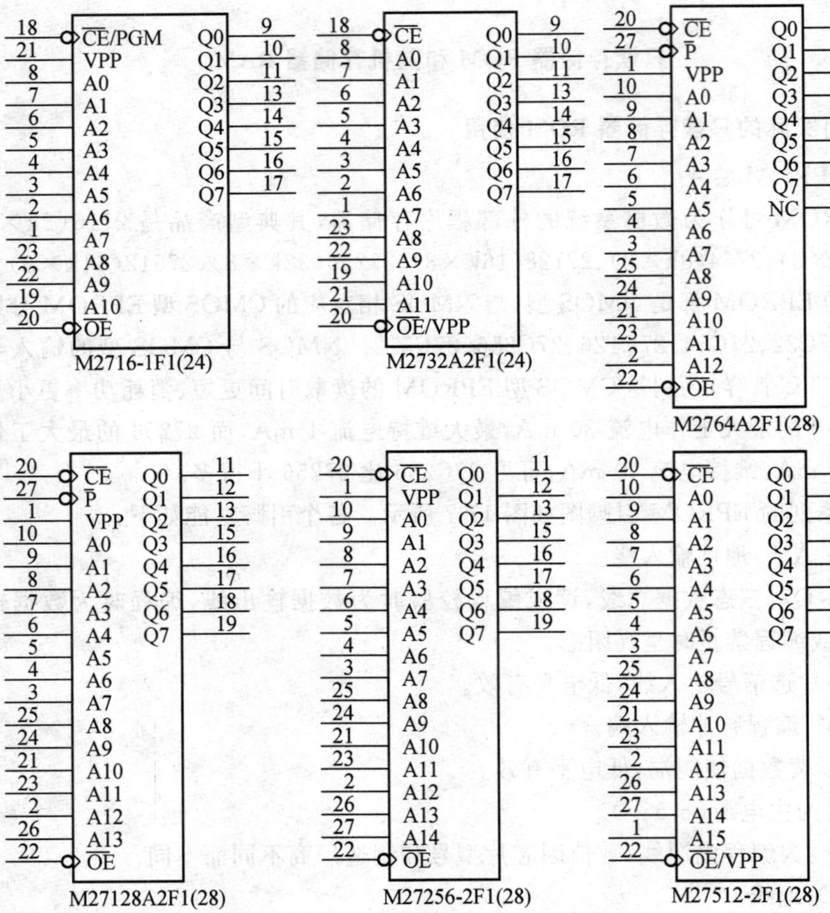

图 17-7 EPROM 存储器芯片

2. E^2PROM 芯片

目前常用的 E^2PROM 分为并行和串行两类，并行 E^2PROM 在读写时通过 8 条数据线传输数据，传输速度快，使用简单，但是体积大，占用的数据线多；串行 E^2PROM 的数据是一位一位的传输，传输速度慢，使用复杂，但是体积小，占用的数据线少。

并行 E^2PROM 的型号很多，有 2816(2k)、2817(2k)、2817A(2k)、2864A(8k)、28C64A(8k)、2864B(8k)、28C64B(8k)等，其中 2816 和 2817 是早期型号，对它们的擦除和写入须外接 21 V 的 V_{PP}电源。其余为改进产品，把产生 V_{PP}的电源做在芯片里，无论擦除还是写入均用单一的 5 V 电源，外围电路简单，这些 E^2PROM 的写入次数一般是 1 万次，个别产品 10 万次。

（二）随机存储器 RAM 的使用

常用的随机存储器也称(SRAM)。

目前常用的 SRAM 的型号有 6116(2k×8)、6264(8k×8)、62128(16k×8)、62256(32k×8)。6116 和 6264 的引脚排列如图 17-8 所示。

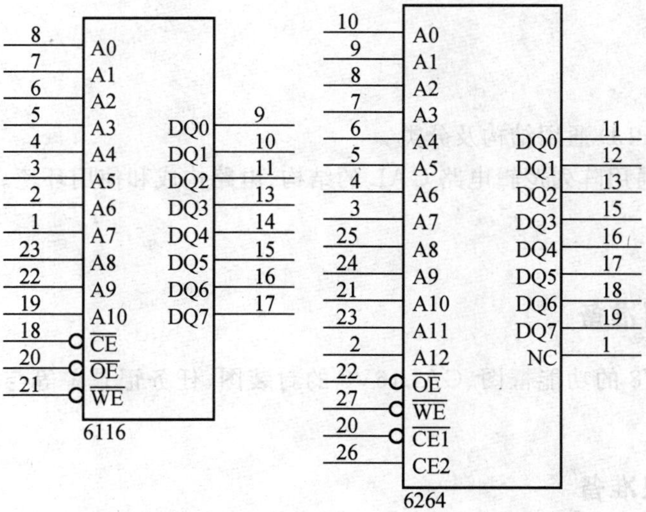

图 17-8 随机存储器 6116 和 6264 符号图

各个引脚的功能如下：

A0～A12：地址输入线。

DQ0～DQ7：双向数据线(输出有三态)。

$\overline{CE}$、$\overline{CE_1}$、CE_2：片选信号输入线，$\overline{CE}$、$\overline{CE_1}$低电平有效，CE_2 高电平有效。

$\overline{OE}$：读数据使能端，低电平有效。

V_{CC}：为主电源(+5 V)。

GND：地线。

当 6116 的$\overline{CE}$和 6264 的$\overline{CE_1}$为高电平或 CE_2 为低电平时，芯片进入降耗保持状态，这时的电源电流只有 μA 级，电源电压可以降到 3 V 左右，一个 5 号电池就可以在长时间内保持数据不丢失。

【任务巩固】

1. 什么叫寄存器？
2. 常用的寄存器有哪些？
3. 74LS194 的逻辑功能是什么？

任务 2 可编程逻辑器件的使用

【任务目标】

1. 了解 PLD 通用结构及分类。
2. 学会通用阵列逻辑电路 GAL 的结构、电路构成和使用环境。

【任务准备】

一、资料准备

GAL16V8 的功能框图、GAL16V8 的封装图、任务记录单等与本任务相关的教学资料。

二、知识准备

(一)可编程逻辑器件

从逻辑功能特点对数字逻辑器件分类，则可以分为通用型和专用型，前面学过的 74 系列和 4000 系列，就是通用型数字集成电路，通用型数字电路可以组成任何数字系统。但是复杂、体积大，耗电多和可靠性低。

专用型集成电路就是将很多片中小规模电路集成到一块芯片中，常称为 ASIC(Application Specific Integrated Circuit)，ASIC 具有体积小、重量轻、功耗小和可靠性高的特点，但是制作费用高、开发周期长，适合大批量生产。

可编程逻辑器件(Programmable Logic Device，简称 PLD)，是专用集成电路家族中的一员，属于中、大规模集成电路。常称为可编程 ASIC，它是作为通用电路生产，但是它的逻辑功能是由用户对器件的编程来决定的，由于它的规模越来越大，可以满足数字系统的设计要求，这样设计人员就可以自己编程而把数字系统集成到一片 PLD 中，而不必去请集成电路制造商设计和制作专用集成电路了。

由于可编程逻辑器件的性能优越、使用方便，近几年，我国应用越来越多，大有代替中、小规模通用逻辑电路的趋势。

PLD 是用排列成阵列的存储单元的导通与断开实现输入和输出之间的逻辑关系，其将存储单元导通或断开的过程称为编程。

(二)PLD 的通用结构

多数 PLD 由与阵列、或阵列、起缓冲驱动作用的输入、输出结构组成，由于其核心是结构都排列成阵列(一般是与阵列和或阵列)，所以由称为阵列逻辑，图 17-9 是 PLD 的通用结构框图。

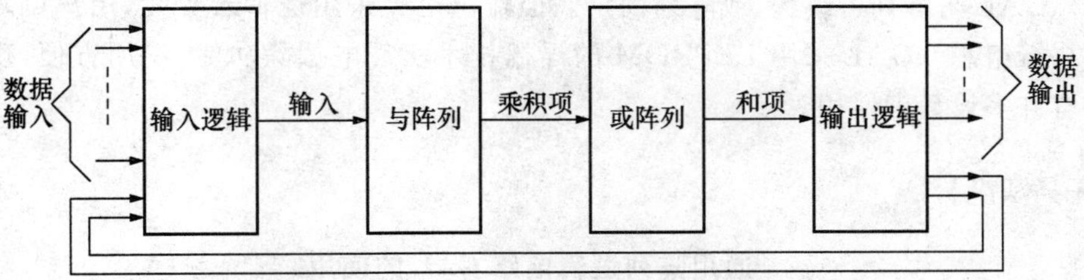

图 17-9　PLD 的通用结构

其中每个数据输出都是输入的与或函数。与、或阵列的输入线及输出线都排列成阵列方式，每个交叉点处用逻辑器件或熔丝连接起来，用器件的通、断或熔丝的烧断、保留进行编程。有的 PLD 是与阵列可编程，有的 PLD 是或阵列可编程，有的 PLD 是与、或阵列都可以编程。

前面学习过的 EPROM 也可以看作 PLD 的一种，在 PROM 中与阵列(常称为地址译码器)是不可以编程的，它产生输入地址的全部最小项，而或阵列(常称为存储矩阵)是可以编程的，通过或阵列的编程，可以实现任何组合函数。

(三)PLD 种类简介

可编程逻辑阵列(Programmable Logic Array，简称 PLA)。

可编程阵列逻辑(Programmable Array Logic，简称 PAL)。

通用阵列逻辑(Generic Array Logic，简称 GAL)。

表 17-1 各种 PLD 阵列编程状态表

类型	与阵列	或阵列
PROM	固定	可编程
PLA	可编程	可编程
PAL	可编程	固定
GAL	可编程	固定

PROM 与阵列固定、或阵列可编程。与阵列有 n 个输入时，会有 $2n$ 个输出，利用率不经济。所以，PROM 更多情况下用做只读存储器。

PLA 与阵列、或阵列均可编程。但由于缺少编程工具，使用不广泛。

PAL 与阵列可编程、或阵列固定。它采用熔断丝双极型工艺，可进行一次编程。具有工作速度快、开发系统完善等优点，仍有部分使用。

GAL 与阵列可编程、或阵列固定。但输出电路采用逻辑宏单元，用户可对输出自行组态。GAL 采用 EEPROM 的浮栅技术实现电擦除功能，使用方便，现在仍有许多设计者使用。

【任务实施】

通用阵列逻辑电路 GAL 的使用

GAL 器件是 1985 年由 LATTICE 公司推出的可编程逻辑器件-通用着列逻辑 GAL，GAL 采用电可擦除的 CMOS(E^2CMOS)制作，可以用电压信号擦除并可以重新编程。GAL 器件的输出设置了可编程的输出逻辑宏单元 OLMC(Output Logic Macro Cell)，通过编程可以将 OLMC 设置成不同的工作状态。

一、GAL 的基本结构

图 17-10 所示的是 GAL 基本结构框图，它由可编程与阵列，不可编程的或阵列、可编程的输出逻辑宏单元 OLMC 三部分组成。

图中，与矩阵中的“×”表示可以编程但未被编程，或矩阵中的“·”表示固定连接，不能编程。该与阵列有 6 个与门(每一条横线是一个与门)每个与门有 6 个输入(每一条竖线就是一个输入)，所以该与矩阵为 6×6。

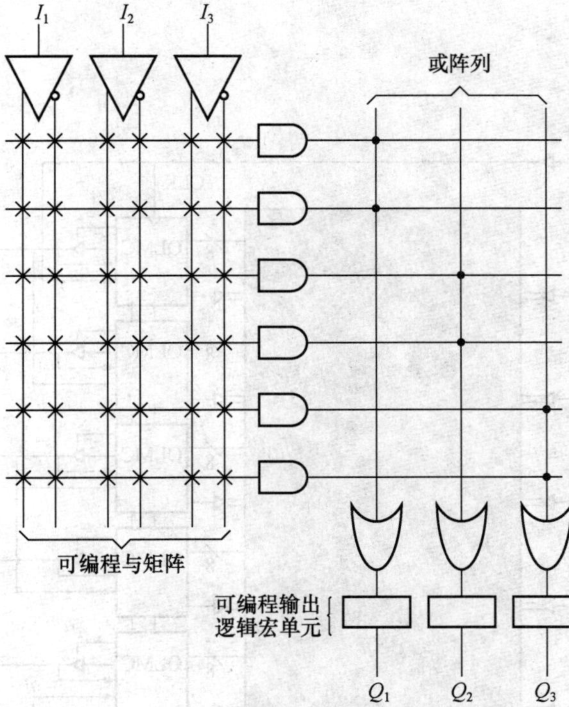

图 17-10　GAL 的基本结构图

二、GAL16V8 的电路构成

普通型 GAL16V8 功能框图见图 17-11。

它包括可编程与阵列(64×32)、输入缓冲器、输出三态缓冲器、输出反馈/输入缓冲器、输出逻辑宏单元和输出使能缓冲器(OE)等。

GAL16V8 的与阵列由 8×8 个与门构成,每个与门有 32 个输入,所以整个阵列规模为 64×32。与阵列的每个交叉点上设有 E^2CMOS 编程单元，这种编程单元与 E^2PROM 的存储单元相同。

组成或阵列的 8 个或门分别包含在 8 个 OLMC 中,它们和与逻辑的连接是固定的。

GAL16V8 的 PLCC 封装和 DIP 封装如图 17-12 所示。

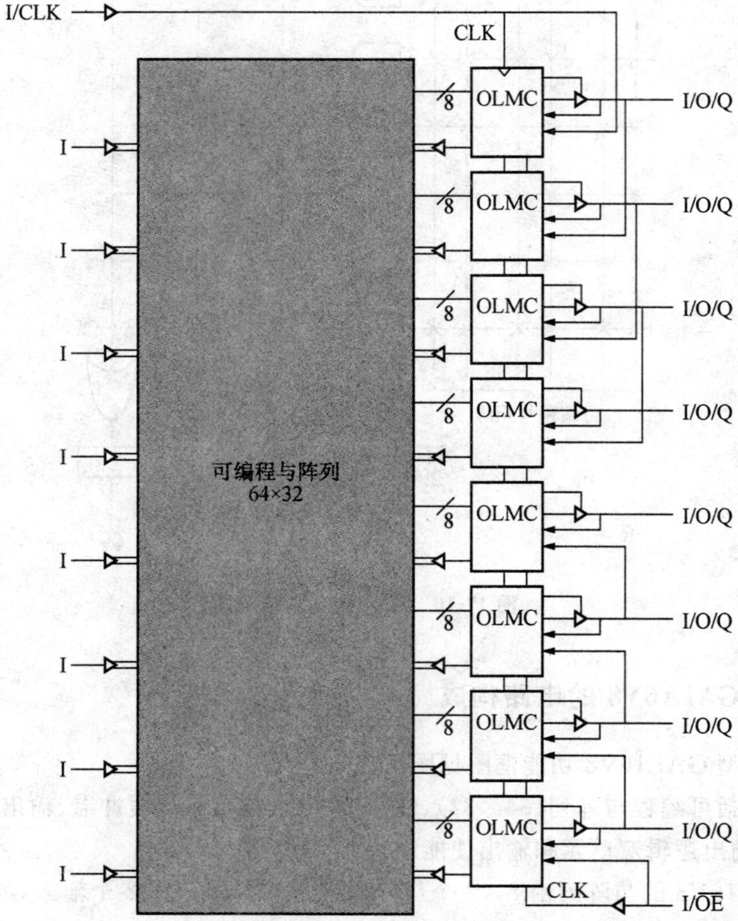

图 17-11　GAL16V8 的功能框图

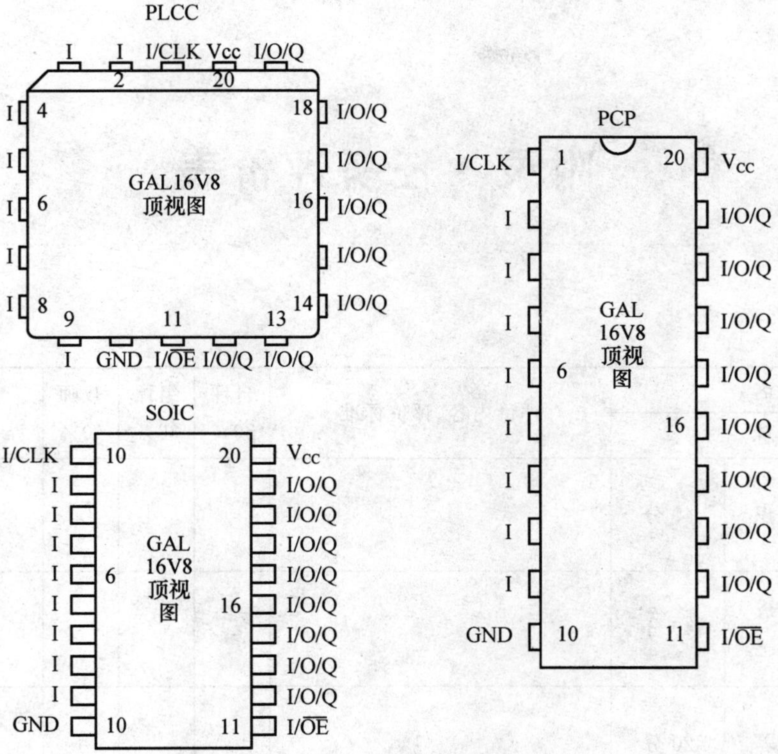

图 17-12　GAL16V8 的封装图

【任务巩固】

1. 半导体存储器的分类？
2. 可编程逻辑器件的种类都有哪些？
3. GAL 器件的技术指标和使用环境是什么？

附录　任务评价表

学生姓名 任务名称		评价内容、评价标准	自评 30%	组评 30%	教师 40%	得分
专业知识	40 分					
任务完成情况	40 分					
职业素养	20 分					
评语						
总分	教师：　　年　月　日					

参考文献

[1] 胡锦.数字电路与逻辑设计.北京:高等教育出版社,2002.

[2] 张兴龙.电子技术基础.北京:高等教育出版社,2001.

[3] 宋贵林.电子线路.北京:电子工业出版社,2008.

[4] 李中显.电子技术基础与技能.北京:电子工业出版社,2009.

[5] 严中华.职业教育课程开发与实施.北京:清华大学出版社,2009.

[6] 张文涛.Proteus 仿真软件应用.武汉:华中科技大学出版社,2010.